WILHELM HANSEN · HERBERT KREFT · FACHWERK IM WESERRAUM

WILHELM HANSEN

FACHWERK IM WESERRAUM

AUFNAHMEN VON HERBERT KREFT

MIT 413 ABBILDUNGEN

VERLAG CW NIEMEYER HAMELN

Umbruchentwurf der Bildtafeln:
Wilhelm Hansen und Herbert Kreft

Textzeichnungen und Einbandvignette:
Wilhelm Hansen

Die fotografischen Aufnahmen entstanden unter Benutzung folgender Geräte und Materialien:

1. Die Arca-Swiss-Kamera 6/9 cm auf optischer Bank mit folgenden Objektiven:

a) Schneider Super-Angulon 5,6/47 mm,
b) Schneider Super-Angulon 8/90 mm,
c) Schneider Symmar S 5,6/150 mm,
d) Rodenstock Apo Ronar 9/300 mm.

2. Für die Detailaufnahmen, soweit lange Brennweiten erforderlich waren, wurden Nikon-35-mm-Kameras F 2A und F E verwendet mit folgenden Objektiven:

a) Zoom Nikkor 80–200 mm/4,5,
b) Nikkor 400 mm/5,6 ED,
c) Nikkor ED 300 mm/4,5 IF und dem Nikon Teleconverter TC-200.

3. Für die Aufnahmen im Format 6/9:

a) Ilford- und Agfa-Schwarzweißfilme,
b) Kodak Ektachrome X Farbfilm.

Für die Kleinbildaufnahmen:

a) schwarzweiß: Agfapan 25,
b) farbig: Kodachrome-25-Film.

Die schwarzweißen Reprovorlagen fertigte Erich Koßmann in Minden.

Gesamtherstellung: CW Niemeyer-Druck, Hameln

ISBN 3 87585 048 3

VORWORT

Dieses Werk bildet den Abschluß einer kunsthistorischen Dokumentation des Weserraumes. Der erste Band des Gesamtwerkes behandelt die Weserrenaissance in den Steinarchitekturen ihrer Adelsschlösser und Patrizierbauten. Der folgende Band dokumentiert die Weserbaukunst im Mittelalter, insbesondere in ihren kirchlichen Bauwerken, und dieser abschließende dritte Band ist der Holzarchitektur im Weserraum gewidmet, die zu den bedeutendsten und charakteristischen Kulturleistungen dieser Region zählt. Inhaltlich liegt das Schwergewicht dieses Bandes in Bild und Text bei der Fachwerkkunst, die in der Ornamentierung und den figürlichen Motiven ihrer Schnitzgiebel und Schauwände in kaum übersehbarer Vielfalt zum Ausdruck gelangt.
Im Hinblick auf die Entwicklung der Fachwerkkunst und die Auswirkung kultureller Einflüsse der angrenzenden Landschaften auf den engeren Oberweserraum ist der Gesichtskreis dieses Werkes geographisch weit gefaßt: östlich der Weser bis zur Leine mit den Schwerpunkten Stadthagen, Alfeld, Northeim, Einbeck und Göttingen mit vergleichenden Ausblicken auf die beispielgebenden Zentren niedersächsischer Fachwerkkunst in Celle, Hildesheim und Goslar; westlich der Weser Ostwestfalen und Lippe mit den Schwerpunkten Herford, Rinteln, Bad Salzuflen, Lemgo, Wiedenbrück, Lippstadt, Paderborn und Höxter; schließlich das südliche, an Nordhessen angrenzende Gebiet mit Warburg und Münden. Man kann den Oberweserraum in den Bautypen und Kunstformen seiner Holzarchitektur nicht isoliert betrachten. Er ist zwar in der Entstehung der reinen Bautypen der Holzarchitektur ein bedeutendes Zentrum schöpferischer Eigenart gewesen, das in der Entwicklung des niederdeutschen Hallenhauses ganz Nordwestdeutschland maßgebend befruchtet hat, aber in den Kunstformen seiner Fachwerkbauten wurde er von Einflüssen der angrenzenden niedersächsischen Kulturzentren durchflutet.
Im Mittelpunkt unserer Darstellung des Fachwerks im Weserraum steht der Mensch in seiner Beziehung zu den Bauwerken als Bauherr und Bauhandwerker, und so ergeben sich die Fragen nach der Bedeutung der Bauten im Rahmen ihrer Zeit, nach dem Wohnen in diesen Bauwerken im Wandel der Lebensformen und nach der Bekundung einer religiös und geistesgeschichtlich gebundenen Gesinnung im Schnitzwerk dieser Fachwerkbauten. Es geht daher nicht allein um die formale Betrachtung der bau- und kunsthistorischen Erscheinungen im Sinne einer Architekturgeschichte, sondern um die Erhellung kulturhistorischer und volkskundlicher Sachverhalte. So wurde der Versuch unternommen, den Fachwerkbau und die Fachwerkkunst des Weserraumes in ihrer wirtschaftsgeschichtlichen, sozialgeschichtlichen und geistesgeschichtlichen Bindung und Entwicklung zu charakterisieren. Der Bildbestand ist daher nicht nach den formalen Typen der Fachwerkbauten, sondern den sozialen Gruppen ihrer Bauherren geordnet: Fachwerkbauten der Landesherren und des Adels, der Kirche, des Bürgertums und des Landvolkes.
Ergänzend zur Einleitung, die sich an einen größeren Leserkreis wendet und in der Darstellung der Häusertypen die dem Fachmann vertrauten Ergebnisse der Hausforschung in ihren Hauptzügen wiedergibt, ist diesem Werk ein Dokumentaranhang beigefügt. Ein Ortsverzeichnis der Fachwerkbauten enthält neben kurzen baugeschichtlichen Hinweisen und den zahlreichen Hausinschriften die Spezialliteratur zu den einzelnen Bauwerken. Eine chronologische Übersicht verzeichnet die im vorliegenden Werk behandelten Bauwerke in ihrer zeitlichen Abfolge, und das anschließende Schrifttumsverzeichnis bringt eine Auswahl der umfangreichen Fachliteratur zur Geschichte der Holzarchitektur im Weserraum und seinen angrenzenden Gebieten.
Ein gewagter Versuch dürfte in diesem Dokumentaranhang der Motivkatalog der figürlichen Fachwerkschnitzerei sein, der ein eindrucksvolles Bild der geistigen Spannweite dieser Schnitzmotive vermittelt, aber keineswegs erschöpfend ist. Es kann nur ein erster Versuch sein, denn dieser Themenkreis erfordert im Grunde eine eigene umfassende Monographie mit sorgfältigen Analysen der Schnitzgiebel in allen ihren Einzelheiten. Sie ist bisher noch nicht geschrieben. Im Hinblick auf den starken Einfluß der figürlichen Fachwerkschnitzerei Nie-

dersachsens auf den ostwestfälisch-lippischen Oberweserraum wurden in diesem Motivkatalog auch Parallelen aus Celle, Braunschweig, Hildesheim und Goslar verzeichnet, in gleicher Weise aber auch die Motivparallelen an den Steinbauten der Weserrenaissance. Die beigefügten Literaturangaben bemühen sich, Hinweise auf die reichhaltige ikonographische Literatur der Kunstgeschichte zu geben.

Noch ein Wort zu den bäuerlichen Fachwerkbauten. Auf diesem Gebiet liegen insbesondere für Westfalen-Lippe umfassende Untersuchungen und Dokumentationen vor. Das vorliegende Werk bevorzugt bewußt Lichtbilder aus den Freilichtmuseen in Detmold, Bielefeld und Rahden mit ihren typischen Beispielen bäuerlicher Holzarchitektur, um dem interessierten Leser Gelegenheit zu geben, dort bäuerliche Fachwerkbauten in wissenschaftlich fundierter Rekonstruktion auch in ihrer inneren Einrichtung besichtigen zu können. An ihrem ursprünglichen Standort haben – soweit überhaupt noch vorhanden – viele alte Bauernhäuser im 19. Jahrhundert in ihrer äußeren Form und inneren Raumgestalt tiefgreifende, oft entstellende Umbauten erfahren. Sie würden in ihrem heutigen Zustand den Laien oft enttäuschen und irritieren.

Der umfangreiche Bildteil wurde aus rund 1600 fotografischen Aufnahmen ausgewählt, die auf gemeinsamen Studienfahrten mehrerer Jahre entstanden sind. Ziel der fotografischen Wiedergabe ist eine einwandfreie Dokumentation, die in den gesetzten fototechnischen Grenzen sowohl die raumzerstörende Weitwinkel-Wirkung wie auch augenfremde raumraffende Tele-Effekte zu vermeiden trachtet. Sämtliche Aufnahmen geben die natürliche Beleuchtung der verschiedenen Tages- und Jahreszeiten wieder. Fast zwei Drittel des Bildbestandes (248 Abbildungen) führen in Detailaufnahmen die reichen Schnitzereien der Fachwerkgiebel und Schauwände vor Augen. Der korrekten und ästhetisch ansprechenden Darstellung der farbigen Fassung dieser ornamentalen und figürlichen Fachwerkschnitzereien dienen die zahlreichen Farbtafeln, die kaum ein augenfällig farbiges Motiv dieses Themenbereiches auslassen. Sämtliche Lichtbilder stammen bis auf wenige Aufnahmen (Abb. 112, 113, 130–132, 192, 296 und 343) von einer Hand, in gleicher Weise wie die Textzeichnungen, die möglichst instruktiv in einheitlich graphischer Form gehalten sind.

Abschließend sei der Dank an jene Forscher ausgesprochen, ohne deren grundlegende Arbeiten die Einleitung – besonders in ihrem baugeschichtlichen Teil – undenkbar gewesen wäre. Aus der Fülle der Namen seien vor allem Gertrud Angermann, Walter Borchers, Otto Gaul, Udo Mainzer, Walter Sage, Josef Schepers und Jürgen Soenke genannt. In gleicher Weise sei den Herren Museumsdirektor Dr. Stefan Baumeier (Detmold), Ltd. Staatsarchivdirektor Dr. Günther Engelbert (Detmold), Museumsdirektor Dr. Horst Appuhn (Cappenberg) und Frau Dr. Christa Pieske (Lübeck) für ihre kollegiale Hilfsbereitschaft gedankt. Herr Dr. Baumeier machte auf zahlreiche Fachwerkbauten des Weserraumes aufmerksam. Frau Dr. Pieske und Herr Dr. Appuhn gaben wertvolle Literaturhinweise, und Herr Dr. Engelbert unterzog sich der Mühe, die manchmal in fragwürdigem „Zimmermannslatein“ geschnitzten Hausinschriften für den Dokumentaranhang zu übersetzen.

Besonderer Dank gilt aber dem Landschaftsverband Westfalen-Lippe, der für die Drucklegung dieses Werkes eine finanzielle Beihilfe gewährte und damit den Abschluß der kunsthistorischen Bild- und Textdokumentation eines Landschaftsbereiches förderte, die in dieser Form kaum eine andere Region Norddeutschlands aufzuweisen vermag. Dieses dreibändige Bilderkorpus mit fast tausend Abbildungen ist zugleich Ausdruck der Leistungskraft regionaler Verlagsarbeit, wie sie der traditionsreiche C. W. Niemeyer-Verlag in Hameln und seine Mitarbeiter durch eine großzügige und verständnisvolle Buchgestaltung bekundet haben.

HERBERT KREFT WILHELM HANSEN

LEMGO PASTORENSTR. 5 1577

INHALTSVERZEICHNIS

WILHELM HANSEN: FACHWERKBAU UND FACHWERKKUNST IM WESERRAUM

HERBERT KREFT: BILDTEIL

WILHELM HANSEN: DOKUMENTATION

Zimmermannsplatz. Im Hintergrund zwei Zimmerleute beim Dielensägen. Holzschnitt von Oskar Pletsch aus dem Jahre 1862.

FACHWERKBAU UND FACHWERKKUNST IM WESERRAUM

Die Fachwerkbauten des Oberweserraumes erlebten in künstlerischer Hinsicht ihren Höhepunkt im Jahrhundert der Weserrenaissance. Die Weserrenaissance als landschaftsgebundene Ausdrucksform und Intensivierung einer Stilepoche deutscher Architektur eröffnet in volkskundlicher und kulturgeschichtlicher Sicht aufschlußreiche Perspektiven eines kulturell-sozialen Wechselspiels. Bedingt sind diese Perspektiven durch die verschiedenen Wirkungsebenen dieser Stilepoche, die sich im Weserraum von den Steinbauten des Adels und Patriziertums bis zur Holzarchitektur der Ackerbürger und Bauern erstreckt. Der Stilwille einer Kunstepoche formt mehrere Generationen hindurch das architektonische Bild einer Landschaft, ob es sich dabei um die ornamentale Bauplastik der Weserrenaissanceschlösser oder um die kunstreichen Schnitzgiebel der Bürgerhäuser handelt. Nur selten begegnen wir in anderen deutschen Landschaften und Kulturräumen einer solchen zeitgebundenen Einheit der Baugesinnung während einer Stilepoche der Architektur, die alle Bevölkerungsschichten in gleicher Weise durchdringt. Ein vergleichbarer Vorgang wiederholt sich eigentlich nur im süddeutschen Barock. Die beschwingten Fresken kirchlicher und profaner Innenarchitektur erleben eine Metamorphose als kunterbunter Fassadenschmuck oberbayerischer Bauernhäuser, deren „Lüftlmalerei" auf volkstümliche Art den Geist barocker Kunstempfindung widerspiegelt. Aber während es sich dort in gleicher Maltechnik um die naive Kopie von Motiven der barocken Innenarchitektur handelt, vollzieht sich im Fachwerk der Weserrenaissance die schöpferische Umsetzung von Elementen der Steinbauten in die Schnitzerei der Holzarchitektur. An die Stelle der Steinmetzen und Bildhauer treten der „Schnitker" und Zimmermann. Wenn auch im Steinbau zeitlich vorgelagert wesentliche Motive für die Schmuckformen üppiger Schauwände städtischer Fachwerkbauten entwickelt werden, so bewahrt das Fachwerk des Weserraumes in eigenwilliger Umgestaltung diese vom Steinbau übernommenen Ornamente in zäher handwerklicher Tradition weit über das Zeitalter der Weserrenaissance hinaus. In früheren Stadien volkskundlicher Forschung hätte man diesen Vorgang als ein exemplarisches Symptom „gesunkenen Kulturgutes" bewertet, während sich jene Übernahme in sozialgeschichtlicher Sicht als ein „Zugriff" breiter Bevölkerungskreise auf die Gestaltungsvorbilder führender Oberschichten erweist.

WESEN UND GESCHICHTE DER FACHWERKTECHNIK

Die *Grundstruktur aller Holzarchitektur* beruht auf dem Balkengefüge des Fachwerks, das im Gegensatz zum Steinbau das Prinzip des Gerüstbaues verkörpert. Indem ein kunstvoll zusammengefügtes Holzgerüst den statischen Kern des Hauses bildet, hat das Fachwerk bereits seit altersher die Methode unserer modernen Stahlgerüstbauten vorweggenommen. Der Zimmermeister muß in höherem Maße statisch denken können als etwa der Maurer.

Beim Fachwerk stehen die senkrechten Ständer als rechteckige Kanthölzer an ihrem Fußende auf einer waagrecht laufenden Schwelle, während sie an ihrem Kopfende durch das waagrecht laufende Rähm zusammengehalten werden. Auf dem Rähm ruht das obere Geschoß- bzw. Dachbalkenwerk. Der Zusammenhalt der senkrechten Ständer wird verstärkt durch die waagrechten Riegel oder schrägen Streben zwischen den Ständern. Die Verbindung von Ständern und Rähm erfährt oft noch eine Verstärkung durch geschwungene Kopfbänder. Die feste Zusammenfügung der einzelnen Gerüstteile erfolgt durch ihre Verzapfung. Jedes Balkenteil hat einen

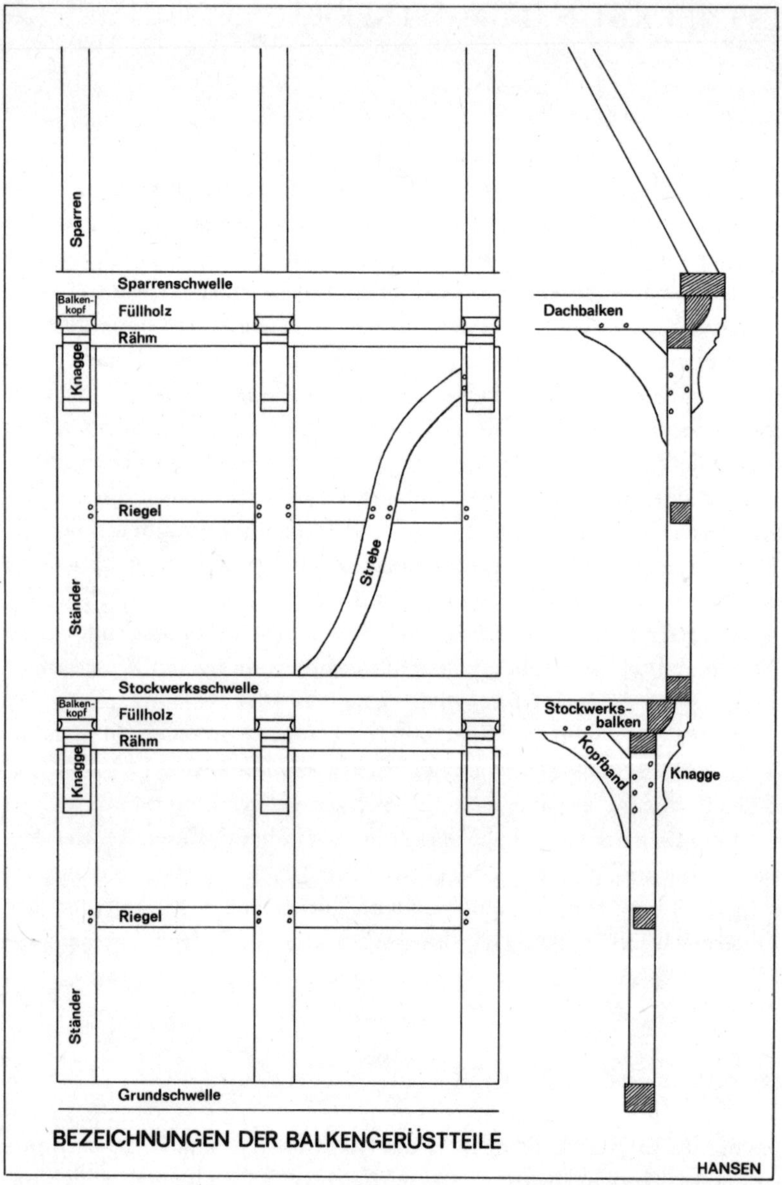

Abb. 1 Bezeichnungen des Balkengefüges eines Fachwerkhauses.

Holzzapfen, der in ein Zapfenloch des entsprechenden Balkenteiles paßt und durch eichene Holznägel festgehalten wird (Textabb. 1). Das komplizierte Balkengerüst ist also auch in der Verbindung der zahllosen Einzelteile ein reiner Holzbau, denn niemals werden zur Balkenverzapfung Metallnägel verwendet. An einem solchen Fachwerkbau waren früher nur die Angeln und Verschlüsse der Fenster und Türen aus Eisen, wurden früher nur zum Aufnageln der Dielen und der Dachlatten Eisennägel verwendet. Das große ehemalige Kornhaus
129 aus Schieder, das als historischer Fachwerkbau des Lippischen Landesmuseums 1956–1958 in Detmold wiedererrichtet wurde, ist mit ungefähr dreitausend solcher eichenen Holznägel verzimmert, und für diese dreitausend ,,Pinne" mußten mit der Hand durch die breiten Ständer, Balken, Riegel und Kopfbänder die ent-

sprechenden Nagellöcher gebohrt werden. Eine harte Arbeit. Zur Herstellung der vielen Holznägel wurde früher auf den lippischen Dörfern zur „Nageltonne" gebeten. Die Nachbarn halfen beim Schnitzen der Holznägel, die in einer großen Tonne gesammelt wurden. Daß es dabei feuchtfröhlich herging, lag im Wesen jener damals so selbstverständlichen Nachbarhilfe.

Man muß die Leistung der Zimmermannskunst um so höher bewerten, wenn man die *technischen Voraussetzungen* des damaligen Handwerks kennt. Einfaches, vom Schmied hergestelltes Werkzeug stand zur Verfügung: die Axt, das Breitbeil, mit dem die Stämme kantig behauen wurden, die Höhlaxt, mit der man die Zapflöcher ins Gebälk schlug, der Dechsel, der Zweihandbohrer, die große Dielensäge, die Schrotsäge und seit Ende des Mittelalters der Dielen- und der Schrubbhobel waren das hauptsächlichste Gerät, mit dem alles geschafft werden mußte. Und so ist es im Grunde bis heute geblieben, denn auch in unseren Tagen werden immer wieder die gleichen Handgeräte benutzt, deren Gebrauch vor 400 Jahren Jost Amman in seinem Ständebuch (1568) auf einem Holzschnitt der Zimmerleute dargestellt hat: da bearbeitet ein Zimmermann mit der Axt die Stämme. Das Breitbeil liegt daneben. Im Hintergrund schlägt einer mit der Höhlaxt die Zapfenlöcher in den Ständer, ein anderer bohrt mit dem heute noch üblichen Zweihandbohrer die Holznagellöcher in das Gebälk, während zwei Gesellen mit der Schrotsäge Holz zurechtschneiden (Textabb. 2). So einfach, ja primitiv diese Geräte auch erscheinen, die Fertigkeit und Sicherheit in der Handhabung dieser Werkzeuge übertraf damals zweifellos das heutige handwerkliche Können. Wo man früher mit treffsicheren Schlägen das Eichenholz mit dem Breitbeil abbeilte, da nimmt man heute die maschinelle Kreissäge zur Hilfe. Die Maschine schafft zwar alles schneller und leichter, aber die manuelle Geschicklichkeit des Menschen läßt dabei entschieden nach. Schon der Gebrauch der Säge, die immer mehr die Handhabung von Axt und Breitbeil verdrängte, ist im Grunde nicht mate-

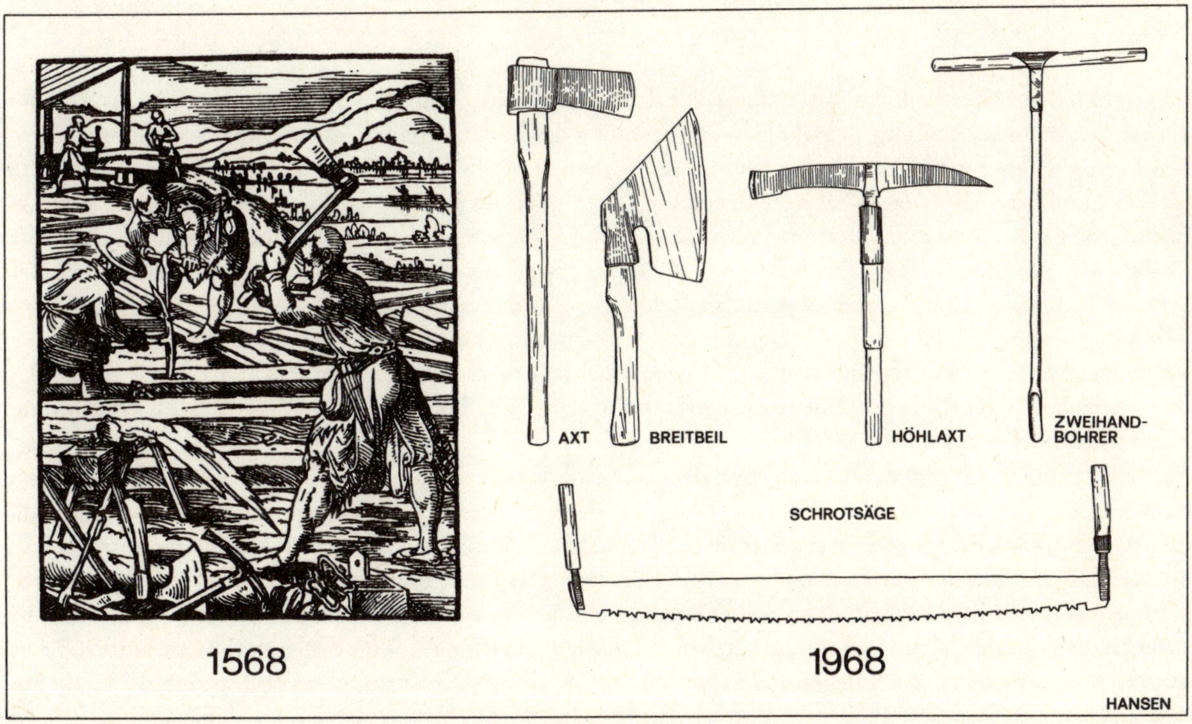

Abb. 2 Ein Vergleich mit dem Holzschnitt von Jost Amman vom Jahre 1568 zeigt, wie das Werkzeug der Zimmerleute Jahrhunderte hindurch unverändert geblieben ist (Gerätesammlung des Lippischen Landesmuseums Detmold).

Abb. 3 Bau einer Scheune mit Hilfe der Nachbarn. Holzschnitt von Hans Burgkmair um 1520.

rialgerecht, denn sie zerteilt das Holz ohne Rücksicht auf den natürlichen Faserverlauf, während das Abbeilen der runden Baumstämme zum Kantholz in Laufrichtung der Holzfasern erfolgte und die Aufteilung von großen Holzstücken mit Eisenkeilen vorgenommen wurde. Dabei teilte sich das Holz nach seiner natürlichen Struktur und war bei Außenhölzern widerstandsfähiger gegen Witterungseinflüsse. Eine schwere Zimmermannsarbeit war früher das Auftrennen der dicken Baumstämme zu Bohlen und Brettern mit der großen Dielensäge. Die Stämme wurden dabei über eine Grube, die „Sägekuhle", oder ein Gerüst gerollt und nach einem Schnurschlag aufgetrennt, wobei oben und unten je ein Zimmermann die große weitgezackte Dielensäge in Bewegung setzte (Abb. S. 8). Die Hölzer, die dabei verarbeitet wurden, hatten eine für heutige Begriffe ungewöhnliche Stärke. So wurden für zwölf Meter lange Dachbalken im Durchmesser von 30x35 cm je vier Balken als sogenanntes Kreuzholz aus einem Eichenstamm aufgetrennt. Heute würde ein solcher Eichbaum unter Naturschutz stehen.

Fachwerkhäuser sind *Gerüstbauten,* deren Balkenwerk im Äußeren und Inneren des Hauses offen zutage liegt. Rein statische Erwägungen bestimmten ursprünglich die werkgerechte Verzimmerung der Balkenkonstruktion. Die Holzarchitektur erfordert daher in ihrer Gestaltung eine ganzheitliche Konzeption der inneren Räume, der äußeren Gewände und der Bedachung des Hauses. Das Innen und Außen bilden bei einem Fachwerkhause eine untrennbare Einheit, denn beides wird durch die rein statischen Erfordernisse des Baukörpers bedingt. Hier kann man nicht wie beim Mauerbau „Fassaden" errichten, hinter denen unter Umständen die gemauerten Zimmerwände nach Belieben versetzt werden. Wollte man so etwas beim Holzgerüstbau versuchen, er wäre in seiner Standfestigkeit bedenklich gefährdet. Insofern erfordert das Fachwerkhaus ein „ehrliches Bauen", da die eigentümliche Schönheit der äußeren Gestalt vor allem Ausdruck der statischen Gegebenheiten des inneren Balkengefüges ist.

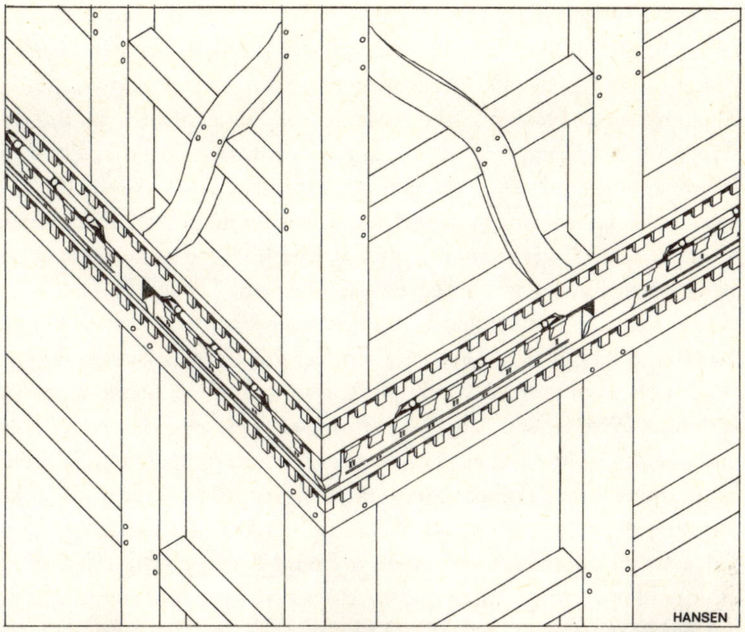

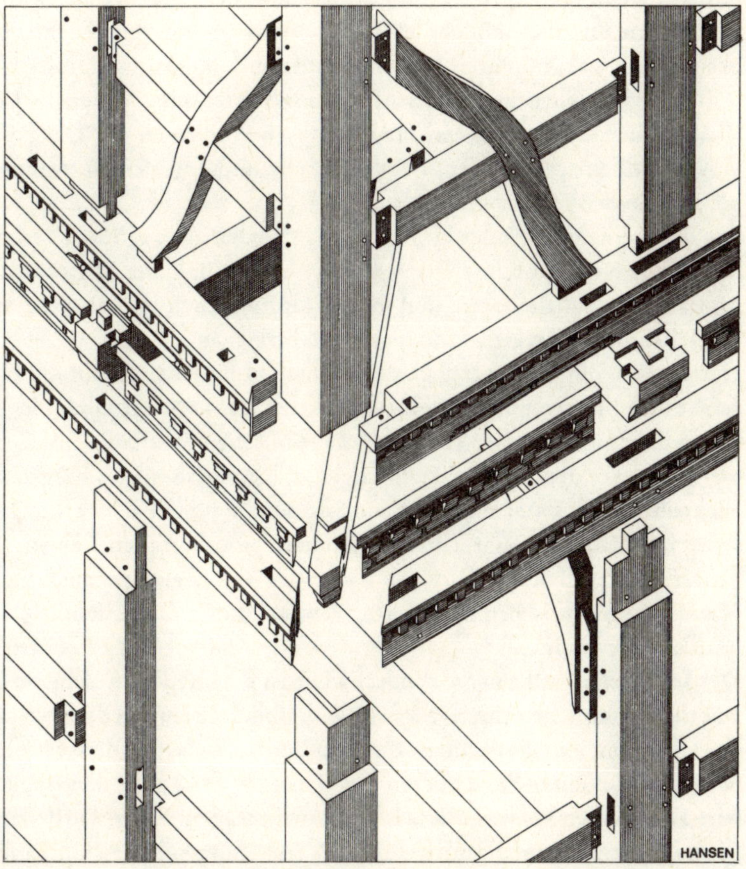

Abb. 4 Die Eckverzimmerung des Kornhauses aus Schieder, Kr. Lippe, um 1590. Das Kornhaus wurde in den Jahren 1956–1958 als historischer Fachwerkbau des Lippischen Landesmuseums in Detmold wiedererrichtet.

Die Hauptarbeit des Zimmermanns besteht nicht etwa im Aufrichten des Balkengerüstes. Das ist im Grunde reiner Sport für ihn. Sein handwerkliches Können beweist sich beim „Abbinden" der Balkenteile auf dem Zimmermannsplatz. Da werden die Hölzer nach Bauplan von Längen geschnitten, die Zapfen an den Einzelstücken ausgearbeitet und die genau passenden Zapfenlöcher mit der Höhlaxt in die Balken geschlagen. Diese Arbeit setzt eine ungemeine Sorgfalt mit zentimetergenauer Präzision voraus, denn die zahlreichen Teile eines Balkengefüges müssen genau ineinanderpassen. Das wird deutlich, wenn man auf dem Bauplatz das Abbinden einer Eckkonstruktion verfolgen kann, bei der der untere Eckständer mit einem rechteckigen Zapfen durch das Rähm hindurch greift, um in den Eckstichbalken einzurasten, auf dem wiederum die Schwelle des ersten Stockwerkes mit dem oberen Eckständer ruht (Textabb. 4).
Wenn man das kunstvolle Holzgerüst eines Fachwerkhauses in seiner Vollendung sieht, vermag man erst zu begreifen, was in alter Zeit das Richtfest oder die „Haushebung", wie man im Lippischen sagte, bedeutete. War doch das Haus als Werk des Zimmermanns in seiner wesentlichen Grundsubstanz, dem Balkengerüst, vollendet. Von jeher ist die Haushebung ein Fest ausgelassener Fröhlichkeit gewesen, denn das Haus „stand", und es galt, nicht nur den Handwerkern, sondern auch den zahlreichen Nachbarn den Dank für die geleistete Hilfe abzustatten. Da es dabei oft mehr als trinkfreudig herging, sahen sich die gestrengen Behörden veranlaßt, die Feier der Haushebung stark einzuschränken. Im Lemgoer Statut von 1586 wurden die Richtfeste bei drei Taler Strafe überhaupt verboten, während die lippische Polizeiordnung von 1620 bei hoher Strafe von drei Goldgulden verfügte, „daß nur diejenigen, so zu Arbeiten mit Pferden, Gesinde oder selbsten geholfen, mit ihren Weibern gebeten werden".[1]) Mittelpunkt der Haushebung waren und sind noch heute das Aufsetzen der Richtkrone und die „Hillebille" der Zimmerleute mit dem Richtspruch. Dabei klopfen die Gesellen in einem bestimmten Takt mit ihren Hämmern auf ein Balkenstück. Dieses Hillebilleklopfen geht ursprünglich auf den Arbeitsbrauch zurück, durch Schlagen auf Bretter oder Balken die Leute auf dem Bauplatz zusammenzurufen. Wenn heute beim modernen Hausbau nach Aufsetzen der Dachsparren Richtfest gefeiert wird, so ist das – volkskundlich gesehen – nur noch eine Schwundstufe dessen, was einmal die Aufrichtung des gesamten Hausgerüstes bedeutet hat.
Seit der Steinzeit zählt der Holzgerüstbau zu den am weitesten verbreiteten Techniken des Hausbaues. Im Süden Europas entwickelte sich der massive Steinbau, in der Mitte und im Norden Europas der Holzbau, der sich im Laufe der Jahrhunderte und ihrer Kulturepochen immer mehr vervollkommnete, um dann zu Beginn des 16. Jahrhunderts seinen Höhepunkt zu erreichen.
Der Einfluß der hochentwickelten römischen Bautechnik auf die Holzbauweise war auffallend gering. Während es im Massivbau eine Fülle lateinischer Lehnwörter gibt (Ziegel, Dach, Fenster, Mauer, Keller), die auf eine Abhängigkeit dieser Technik vom römischen Steinbau schließen lassen, trägt das Balkengefüge des Fachwerks fast nur deutsche Bezeichnungen, mit Ausnahme des Riegels, der auf das lateinische Wort „regula" zurückgeht. Auch unser Wort „Wand" deutet die reine Fachwerktechnik an. Es meint nicht die gemauerte massive Hauswand, die wir von den Römern übernommen haben, sondern das gewundene Flechtwerk, das beim Fachwerkbau die einzelnen Fache des Balkengefüges ausfüllt, um dann mit Lehm verputzt zu werden. Hat doch im Gotischen das Wort „wandus" noch die Bedeutung von „Rute" in gleicher Weise wie das altnordische „vondr".
Der *Ständerbau* auf einer Grundschwelle ist eine neuere Erscheinung des Fachwerks. Bis ins 13. Jahrhundert war der urtümliche primitive *Pfostenbau* üblich. Beim niederdeutschen Hallenhaus vollzog sich der allmähliche Übergang vom Pfostenbau zum Ständerbau zwischen dem 10. und 14. Jahrhundert. Beim Pfostenbau wurden die senkrechten Holzstützen des Hauses in den Erdboden eingegraben. Starke Dachlasten oder gar belastbare Dachböden konnten diese Pfosten nicht tragen. Zwar wurden im Küstengebiet zur Eisenzeit bei größeren Pfostenbauten schon die notwendigen Versteifungen entwickelt, aber das Ganze blieb in seiner Statik doch et-

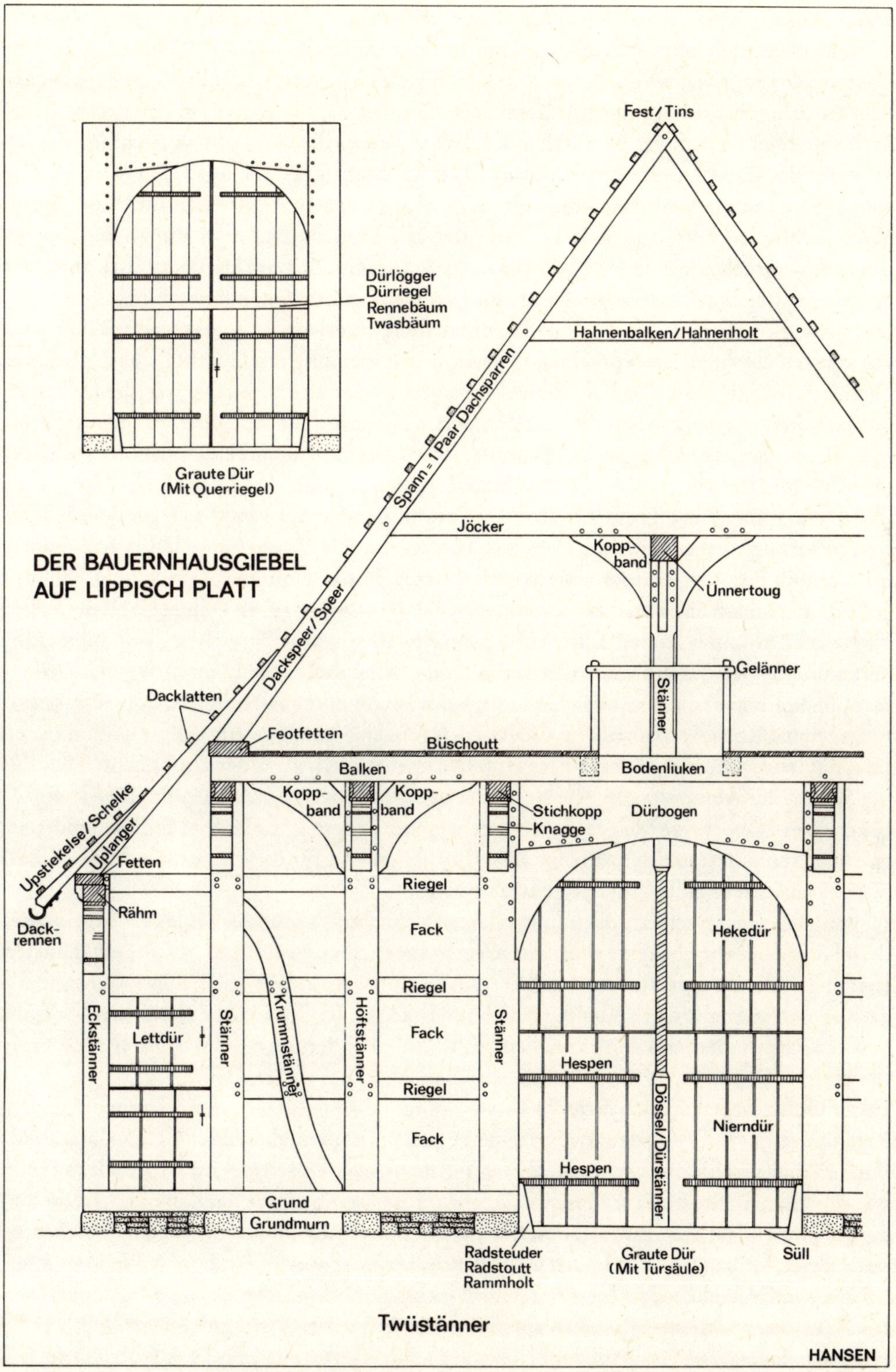

Abb. 5
Die mundartlichen Bezeichnungen des Balkengefüges eines lippischen Bauernhauses.

was „wackelig". Auch die Lebensdauer war verhältnismäßig kurz, da die eingegrabenen, nur auf einer kleinen Steinpacklage stehenden Holzpfosten im feuchten Erdreich leicht abfaulten.
Bauten der Jungsteinzeit lassen vermuten, daß sie das Werk erfahrener Handwerker gewesen sind. Römische Schriftquellen weisen auf das handwerkliche Können der Germanen in der Bearbeitung des Holzes hin. Beherrschte man doch in der Römischen Kaiserzeit bereits die zimmermannsmäßige Verzapfung der Balken mit Holznägeln, die dann für Schweden um 300 n. Chr. belegt ist. Schon 350 n. Chr. kannten die Germanen berufsmäßige Zimmerleute. Bischof Wulfila erwähnt sie in seiner gotischen Bibelübersetzung. Bis in die Neuzeit hinein zählte aus biblischer Überlieferung der Hl. Josef als Zimmermann zu den stolzen Innungstraditionen des Zimmerergewerkes. Die oft sehr präzisen und sachkundigen Darstellungen seiner Werkstatt in der Malerei des Mittelalters sind eine wichtige Quelle der historischen Geräteforschung.
Erst im hohen Mittelalter hatte der Ständerbau den primitiven Pfostenbau allmählich verdrängt, und damit waren statisch einwandfreie Voraussetzungen zur Entwicklung des Geschoß- und Stockwerkbaues der bürgerlichen Fachwerkbauten gegeben, wenn auch vereinzelte altertümliche Konstruktionsweisen sich erstaunlich lange hielten. Besonders war dies bei den wirtschaftlichen Nebenbauten der niederdeutschen Bauernhöfe der Fall. Beim Zweiständergerüst der Wohn-Stall-Häuser mit ihren beiden parallel laufenden Ständerreihen ruht die schwere Dachlast auf den von den Ständerreihen getragenen Dachbalken. Das Haus ist dreischiffig geteilt und verfügt über einen großen freien Mittelraum. Bei den Scheunen dagegen wurde die Firstsäulenkonstruktion bevorzugt, bei der eine die Mitte des Hauses durchlaufende Reihe hoher Ständer die Dachlast bereits am First aufnimmt, aber einen weitgespannten freien Mittelraum des Hauses unmöglich macht.
Jede Bautechnik hängt von ihren naturgegebenen *Baustoffen* ab. In Deutschland deckt sich die Verbreitung des Fachwerks in seiner letzten Entwicklungsphase fast mit den Bereichen des Laubwaldbewuchses, denn man verzimmerte vorwiegend das widerstandsfähige Eichenholz, die Harzstädte wie Goslar vielleicht ausgenommen, in denen aus naheliegenden Gründen beim Fachwerkbau das Fichtenholz überwiegt. Allein schon die naturgegebene Rohstoffbasis bot im Oberweserraum eine günstige Ausgangsposition für eine qualitätvolle Bautätigkeit landschaftsgebundener Eigenart. Die großen Eichenwälder ermöglichten ein Eichenfachwerk von einer Wucht der Abmessungen, wie sie nur in wenigen anderen deutschen Landschaften zu finden ist. Die Steinbrüche der Weserberge bei Obernkirchen lieferten zudem das Material für die Sandsteinbauten der Weserrenaissanceschlösser, und selbst beim Ackerbürgerhaus ist für diese Landschaft auf den Dächern die „Höxterplatte" aus rotem Sollingschiefer charakteristisch.
Neben seiner technischen Vollendung erlebte das Fachwerk vom 16. bis ins 17. Jahrhundert in der *Schnitzkunst* der Hausgiebel seine höchste Blüte. Im Gegensatz zu Süddeutschland, wo die einzelnen Wandfache mit künstlerisch gestalteten Querstreben ausgefüllt sind, hat das norddeutsche Fachwerk auch bei reichen Giebelschnitzereien den strengen Charakter des rein konstruktiven Balkenwerkes weitgehend bewahrt. Erst im ausgehenden 17. Jahrhundert und dann vor allem im 18. Jahrhundert setzte der künstlerische Verfall der Fachwerkbauten ein.
In der Gotik und auch noch in der Frührenaissance bewahrte das Fachwerk gegenüber dem Steinbau noch seine Eigenständigkeit. Erst in der Spätrenaissance gerät es mit zunehmender Gefährdung seiner Existenz in eine bewußte Konkurrenz zum Steinbau, dessen Formensprache nachgeahmt wird, um in Holz die gleiche Wirkung wie die Steinarchitektur zu erreichen. „Sowohl im Steinbau wie auch im Fachwerkbau zielt die Renaissance darauf hin, ein äußeres, nur ästhetisch wirksames Architektursystem dem eigentlichen materiellen Baukörper vorzulegen" (Otto Gaul).[2]) In den Großstädten setzte schon im 16. Jahrhundert der Rückgang der Fachwerkbauten ein. Bezeichnend ist hierfür die Entwicklung in Nürnberg: im Jahre 1522 forderte der Rat der Stadt, daß bei Neubauten von Bürgerhäusern zumindest das Erdgeschoß in Steinbau errichtet werden müsse, 1598 wurde nur noch das oberste Geschoß der Häuser in Fachwerk gestattet, und seit 1616 war reiner Steinbau erwünscht.

Die behördliche Sorge um die Brandgefahr der Holzbauten spielte dabei eine große Rolle und führte in manchen Städten noch im 19. Jahrhundert zu drakonischen Anordnungen. So mußten in Einbeck nach einem Stadtbrande von 1826 sämtliche Hausfronten von Fachwerkhäusern verputzt werden. Kostbare Schnitzereien wurden dabei von den Maurern abgebeilt und zerstört. In Frankfurt a. M. wurde 1811 der Neubau von Fachwerkhäusern überhaupt verboten.

Daneben wirkte sich der modische Einfluß des Barock und vor allem des Klassizismus in der Geringschätzung der Fachwerkbauten aus. Seit dem 18. Jahrhundert begann man, das Fachwerk schamhaft unter Außenputz verschwinden zu lassen, um einen Steinbau vorzutäuschen. In Wolfenbüttel wurde der Kuppelbau der Herzog-August-Bibliothek 1706–1710 von Hermann Korb, der ursprünglich Zimmermeister war, ehe er zum Hofarchitekten avancierte, in Fachwerk errichtet und dann völlig verputzt. Das 1716 von Johann Conrad Schlaun erbaute Pfarrhaus in Delbrück war ursprünglich als Fachwerkbau ebenfalls verputzt, um als barocke Steinarchitektur zu erscheinen. Noch im Jahre 1875 forderte der Fürst zur Lippe anläßlich der Einweihung des Hermannsdenkmals die Detmolder Bürger auf, die Fachwerkhäuser der Hauptstraße zu verputzen, damit die Hochfürstliche Residenz bei Einzug des Deutschen Kaisers nicht einen allzu dörflichen Eindruck mache. Was im 18. Jahrhundert noch an reinen Fachwerkbauten entstand, war in der äußeren Gestaltung vom nüchternen Zweckdenken bestimmt (z. B. 1734 Münden, Ägidiikirchplatz; 1736 Einbeck, Hören 1–11; 1734 Northeim, *300, 301* Hauptwache). Nur im bäuerlichen Bereich erhielt sich die Freude am reichen Schnitzwerk bis um die Mitte des 19. Jahrhunderts. Im Gegenteil, zu einer Zeit des allmählichen Niederganges des künstlerischen Fachwerkes in den Städten steigerte sich seit dem 17. Jahrhundert in den Dörfern die Neigung, den Torbogen des Hauses mit einem überreichen Schnitzwerk von Ornamenten und Segenssprüchen auszugestalten, das die Zierformen vergangener Jahrhunderte weitgehend bewahrte.

In Norddeutschland ist der Bestand an mittelalterlich-spätgotischen Fachwerkhäusern aus der Zeit vor 1540 arg zusammengeschmolzen. Im Bereich zwischen Weser und Elbe gab es vor dem Zweiten Weltkriege noch 145 datierte Fachwerkbauten aus jener Zeit, von denen nach dem Bombenterror des letzten Krieges rund 45 erhalten geblieben sind. Im ostwestfälisch-lippischen Raum stehen noch elf vor dem Jahre 1540 erbaute und datierte Fachwerkhäuser in Warburg (5), Herford (4), in Falkenhagen (1) und Bad Salzuflen (1). Das älteste erhaltene Fachwerkhaus in Westfalen ist das Bäckergildenhaus in Warburg (Lange Str. 2) vom Jahre 1471, in Niedersach- *188*
sen das 1457 erbaute Küsterhaus von St. Blasii in Münden (Kirchplatz 8). *187*

ENTWICKLUNG DER BÄUERLICHEN FACHWERKBAUTEN

Die zeitlich und landschaftlich bedingten Formen der Fachwerkbauten beruhen auf einer vielfältigen Abwandlung des Balkengefüges. Von bestimmten Ursprungsherden her vollzog sich die Geschichte der Holzarchitektur Nordwestdeutschlands in sprunghaft einsetzenden Entwicklungsphasen, die dann auf benachbarte Landschaften übergriffen und einen weiten Strahlungsbereich beeinflußten.

Diese Wandlungen im Hausgefüge setzten in ihrem Ursprungsherd eine Wandlung der häuslichen Lebensformen voraus, und in diesem Entwicklungsrahmen nimmt der Oberweserraum eine zentrale Stellung ein. „Vom endenden Hochmittelalter bis ins 18. Jahrhundert etwa ist das Oberwesergebiet bedeutsame Kulturmitte für die bäuerliche Bau- und Wohnkultur Nordwestdeutschlands, in mancher Hinsicht sogar für das nordwestliche Mitteleuropa gewesen" (Josef Schepers).[3]) Die Entwicklungsstöße, die im Bereich der Holzarchitektur von dort ausgingen und – fast mit einer Kettenreaktion vergleichbar – die Gestaltung der Bürger- und Bauernhäuser angrenzender Landschaften beeinflußten, stellen eine der bedeutendsten Kulturleistungen des Oberweserraumes dar.

Im Oberweserraum wie im gesamten Niederdeutschland und in den mittleren Niederlanden war im Fachwerkbau der charakteristische Haustyp das *Hallenhaus,* beim Bauernhaus der allein herrschende, beim Bürgerhaus der überwiegende. Früher sprach man vom ,,Niedersachsenhaus". Dieser Ausdruck ist wissenschaftlich nicht haltbar, denn die verschiedenen Hausformen des Landvolkes decken sich durchaus nicht in ihrer Verbreitung mit den Grenzen von Volkssprache und Volkstum. So herrschen beispielsweise in Teilen des nördlichen Harzvorlandes, das nach Sprache und Volkstum als ,,niedersächsisch" anzusprechen ist, überwiegend mitteldeutsche Bauformen. Das dreischiffige Hallenhaus, das ursprünglich nur Wohnung und Stallung unter einem Dache vereinigte, war mit seiner zweigeschossigen hallenartigen Diele ein *Großraumhaus.* Dieser Gedanke des Großraumhauses hatte eine soziale Spannweite, wie man sie selten in anderen deutschen Hauslandschaften findet. Ob es sich in der Stadt um ein Patrizierhaus, ein Ackerbürgerhaus, auf dem Lande um ein Großbauernhaus oder ein kleinstes Kötterhaus handelt, immer bildet die hohe Deele den Mittelpunkt des Hauses, auf der das offene Herdfeuer ohne Schornstein brennen konnte und die zugleich Mittelpunkt des wirtschaftlichen Lebens und häuslichen Tagewerkes bei Bürgern und Bauern war (Textabb. 6). Der Oberweserraum bewahrte die Eigenart des westgermanischen Hallenhauses und steigerte sie zu ihrer Höchstform. Das Wohn-Stall-Haus westgermanischer Überlieferung erfuhr im Oberweserraum eine entscheidende Wandlung: das Wohn-Stall-Haus erweiterte sich zum Wohn-Stall-Speicher-Haus. Der dreischiffige Hallenbau wurde in seiner räumlichen Gliederung wesentlich differenzierter. Aus dem geduckten Walmdachhaus entwickelte sich in den Ackerbürgerstädten das Steilgiebelhaus, dessen Straßenseite eine reichere architektonische Ausgestaltung bekundete. In mannigfachen Abwandlungen und Abstufungen strahlte diese neuere Hochform des niederdeutschen Hallenhauses vom Oberweserraum bis in den Westen Westfalens und in das angrenzende Niedersachsen hinein. Sie gab dem bäuerlichen Hauswesen Nordwestdeutschlands neue Impulse von breitester Wirkungsebene.

Das Hallenhaus blickt auf eine Geschichte von zweieinhalb Jahrtausenden zurück. Schon für das achte bis fünfte Jahrhundert vor Christi Geburt konnte die Vorgeschichtsforschung das Hallenhaus in Nordwesteuropa nachweisen. In der Eisenzeit waren es langgestreckte niedere Bauten mit windschützendem Walmdach und einem geringfügig unterteilten Großraum, der sich ohne Decke zum Dach hin öffnete. Getragen wurde das Dach von zwei langen Pfostenreihen, aus denen sich später das typische dreischiffige Zweiständerhaus entwickelte. Diese *Durchgangshäuser* mit ihrer von Giebel zu Giebel sich erstreckenden hohen Halle haben sich bis in das vorige Jahrhundert hinein in der niederländischen Twente als ,,loss Hus" erhalten, als immer offenes Haus, das keine Trennwände kannte und am Wohn-Ende sein Tageslicht durch Giebelfenster erhielt. Man konnte vom Eingangstor am Vordergiebel her die ganze Länge des Hauses bis zur Wohntür am Hintergiebel abschreiten. Im westfälischen Südosten entwickelte sich dann seit dem 13. Jahrhundert über der Deele der stark belastbare Dachraum als Vorrats- und Lagerraum, und die Deele erhielt eine Höhe, die sich mit voll beladenem Erntewagen befahren ließ, um die Ernte auf dem Dachboden zu bergen, die früher außerhalb des Hauses gelagert werden mußte.

Technische Voraussetzung für die Nutzung des Dachbodens als Speicherraum für schwere Lasten war der grundlegende Wandel in der Balkenkonstruktion. In der Frühform des Hallenhauses wurden die beiden Ständerreihen der Deele durch *Ankerbalken* verbunden, deren lange schmale Zapfen durch die Ständer hindurchgingen und an der Außenseite der Ständer mit Holznägeln verkeilt waren (Textabb. 7). Auf dem Rähm am Kopfende der Ständer ruhten die Dachsparren. Das ergab keine sehr tragfähige Dachbodenfläche, da die Ankerbalken in den Ständern nur mit ihren verhältnismäßig schmalen Zapfen saßen und durch den Seitenschub der auseinanderstrebenden Dachsparren in Spannung gehalten wurden. Die *Dachbalkenkonstruktion,* die als Hochform des Hallenhauses den Ankerbalken ablöste, ergab dagegen eine stark belastbare Dachbodenfläche. Die Ständer trugen am Kopfende das Rähm, auf dem die schweren Dachbalken mit den Dachsparren ruhten (Textabb. 7). Beim Zweiständerhaus ragten die Dachbalken weit über die Außenseite der Ständerreihen hinaus,

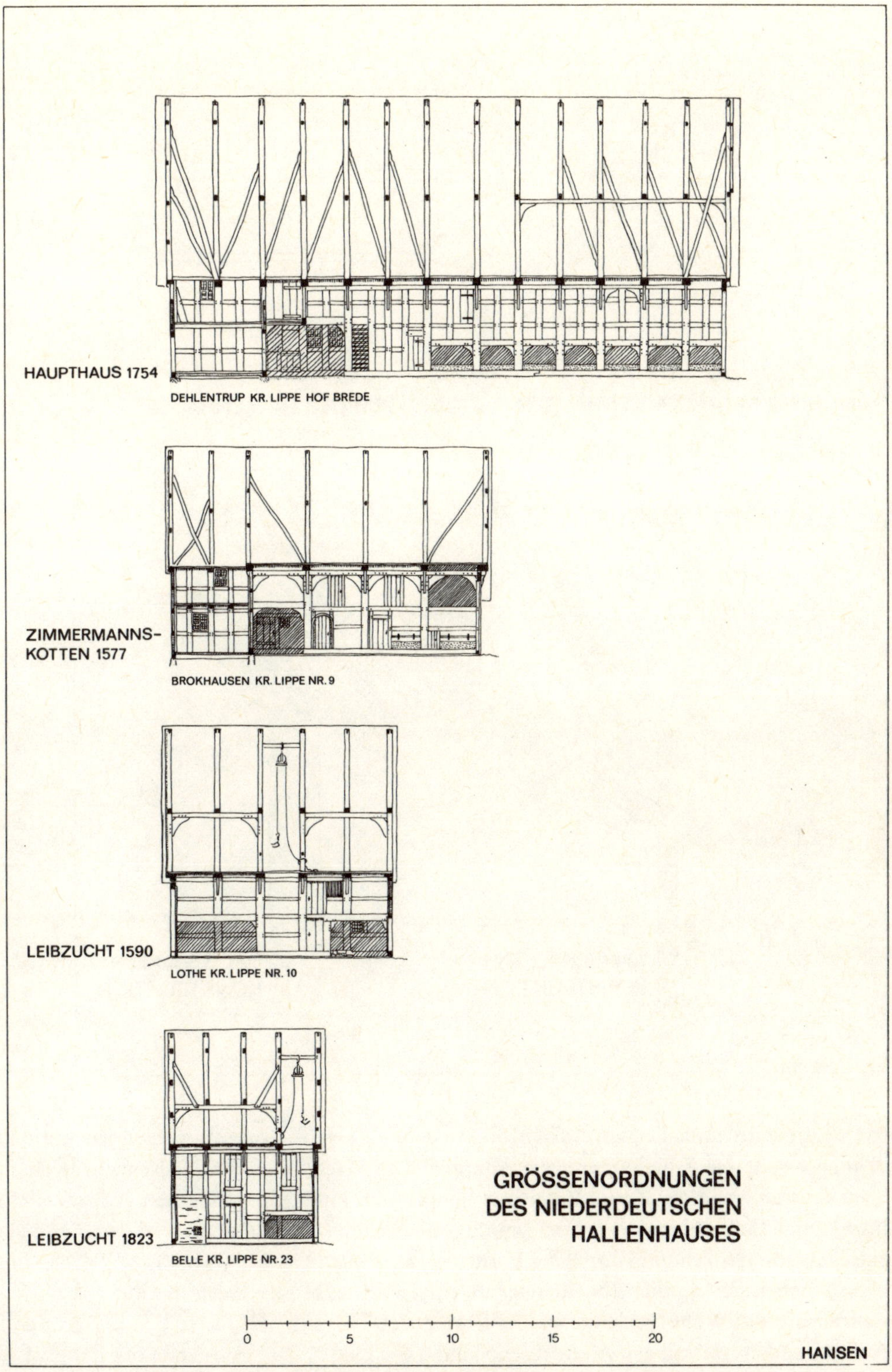

Abb. 6
Die hallenartige Deele als Mittelpunkt von Bauernhäusern verschiedener Größenordnung.

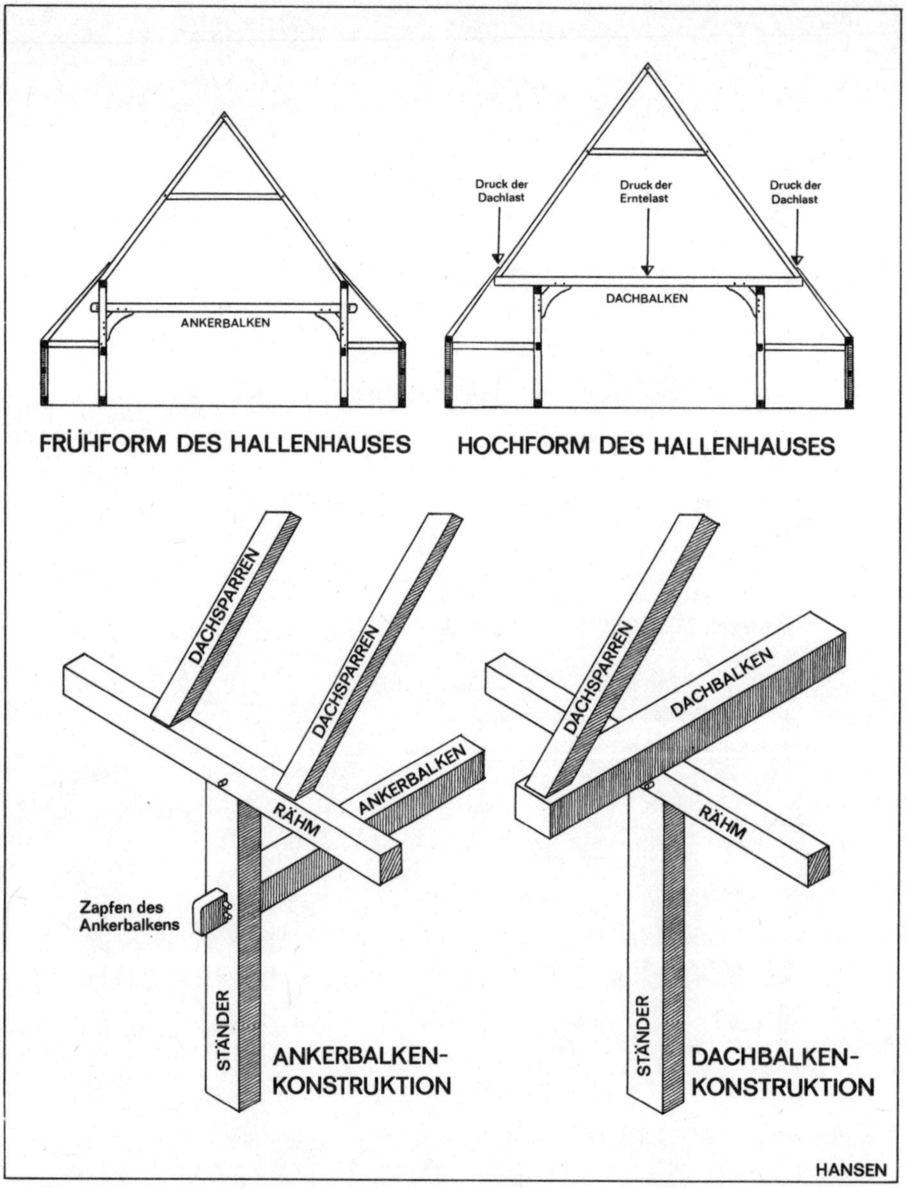

Abb. 7 Die Ankerbalkenkonstruktion der Frühform des Hallenhauses und die Dachbalkenkonstruktion seiner Hochform.

so daß die auf dem äußersten Balkenende stehenden Dachsparren im Gegendruck die Dachbodenfläche mit dem gespeicherten Erntegut entlasten konnten. Der Dachboden des Hauses wurde damit zum großflächigen
334–337 Speicherraum, und das Zweiständerhaus konnte sich zum Vierständerbau entwickeln.

Im 14. und 15. Jahrhundert erfuhr dann das niederdeutsche Hallenhaus in der räumlichen Gliederung seine entscheidende Vollendung durch die Form des *Flettdeelenhauses* (Textabb. 8). Wohn- und Wirtschaftsteil des Hauses heben sich deutlich voneinander ab. Am Ende der breiten Deele mit ihren abgeteilten Kuh- und Pferdeställen wird das Wohn-Ende rechts und links durch Nischen, die bis zu den mit großen Fenstern versehenen Außenwänden reichen, erweitert. Es entstand das „Flett", das gemeinsam mit der großen Deele einen T-för-

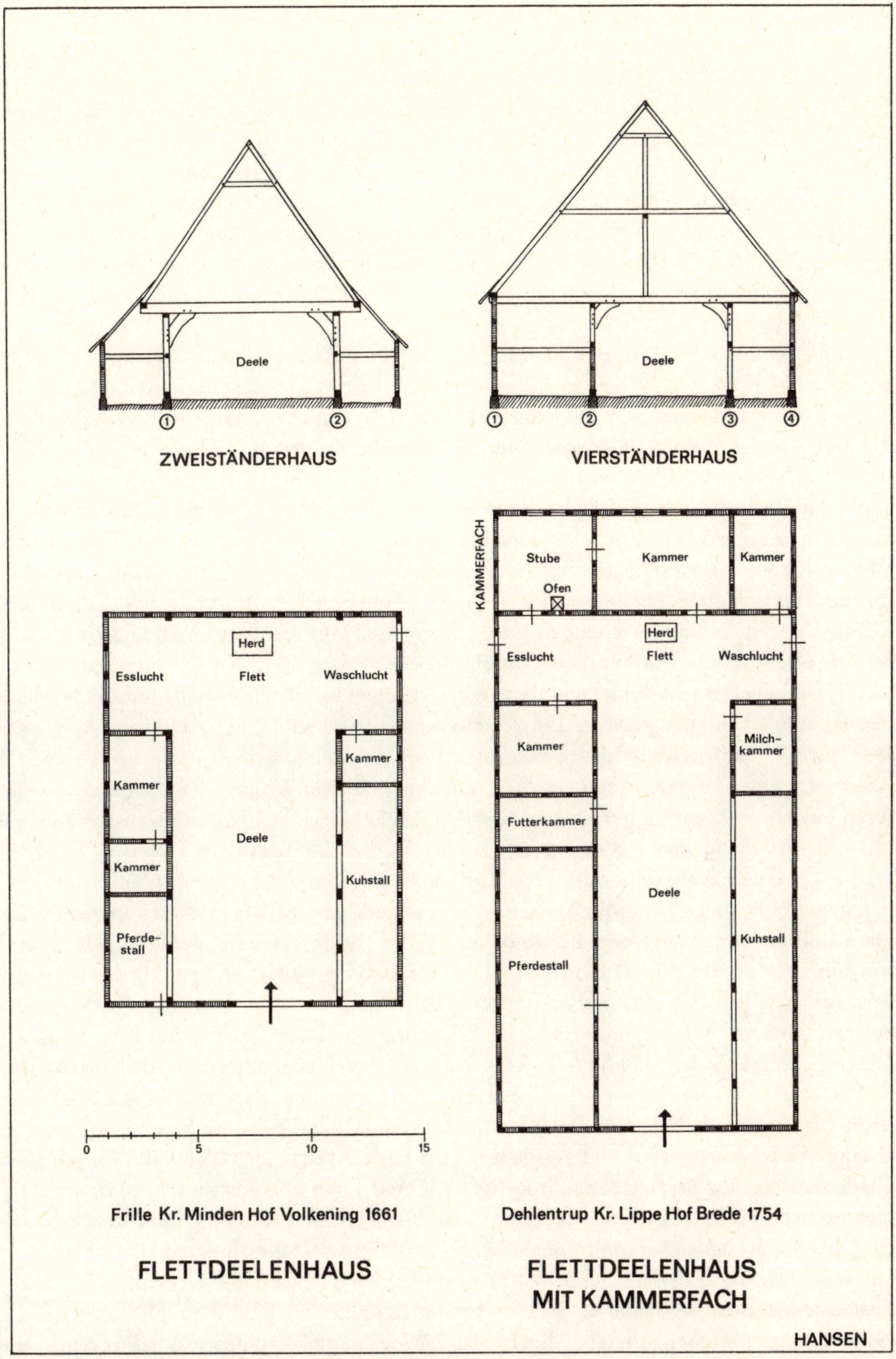

Abb. 8
Flettdeelenhaus älterer Art und Flettdeelenhaus mit Kammerfach und heizbarer Stube.

338, 339 migen Raum bildete, an dessen Ende das offene Herdfeuer brannte. Die Flettdeelen erreichten bei den Ravensberger Sattelmeierhöfen oft gewaltige Ausmaße. Sie erstreckten sich bei einer Höhe von 4 Metern und einer Breite von 8 bis 9 Metern in einer Länge von 36 bis 38 Metern.

Die hohen Seitennischen rechts und links vom Herdfeuer wurden mit ihren hohen Fensterwänden als Licht-
340, 341 spenderinnen „Lucht" genannt. Die eine diente im Gegensatz zur Waschlucht in der gegenüberliegenden Nische als Eßlucht, um deren langen Tisch sich die gesamte Hausgemeinschaft versammeln konnte. Die Seitenschiffe der Deele mit den Stallungen waren bis zum 18. Jahrhundert offen. Unter einem starken niederen Riegel, dem „Kuhnacken", steckten die Kühe ihre Köpfe zur Deele hinaus, während der Pferdestallriegel höher lag, weil Pferde mit erhobenem Kopf fressen. Unterschied man bei der Deele des münsterländischen Hauses die „Koh- und Piäresiete", so sprach man beim Wohnteil im Flett von der „Frauenslüdesiete" (Waschlucht) und „Mannslüdesiete" (Eßlucht).

Eine charakteristische Schilderung der lippischen Flettdeelenhäuser hat im Jahre 1781 der Oerlinghausener Pastor Georg Conrad v. Cölln gegeben; er schreibt: „Ihre Wohnungen sind dauerhaft, aber höchst einfach und ihrem Charakter angemessen. Wer eine sieht, hat sie alle gesehen. Geht man in die große Tür, so tritt man auf die Flur [Deele]. An der einen Seite sind die Kuhställe, an der anderen die Ställe für die Pferde und Knechte; denn den Namen Kammern verdienen diese Behältnisse nicht. Über den Ställen sind Futterkammern für das Vieh. Am Ende der Flur [Deele] ist der Feuerherd, über ihm eine bretterne Bühne (Asse), die den Rauch auffängt, auf welcher Westfalens Schweineschinken so gut durchräuchert werden. Wer einen Schornstein machen läßt, ist ein Sonderling. Hinter dem Feuerherd ist die allgemeine Wohnstube und bei derselben die Schlafkammer der Herrschaft des Hauses und ihrer Kinder; drüber die Behältnisse für reines Korn und übrige Viktualien. Ein großer Teil der Bauern wohnt einzeln, hat um sein Haus sein Feld liegen und ziemlich entfernte Nachbarn. So viele ökonomische Vorteile diese Einrichtung auch haben mag, so erschwert sie doch die Bildung seines Geistes. Gesellschaft macht milde, und wenn des Menschen Interesse zu wenig mit des Nachbarn Interesse verwebet ist, so bleiben viele gesellige Empfindnisse unentwickelt."[4])

Der Pastor v. Cölln schildert hier bereits beim lippischen Flettdeelenhaus die Erweiterung des Fletts durch den
343 Anbau des sogenannten „*Kammerfaches*" mit der heizbaren Wohnstube, die gleichzeitig mit dem Stubenofen ihren Einzug aus Oberdeutschland und dem thüringisch-sächsischen Mitteldeutschland hielt, wo sie bereits im 12. und 13. Jahrhundert bekannt war (Textabb. 8). Bei der primitiven Feuerung des alten Flettdeelenhauses
342 war eine heizbare Stube unbekannt. Am Ende der Deele brannte das offene *Herdfeuer* ohne Schornsteinabzug, den man in Ostwestfalen und Lippe sehr spät erst Ende des 18. Jahrhunderts unter dem Zwange behördlicher Anordnungen einzubauen begann. Bis dahin zog der Herdrauch unter der Deelendecke entlang zum Einfahrtstor hinaus oder durch die Dielenritzen in den Dachboden hinein. So primitiv diese Art der offenen Feuerung war, so vorteilhaft erwies sie sich in vielfacher Beziehung. Der Herdrauch räucherte die an der Decke hängenden Schinken und Würste, er überzog das Balkenwerk im Laufe der Zeit mit einer konservierenden Holzteerschicht, er milderte den Stalldunst, trocknete das auf dem Dachboden lagernde Korn und schützte es gleichzeitig vor Ungeziefer. Andererseits heißt es in alten Medizinalberichten, daß die Landbevölkerung sehr häufig an Bronchialkatarrh und chronischer Entzündung der Schienbeinhäute litte. Man saß zur Winterszeit beim Qualm rund um den Herd und verbrannte sich bei der sengenden Hitze des Holzfeuers die Schienbeine.

Die Voraussetzung der heizbaren Stube ist der *Ofen.* Ofen und Kamin kamen ursprünglich aus dem Mittelmeerraum und waren das Kennzeichen feudalen Wohnens in den Adels- und Patrizierhäusern. Aber im 13. bis 15. Jahrhundert hatten bereits die niederländischen Bürger Kamine in ihren Häusern, seit dem 14. bis 16. Jahrhundert sogar die niederländischen Bauern. Im Flettdeelenhaus stand der Stubenofen an der Wand zum Flett. Er wurde nicht von der Stube aus geheizt, sondern als „Hinterlader" vom Flett aus, wo sich die Ofentüre und ein Rauchloch befanden. Dieser „Hinterlader" erwies sich als so praktisch, daß er seinen Weg von den Bauern-

Abb. 9
Ravensberger Bauernhof mit seinen Nebenbauten. Kupferstich aus: Peter Florens Weddigen, Historisch-geographisch-statistische Beschreibung der Grafschaft Ravensberg (Leipzig 1790).

und Bürgerhäusern zu den Patrizier- und Adelssitzen fand und dort den Kamin verdrängte. Mit der Einführung des Stubenofens im Flettdeelenhaus ging die zentrale Bedeutung des Herdfeuers auf der Deele verloren, denn das Haus mit dem Herdfeuer als Mitte des Ganzen wandelte sich nun in ein Mehrfeuerhaus mit differenzierten Räumen mannigfacher Art.

Das Flettdeelenhaus ist in seiner wirtschaftlichen Kapazität starr festgelegt, das Fassungsvermögen der Stallungen und Vorratsräume ist keiner Erweiterung fähig. So ist auf den Gehöften zur Entlastung des Haupthauses bald eine Reihe *wirtschaftlicher Nebenbauten* entstanden (Textabb. 9). Als im 12. bis 14. Jahrhundert der Kon- *112, 113*

sum der Städte anstieg und der Getreideanbau entsprechend auch, entstanden als wichtigste Nebengebäude die
352–355 Scheune für die unausgedroschenen Korngarben und der Speicher für das ausgedroschene Korn. Das Wort
Speicher geht auf das spätlateinische ,,spicarium“ (= Ährenbehälter) zurück. Da der Speicher mit dem Ernteertrag gewissermaßen das ,,Bankkonto“ des Bauern war, wurde er als Kleinbau besonders aufwendig gebaut
111 und zeichnete sich oft durch äußeren Dekor an Ornamenten und Inschriften aus. In welcher Fülle diese wirtschaftlichen Nebenbauten auf den großen Höfen errichtet wurden, zeigte der Hof Spreen in Preußisch-Ströhen
345–351 (Kr. Minden-Lübbecke). Rund um das Haupthaus standen ein Schafstall, ein Pferdehaus, ein Rinderhaus, ein Wagenschuppen, zwei Speicher, eine Bleichhütte auf der Leinenbleiche, eine Bienenhütte, ein Torfschuppen, ein Backhaus, ein Schweinehaus und für die Landarbeiter ein Heuerlingshaus. Fast alles waren Ständerwandbauten des 18. und 19. Jahrhunderts, die sich um das mächtige Haupthaus vom Jahre 1620 wie die Küken um die Henne scharten.

Seit dem späten 16. Jahrhundert vollzog sich zunehmend der Auflösungsprozeß des Hallenhauses als Großraumhaus. Bekundete bereits das Flettdeelenhaus mit dem Kammerfach und seiner heizbaren Stube eine zunehmende Differenzierung der Räume im funktionalen Sinne, so gelangte diese Entwicklung seit der Mitte des 17. Jahrhunderts zum totalen Durchbruch. Im unteren und mittleren Bürger- und Bauerntum entstand das *Durchgangsdeelenhaus* mit seinen völlig getrennten Räumlichkeiten. Bei diesem Haustyp erstreckt sich die hohe schmale Deele von Giebel zu Giebel (Textabb. 10). Sie war meistens nicht mehr mit dem Wagen befahrbar. Man konnte nun das Haus vom Eingang aus nach Durchschreiten der Deele am Rückgiebel durch die hintere Ausgangstür verlassen. Beiderseits der Deele lagen durch Fachwerkwände völlig abgeschlossen ein breiter Wohnseitenteil und ein schmaler Stallseitenteil. Das offene Herdfeuer wurde von der Deelenmitte in eine Nische der Wohnseite verlegt und entwickelte sich später durch eine Trennwand zu einer regelrechten Küche (Textabb. 11). Im Grunde war es ein Haus mit den Wohnbedürfnissen des Ackerbürgers, für den die landwirtschaftliche Nutzung des Hauses nicht die zentrale Bedeutung hatte wie im rein bäuerlichen Bereich. Die Entwicklung führte zu einer zunehmenden Verengung der Deele, die schließlich nur noch eine Flurdeele in Breite des Eingangstores war.

Noch größer war die Raumeinsparung beim *Traufenhaus,* das an der Traufenseite das große Eingangstor mit einer zwangsläufig auf Giebelbreite verkürzten hohen Querdeele hatte, von der eine Treppe zum Obergeschoß führte (Textabb. 10). Ursprünglich war in den Städten das an der Straße breit gelagerte, ein großes Grundstück
138 beanspruchende Traufenhaus das Kennzeichen adliger Herrenhöfe (Lemgo: 1562 v. Kerssenbrock, Papenstr. 22; 1566 v. Wulffen, Mittelstr. 128/30; 1560 v. Donop, Echternstr. 6/8).

Seit dem 15. Jahrhundert entwickelte sich in den südniedersächsischen Städten ein bürgerliches *Wohndeelenhaus,* das in immer stärkerem Maße die reinen Wohnteile ausbildete. Dieses Vorbild aus den Städten des Harzvorlandes wirkte sich dann auf die Bürgerbauten der Weserstädte wie Höxter oder Hameln aus und beeinflußte von dort die ackerbürgerlichen Städte und das platte Land. Die Voraussetzung für diesen Wandel war beim Bewohner des Flettdeelenhauses die Gewöhnung an die heizbare Stube im separierten Kammerfach. Zwar hausten bei den ackerbürgerlichen und kleinbäuerlichen Traufenhäusern Mensch und Vieh immer noch unter einem Dache, aber der Verlust der hallenartigen Deele als Zentralraum des Hauses vollzog sich immer konsequenter. Das Ende war das reine *Flurhaus* mit vielen Kleinräumen, das nach westeuropäischem Vorbilde sich seit dem 18. Jahrhundert in den Städten, seit dem 19. Jahrhundert in den Dörfern des Weserraumes durchsetzte. Die wesentlichste Eigenart des Hallenhauses, seine Vereinigung von Wohn- und Wirtschaftsräumen unter einem Dache, war nicht mehr vorhanden. Es vollzog sich die Annäherung an mitteldeutsche Wohnformen.

1
Die „Eckmännchen“ am Bäckergildenhaus vom Jahre 1471 in Warburg, Lange Str. 2, dem ältesten Fachwerkhaus Westfalens (vgl. Abb. 188).

2–4 Das „Hoppener-Haus" vom Jahre 1532 in Celle, Poststr. 8. Dieser Stockwerkbau mit seinem Steilgiebel und dem grotesken Figurenschnitzwerk des Braunschweiger Meisters Simon Stappen ist das älteste erhaltene bürgerliche Fachwerkhaus im Renaissancestil (vgl. Abb. 374).

Ernst der Bekenner
1520-1546
Erbaut für
Simon Hoppener
An. Di. 1532
Edelstrumpf
Edelstrumpf

5 Schnitzwand vom Jahre 1542 in Einbeck, Markt 17, mit musizierenden Engeln, Füchsen auf der Gänsejagd, grotesken Drachen und einem Narren neben dem Wappen des Hausherrn (vgl. Abb. 362). △

6 Torbogen vom Jahre 1572 in Stadthagen, Klosterstr. 12, mit Porträtmedaillons des Hausherrn und seiner Ehefrau (vgl. Abb. 87). ▷

12

7 Simson und Delila.
Ständerschnitzerei aus den Jahren 1547/49 an der „Junkernschänke" in Göttingen, Barfüßerstr. 5 (vgl. Abb. 219). ◁

8 Erkerwand aus den Jahren 1547/49 an der „Junkernschänke" in Göttingen, Barfüßerstr. 5 (vgl. Abb. 221–227).
Die Ständer zeigen Darstellungen von Adam und Eva mit dem Paradiesesengel, von Judith mit dem Haupte des Holofernes und König David mit der Psalterharfe. ▷

9 Erkerwand aus dem Jahre 1549 am Hause des Wollhändlers Jürgen Hovet in Göttingen, Weender Str. 62. Die Ständer zeigen den Hausherrn mit seinen drei Ehefrauen (vgl. Abb. 233 und 303). △

10 Schnitzwand aus dem Jahre 1549 am Hause des Wollhändlers Jürgen Hovet in Göttingen, Weender Str. 62. Auf dem Torbogen sind Geräte der Weberei, auf den Ständern Darstellungen König Davids (links), der Engel des Jüngsten Gerichtes (Mitte) und des Täufers Johannes (rechts) eingeschnitzt. ▷

1549

11–12
Die 1553 erbaute Amtspforte in Stadthagen.
Die Stadthagener Amtspforte ist das erste Beispiel reich gestalteter Fachwerkornamentik im zentralen Bereich des Weserraumes (vgl. Abb. 91–92).

ANNO·DNI ·1553·H·S·H·D·H·G·

13 Das „Stiftsherren-Haus“ in Hameln, Osterstr. 8. Im Jahre 1558 ließ der Bürgermeister Friedrich Poppendieck diesen mit zahlreichen Figurenknaggen geschmückten Bau errichten. △

14–21 Figurenknaggen am „Stiftsherren-Haus“ in Hameln, (1558). ▷
Obere Reihe: Der Bauherr, Apostel Jakobus d. Ä., Apostel Philippus und Kaiser Justinian.
Untere Reihe: Kain ermordet Abel, Simson erwürgt den Löwen, Samuel salbt David und Joab ersticht Abner.

IVSTI

24 Goliath und David. Links der Apostel Judas Thaddäus. Eckknaggen am „Stiftsherren-Haus" in Hameln (1558). ▷

22–23 Gottvater und Christi Auferstehung. △ ▷
Figurenknaggen am „Stiftsherren-Haus" in Hameln (1558).

25
Haus des Henning Blanken vom Jahre 1552 in Einbeck, Marktstr. 26.
Das untere Stockwerk ist in spätgotischer Bauweise errichtet, deren lange Wandständer sich über zwei Geschosse erstrecken.

26
Die Ratswaage vom Jahre 1565 in Einbeck.
Der Traufenbau trägt an seiner Stockwerksschwelle besonders reich gestaltete Taubandornamente
(vgl. Abb. 88–90).

27–32
Figurenknaggen aus den Jahren 1559 und 1595 in Wiedenbrück, Lange Str. 93. Obere Reihe: Meistertrunk des Baumeisters, der Gute Hirte und Isaaks Opferung. Untere Reihe: St. Georg, Mariä Empfängnis und Adam und Eva.

33
Josua und Kaleb mit der Weintraube aus Kanaan und die Muttergottes. Figurenknaggen aus dem Jahre 1559 in Wiedenbrück, Lange Str. 93.

30 km

34
Die Dechanei in Höxter,
Marktstr. 21.
Der 1561 entstandene Adelsbau ist eines der frühesten Fachwerkhäuser Westfalens mit Utluchten. ◁

35
Bürgerhaus des Jost Sperner aus dem Jahre 1565 in Höxter, Marktstr. 13. ▷

36–37 Ostflügel der Burg Blomberg. Er wurde 1560–1569 im Auftrage des Grafen Simon VI. zur Lippe errichtet. Der reich ornamentierte Giebel ist eines der frühesten Zeugnisse heimischer Schnitzkunst westlich der Weser. Er stammt vom lippischen Meister Bartold Sander aus Horn.

ANNO DOMINI 1560

38–42 Das Amtshaus in Blomberg, im Jahre 1572 ursprünglich als Pfortenhaus der Burg Blomberg erbaut. Das Schnitzwerk hat der lippische Meister Barthold Sander aus Horn geschaffen, von dem auch die Schnitzereien am Ostflügel der Burg Blomberg stammen (vgl. Abb. 36–37 und 83).

Von Gottes Gnad Symon Graffe und Edele Herr zur Lippe ANNO DOMINI 1 5 7

Sein haus in frid hatt woll gebauwet

43–44
Bürgerhaus mit Rosetten- und Pflanzenornamentik vom Jahre 1577 in Verden, Strukturstr. 7.

45–47
Das 1579 erbaute Rathaus in Schwalenberg. Im Untergeschoß befand sich ursprünglich eine offene Kaufhalle, im Obergeschoß der Bürgersaal. Im Jahre 1603 wurde an die linke Seite die Ratsstube angebaut (vgl. Abb. 155).

Alt Lemgo
Sinalco-Kola
EISKREM

48
Bürgerhaus vom Jahre 1587 in Lemgo, Mittelstr. 17. Der Meister Johann Heinrich Schnitger, von dem mehrere Schnitzgiebel in Lemgo stammen, hat diesen Bau als prächtigstes Fachwerkhaus Lemgos für sich selbst errichtet. ◁

49
Leibzucht des Jobst von der Wipper und seiner Ehefrau in Lemgo, Mittelstr. 24 (1593). Die unteren Brüstungsplatten zeigen die Bildnisse des Ehepaares. An der Giebelspitze sind als Sinnbild der Eitelkeit ein Affe mit Spiegel, als Sinnbild der Gefräßigkeit ein Bär mit Honigwabe dargestellt (vgl. Abb. 364). ▷

50 Das „Planeten-Haus“ in Lemgo, Mittelstr. 36, erbaut um 1590.

51–57 Die sieben Planetengötter am „Planeten-Haus“ in Lemgo.
Obere Reihe: Jupiter, Merkur und Saturn.
Untere Reihe: Sonne (Sol), Venus, Mars und Mond (Luna).

IVPITER
MERC
SATVRN
· SOL ·
VENVS
MARS
LVNA

S MATEVS
S IOHAMMES
S LVCAS
S MARCVS
FIDES
SPES
CARITAS
FVNT
TEN
CHARO

58–61
Schnitzwerk am „Adam-und-Eva-Haus" in Paderborn, Hathumarstr. 7 (Ende des 16. Jahrhunderts).

Obere Reihe: Groteskfiguren, von denen zwei zur Dämonenabwehr die Zunge und das entblößte Hinterteil zeigen (vgl. Abb. 367 und 372).
Mittlere Reihe: Engel und Adler als Sinnbilder der Evangelisten Matthäus und Johannes (vgl. Abb. 320).
Untere Reihe: die Vertreibung von Adam und Eva aus dem Paradiese durch den Erzengel.

62–63 Die 1610 erbaute Lateinschule in Alfeld. Das vom Hildesheimer Meister Andreas Steiger geschaffene Schnitzwerk der Brüstungsplatten und Ständer zeigt 130 Motive aus dem Alten und Neuen Testament, aus der Antike und der Bildungswelt des Humanismus.
Unten links vom Portal die Allegorie der Geduld (Patientia), rechts die Allegorie des Friedens (Pax).
Vgl. Abb. 163–184 und Textabb. 28.

REDIRE CHOROS: ECCE TYPVM! QUID ENIM
PATIENTIA
Briefe

SPIEGEL

64–65 Das um 1610 entstandene „Eicke'sche Haus" in Einbeck, Marktstr. 13.
Das Schnitzwerk kopiert in vollendeter Weise die Plastik an Steinbauten der Renaissance (vgl. Abb. 66–76, 266–287 und 315).

66–72 Figürliche Brüstungsplatten am „Eicke'schen Haus" in Einbeck (um 1610): Evangelist Markus, Christus, die Musik, die Geometrie, die Grammatik, das Gesicht und die Mäßigung (Temperantia). ◁

73–76 Figürliche Brüstungsplatten am „Eicke'schen Haus" in Einbeck (um 1610): die Sonne, die Gerechtigkeit (Justitia), die Hoffnung (Spes) und der Planet Saturn. ▷

Sonnen

JVSTITIA

SPES

Satur
nus

77 Bürgerhaus aus dem Jahre 1618 in Bad Salzuflen, Lange Str. 35, mit Rosetten- und Beschlagwerkornamenten. △

78–79 Die heraldischen Sinnbilder Löwe und Greif auf Brüstungsplatten des Schnitzgiebels. ◁

80 Das Haus des Kaufmanns Arendt Bade aus dem Jahre 1612 in Bad Salzuflen, Lange Str. 33, dessen Schnitzgiebel das Rosettenornament in reichen Variationen zeigt (vgl. Textabb. 15 und 24). ▷

ANNO 1612

81
Gotischer Treppenfries aus dem Jahre 1490 in Alfeld, Seminarstr. 3

82
Schiffskehle an der „Junkernschänke“ in Göttingen, Barfüßerstr. 5 (1547/49). Vgl. Abb. 219.

83
Taubandornamentik
am Amtshaus in
Blomberg (1572).
Vgl. Abb. 38–42.

84
Zahnschnittmuster
am ehemaligen
Kornhaus aus Schie-
der (um 1590).
Vgl. Abb. 129

85 Beschlagwerkschnitzerei aus dem Jahre 1620 in Rinteln, Brennerstr. 291 (vgl. Abb. 304). ◁

86 Schnitzgiebel mit Beschlagwerk aus dem Jahre 1621 am Hause des Pastors Johann Loofher in Bad Salzuflen, Lange Str. 7 (vgl. Abb. 294). △

87 Schnitzwand mit Laubrankenornamenten aus dem Jahre 1572 in Stadthagen, Klosterstr. 12 (vgl. Abb. 6). Die linke Brüstungsplatte zeigt zur Dämonenabwehr eine Schreckmaske. ▽

88–90 Rosetten an der Ratswaage in Einbeck aus dem Jahre 1565 (vgl. Abb. 26). △ ◁

91–92 Rosetten an der Amtspforte in Stadthagen aus dem Jahre 1553 (vgl. Abb. 11–12). ▽

93 Torbogen mit Muschelrosetten aus dem Jahre 1592 in Münden, Lange Str. 72. ▷

THEVS BRVNS
1592
WIEDERHERGESTELLT 1970
E H
72

94–96
Schnitzwand mit Viertel-, Halb- und Vollrosetten am Südflügel der Grevenburg aus dem Jahre 1566 (vgl. Abb. 124).

97–101
Rosettenvariationen am Südflügel der Grevenburg aus dem Jahre 1566.

3E VND THEVRE 3EI

1566
F SCHEPEL ROGEN VOR

ERDAS IST WAR PESTE
WEIT

DASMAN KOFTE AN
ALLEN

102–109 Rosettenartige Ornamentik vom Jahre 1611 am Hause des Cyriacus Poggen in Einbeck, Neuer Markt 35 (vgl. Abb. 292). Das Rosettenornament ist hier in zahlreichen Abwandlungen zu einem Ornament konzentrischer Halbkreise entwickelt worden.

110
Speicher aus
dem Jahre
1588 in Atteln
(Voigtshaus).

111
Die Schloßmühle aus dem Jahre 1587 in Heidelbeck.

112 Der Mindener Hof im Westfälischen Freilichtmuseum bäuerlicher Baudenkmale in Detmold. Links: Scheune aus Bohnhorst (1671). Mitte: Haupthaus aus Kleinenheerse (1673) mit dem für den Mindener Bereich typischen Steckwalm am Vordergiebel. Rechts: Schweinehaus aus Buchholz (um 1600). Vgl. Abb. 338, 343 und 349. (Foto: Hans-Georg Gessner, Bielefeld).

113 Der lippische Meierhof im Westfälischen Freilichtmuseum bäuerlicher Kulturdenkmale in Detmold.
Links: Altenteilerhaus aus Oettern-Bremke (1619). Mitte: Haupthaus aus Leese (1570).
Rechts: Scheune mit Schafstall aus Wülfer-Bexten (1599).
Vgl. Abb. 339, 342 und 352 (Foto: Hans-Georg Gessner, Bielefeld). △

114–117 Schnitzereien am Giebel des „Valepagenhofes" aus Delbrück vom Jahre 1577
im Paderborner Dorf des Westfälischen Freilichtmuseums bäuerlicher Kulturdenkmale in Detmold.
Dieser ländliche Vierständerbau hat einen einmalig reichen Schnitzgiebel (vgl. Textabb. 17). ▷

Dis haus steit in Gots hant Joist Balpage ist er genant
Der hat lassen bawen Und auf Got gesez sein vertrawe
Anno Domini 1577.

118
Torbogen des „Valepagenhofes“ vom Jahre 1577 aus Delbrück. Im 16. Jahrhundert wurde nur die Torbogenkante ornamental verziert. Die Flächen der Torbogenständer blieben unbeschnitzt. ◁

119
Torbogen eines Ackerbürgerhauses vom Jahre 1611 in Schwalenberg, Untere Str. 7. ▷

FRIEDRIK ALTEN BERND
CARL ALTEN= BERND

120 Bäuerlicher Torbogen vom Jahre 1631 in Lothe (Hof Nr. 32).

121 Bäuerlicher Torbogen aus dem Jahre 1844 in Diebrock (Hof Meier zu Hartum). Der Torbogen zeigt das im Ravensbergischen seit dem 18. Jahrhundert weit verbreitete Motiv der musizierenden Engel. △

122 Bäuerlicher Torbogen aus dem Jahre 1837 in Istrup, Dorfstr. 13. Im Schnitzwerk dominieren in überreichem Maße die für das 18. und 19. Jahrhundert typischen Inschriften. ▷

BROD·MEIN VERMÖGEN GLEICHER MAASSEN· SEGNE MICH MIT SANFTEM STERBEN· UND MACH
WIR WISSEN ABER· SO UNSER IRDISCH HAUS DIESER HUTTEN ZERBROCHEN WIRD· DAS WIR
EINEN BAU HABEN VON GOTT ERBAUET· EIN HAUS NICHT MIT HANDEN GEMACHT DAS EWIG
IST IM HIMMEL· ALLES WAS ICH BIN UND HABE· KOMMT VON DEINER VATERHAND ES IST DEIN
GESCHENK UND GABE· SEELE· LEIB· HAUS· GUT UND STAND· HABE DANK FÜR DEINE TREU· WELCHE ALLE MORGEN
NEU· HABE DANK FÜR DEINEN SEEGEN· AN DEM IST
JA ALLES GELEGEN
DEN·24·T· MAI·1837·
M· CORD HEINRICH LESEMAN A·W·TR·
FRIED=RICH CARL· DRUNER Z·ISTRUP
WILHEL MINE· LOHMEIERS A·WELLEN TRUP

Häuser sind Menschenwerk, aber sie formen auch den Menschen, der in ihnen aufwächst und lebt, in seinen Lebensauffassungen. Die Geschichte der verschiedenen Typen des Hallenhauses im Oberweserraum ist zugleich eine *Geschichte des Wohnens* in diesen Häusern.

„Sicher ist, daß die Fachwerkgestaltung nur von der Art der Ständerverbände, nur aus der Innenkonstruktion des Hauses zu begreifen ist. Doch darüber hinaus ist der Wille zu dieser Konzeption, zu dieser Form entscheidend" (Walter Borchers).[5]) Wohl selten hat ein Häusertyp die Menschen in ihrem Zusammenleben so stark geprägt wie das Hallenhaus. Wo viele Menschen in einem Großraum wie der hallenartigen Deele zusammenlebten, da muß strenge Ordnung herrschen, sonst ist diese enge Lebensgemeinschaft von Familie und Hofgesinde nicht zu verwirklichen. Es war eine patriarchalische Lebensgemeinschaft, der sich niemand entziehen konnte, vor allem nicht in der ältesten Hausform, dem allseits offenen Durchgangshaus. Separierte Räume, in die sich der einzelne zurückziehen konnte, gab es dort nicht. In exakter Staffelung baute sich die soziale Pyramide der bäuerlichen Hausgemeinschaft auf: Hausherr, Hausfrau, Großknecht, Kleinknecht, Schäfer, Pferdejunge, Großmagd, Kleinmagd, Küchenmädchen und die Kinder der Familie nach Geschlecht und Alter. In der Tischordnung kam dies deutlich zum Ausdruck: am Tischende saß der Hausherr auf dem ihm allein zustehenden Lehnstuhl, auf den Bänken rechts und links die Hausfrau mit dem nach Rang und Geschlecht aufgereihten Gesinde, am Tischende schließlich die Kinder, von denen in Lippe früher die Kleinsten keinen Sitzplatz beanspruchen durften, sondern stehend essen mußten. Diese strenge soziale Ordnung im Hauswesen war nicht nur für das Bauerntum, sondern auch für die Bürger, insbesondere die Ackerbürger bindend. Die gemeinsame Lebensform im häuslichen Wohnen, das sich in Stadt und Land im grundsätzlich gleichartigen Hallenhaus mit dem zentralen Deelenraum vollzog, erhielt sich bis zum frühen 19. Jahrhundert. Sie ist für das enge Stadt-Land-Verhältnis des Oberweserraumes bezeichnend. Im Bauernhaus war es die weiträumige Deele mit dem hohen Einfahrtstor, in der sich ein großer Teil der landwirtschaftlichen Arbeit vollzog. Dem Ackerbürger diente die Deele als handwerkliche Werkstatt, im Patrizierhaus war die repräsentative Kaufmannsdeele mit der großen Waage Schauplatz von Handel und Wandel. Feste wurden auf ihr gefeiert – Hochzeit und Taufe –, und die Totenbestattung nahm auf den Dörfern ihren Ausgang von der Hausdeele. Sozialgeschichtlich umfaßt diese einheitliche Grundgestalt des niederdeutschen Bauern- und Bürgerhauses einen weiten Spannungsbogen, wie er in der Geschichte der Wohnkultur anderer Landschaften auch nicht annähernd erreicht worden ist.

War der Hofbauer sozusagen die patriarchalische Autorität des ganzen Anwesens, so war die Hausfrau im wahrsten Sinne damals „Frau des Hauses", wie sie zum Ende des 18. Jahrhunderts Justus Möser in seiner klassischen Schilderung des Lebens auf der bäuerlichen Hausdeele charakterisiert hat: „Die Wohnung des gemeinen Bauern ist in ihrem Plan so vollkommen, daß solche gar keiner Verbesserung fähig ist und zum Muster dienen kann. Der Herd ist fast in der Mitte des Hauses, und so angelegt, daß die Frau, welche bey demselben sitzt, zu gleicher Zeit Alles übersehen kann. Ein so großer und bequemer Gesichtspunkt ist in keiner anderen Art von Gebäuden. Ohne von ihrem Stuhle aufzustehen, übersieht die Wirthin zu gleicher Zeit drey Thüren, dankt denen, die hereinkommen, heißt solche bey sich niedersetzen, behält ihre Kinder und Gesinde, ihre Pferde und Kühe im Auge, hütet Keller, Boden und Kammer, spinnet immerfort und kocht dabey. Ihre Schlafstelle ist hinter diesem Feuer, und sie behält aus derselben eben diese große Aussicht, sieht ihre Gesinde zur Arbeit aufstehen und sich niederlegen, das Feuer anbrennen und verlöschen und alle Thüren auf- und zugehen, höret ihr Vieh fressen, die Weberin schlagen und beobachtet wiederum Keller, Boden und Kammer ... Der Platz bey dem Herde ist der schönste unter allen. Und wer den Herd der Feuersgefahr halber von der Aussicht auf die Diele absondert, beraubt sich unendlicher Vortheile. Er kann sodann nicht sehen, was der Knecht schneidet und die Magd futtert. Er hört die Stimme seines Viehes nicht mehr ... Wer vollends seine Pferde in einem besonderen Stalle, seine Kühe in einem anderen und seine Schweine im dritten hat und in einem eigenen Gebäude drischt, der hat zehn Wände und Dächer zu unterhalten und muß den ganzen Tag mit Besichtigen und Aufsichthaben zubringen."[6])

Im Flettdeelenhaus entwickelte sich allmählich die Tendenz zum individuellen Wohnen. Durch das quergelagerte Flett mit Herdfeuer, Eß- und Waschnische hob sich bereits ein besonderer Wohnbereich gegenüber der hallenartigen Deele ab, der immerhin in den beiderseitigen Nischen schon stubenähnliche Räumlichkeiten bot, in die man sich zurückziehen konnte. Bauliche Neuerungen förderten dann den Separatismus der Wohngemeinschaft. Früher brannte im Flett das offene Herdfeuer, dessen Rauch gemächlich in der hohen Deele abzog.

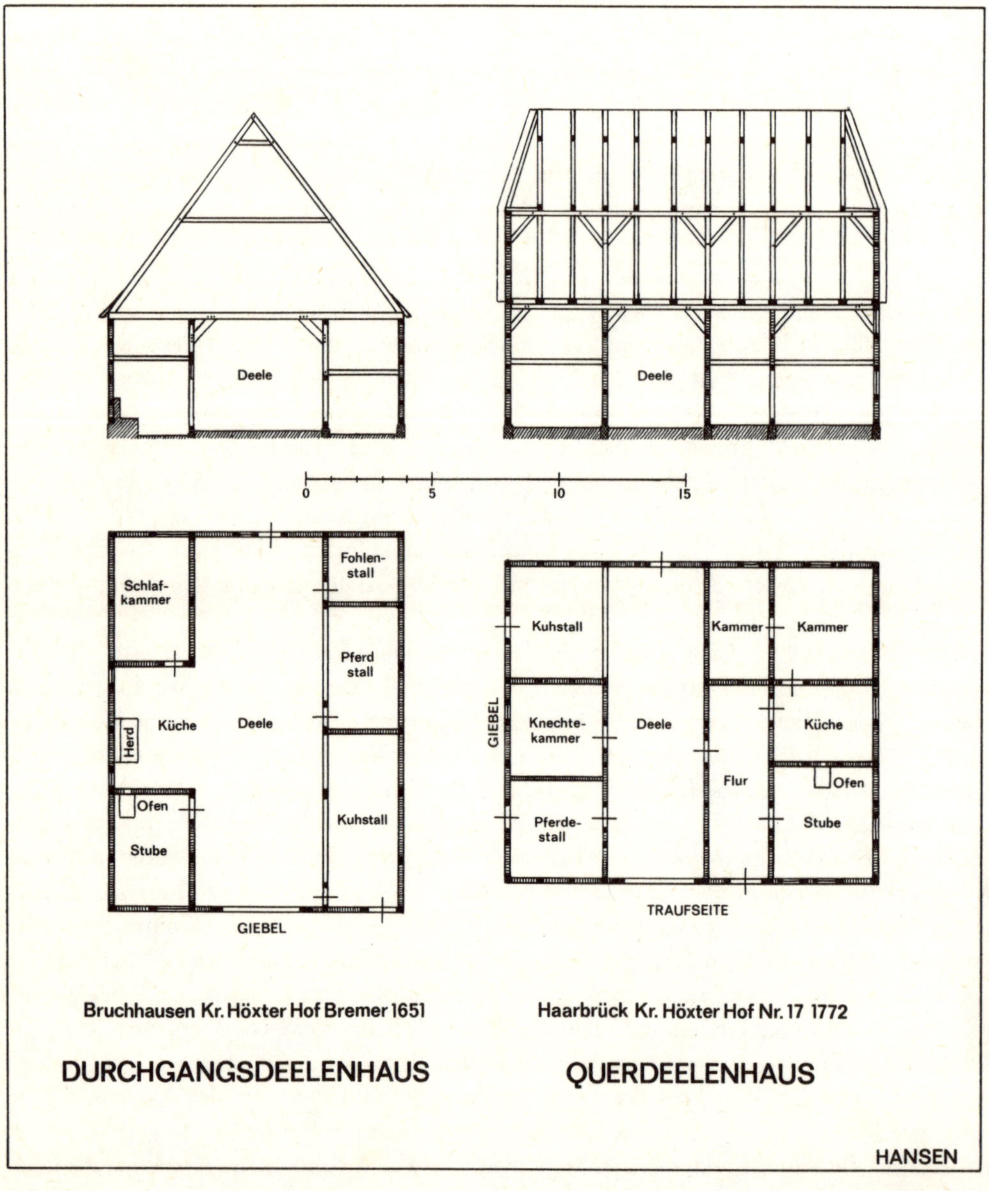

Abb. 10 Durchgangsdeelenhaus und Querdeelenhaus als Spätformen des niederdeutschen Hallenhauses.

Abb. 11 Küchenlucht eines Durchgangsdeelenhauses vom Jahre 1619 (Westfälisches Freilichtmuseum bäuerlicher Kulturdenkmale Detmold).

Seit dem 18. Jahrhundert wurden auf behördlichen Druck zur Brandsicherung die offenen Schornsteine eingebaut, die durch ihren starken Luftzug den Aufenthalt im Flett ungemütlich machten (es „zog wie Hechtsuppe"). Nur ein harter Menschenschlag mit zäher gesundheitlicher Widerstandskraft konnte es in diesen Häusern aushalten. Das muß einmal nüchtern jenseits aller Heimatromantik gesagt werden.

Von einschneidender Bedeutung für die weitere Entwicklung des Flettdeelenhauses war der Anbau der Ofenstube im Kammerfach am Ende des Hallenhauses. Nun „hauste" man nicht mehr im hallenartigen Wohnstallhaus, man „wohnte" in einer regelrechten heizbaren Stube. Wie Josef Schepers treffend bemerkt hat, stand 343
„das offene rauchende und rußende Feuer immer dem Großraumwohnen nahe, das eingesperrte Feuer dem Kleinraumwohnen".[7]) Die Ofenstube kam, wie bereits erwähnt, aus dem oberdeutschen und mitteldeutschen Raum. Das südliche Niedersachsen übernahm sie bereits vor der Reformation aus Sachsen-Thüringen, das südliche Westfalen erst nach der Reformation aus Hessen. Das Kammerfach im Bauernhaus, die Winterstube mit Ofen im Bürgerhaus, der Saal mit Kamin im Patrizierhaus, sie alle lockerten die althergebrachte Ordnung des gemeinsamen Wohnens im Großraum der Deele und förderten die individuelle Neigung zum Separatismus in Kleinräumen. Zwar hielten die Bauern noch bis ins 19. Jahrhundert hinein zumindest im Sommer am Wohnen auf der großen Flettdeele fest, aber bei den Großbauern entwickelte sich das Kammerfach mit der Wohnstube zur bevorzugten Domäne der Herrschaft, während das Gesinde als „Flettdeelenvolk" draußen blieb.

Wie stark sich die Tendenz durchsetzte, aus dem überkommenen Wohn-Stall-Haus durch An- und Einbauten
ein reines Wohnhaus zu machen, zeigen auf dem Hof Führing in Leese (Kr. Lippe) die strukturellen Verände- 113

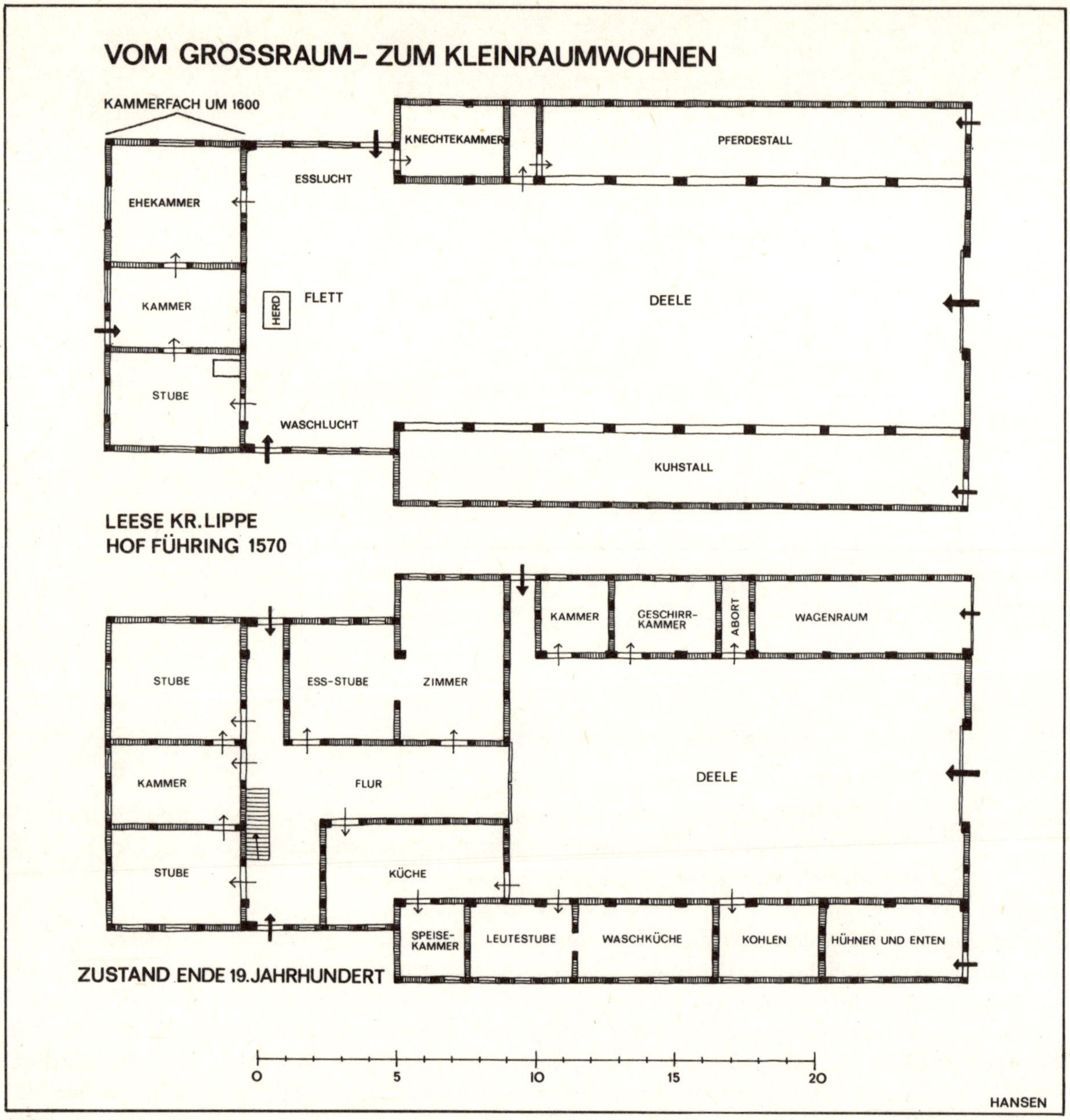

Abb. 12 Struktureller Wandel eines bäuerlichen Hallenhauses vom 16. bis 19. Jahrhundert. Das Haus wurde 1970/71 in seiner urspünglichen Form im Westfälischen Freilichtmuseum bäuerlicher Kulturdenkmale (Detmold) wiedererrichtet.

rungen des Haupthauses vom Jahre 1570 im 19. Jahrhundert (Textabb. 12). Ursprünglich war dieses Haupthaus wie alle niederdeutschen Hallenhäuser ein Wohn-Stall-Haus mit Deele, Flett und Kammerfach. Rechts der Deele waren der Pferdestall und die Knechtekammer, links der Kuhstall. In den späteren Umbauten setzt sich nun die Tendenz durch, die Stallungen in Nebengebäude des Hofes zu verlegen und aus dem Wohn-Stall-

Haus ein reines Wohnhaus zu machen. Die rechte Deelenseite wird nun in einen Wagenraum, Abort, eine Geschirrkammer und Gesindekammer aufgegliedert, auf der linken Deelenseite liegen eine Speisekammer, Leutestube, Waschküche, Kohlenkammer und ein Hühnerstall. In das Flett werden rechts eine Eßstube und ein Wohnzimmer, links eine Küche eingebaut, so daß vom Flett in der Mitte nur ein schmaler Flur übrigbleibt, der von der großen Deele durch eine Tür getrennt ist. Das bedeutet das Ende der großen Wohngemeinschaft von Familie und Hofgesinde auf der Flettdeele. Das Gesinde hat seine eigene Leutestube, der Familie sind die Wohnräume und das Kammerfach vorbehalten. Einen weiteren tiefgreifenden Wandel im Wohnen brachte das Durchgangsdeelenhaus in den weserländischen Ackerbürgerstädten und Dörfern. Stallung und Wohnung sind nunmehr von der immer enger werdenden Deele durch Fachwerkwände getrennt. Auch die Herdstelle – sozusagen die Kommandobrücke der Hausfrau – ist auf die Wohnseite in eine Nische verlegt. Entscheidend ist aber nun, daß die Wohnstube, die sich früher fern der Straße am hinteren Ende des Hauses befand, zum Vordergiebel hin verlegt wurde, wo sie durch einen fensterreichen Ausbau – der „Utlucht“ – den Blick zur Straße frei- *327*
gab. Die ehemals eng abgeschlossene Hausgemeinschaft des Flettdeelenhauses nahm damit den unmittelbaren Kontakt zum Leben und Treiben auf der Dorfstraße und dem Straßenverkehr der Ackerbürgerstädte auf. Durch die neue Art des Wohnens nahm man zunehmend lebhaften Anteil am Leben der Gemeinde.
Beim Querdeelenhaus mit seiner Traufenlage zur Straße wurde schließlich durch die drastische Verkürzung und Verengung der Deele ein Gemeinschaftsleben im Großraum nahezu unmöglich gemacht. Es war nur noch ein kleiner Schritt zum reinen Flurhaus, das unter westeuropäischem Einfluß seinen Weg nach Westfalen und dem Weserraum fand. Das Ende der patriarchalischen Hausgemeinschaft war gekommen, die Entbäuerlichung der Ackerbürgerstädte begann.

ENTWICKLUNG DER BÜRGERLICHEN FACHWERKBAUTEN

Wenn auch das niederdeutsche Hallenhaus in seinem Ursprung rein bäuerlich war, so steht es in seiner vollendeten Form – dem Vierständerbau – in eindeutiger Abhängigkeit von den *städtischen Hallenhäusern* des späten Mittelalters. In jener Kulturepoche hatten zuerst die Städte der flämischen Niederlande das ehemals bäuerliche Hallenhaus zu einem Bauwerk mit größerem Fassungsvermögen entwickelt. Der Einfluß Flanderns und Brabants auf die Entwicklung des Hallenhauses im nordwestlichen Deutschland war damals richtungweisend. Ähnlich wie Oberitalien besaß Flandern auf verhältnismäßig engem Raum eine Reihe spätmittelalterlicher Großstädte mit 25000–30000 Einwohnern, die in ihrem Städtebau vorbildlich wirkten und als Stadtgebilde gegenüber den größten westfälischen Städten mit 8000–12000 Einwohnern eine nicht nur wirtschaftlich führende Stellung einnahmen, sondern zugleich Vorbild einer reichen Patrizierkultur waren.
Seit dem Ende des Hochmittelalters wurde in den westfälischen und niedersächsischen Städten diesseits und
jenseits der Oberweser das ebengeschossige bäuerliche Hallenhaus zu einem ackerbürgerlichen Wohnhaus mit *258*
mehreren Geschossen, steilem Giebel und Straßensicht umgewandelt. Das Haus des Ackerbürgers war vor allem ein Wohnhaus und nicht wie das bäuerliche Flettdeelenhaus ein großer Stall mit Wohnteil. Der Raumbedarf an Viehställen wurde zugunsten der notwendigen Werkstatträume des handwerklich tätigen Ackerbürgers stark eingeschränkt. Die konstruktive Voraussetzung war hierfür der *Vierständerbau*, der den bäuerlichen Zweiständerbau ablöste. Der gesamte Oberweserraum zählt in seiner Eigenart zu den bedeutsamsten Hauslandschaften Norddeutschlands, denn hier liegt das Ursprungsgebiet dieser Vierständerbauten (Textabb. 13). Entscheidend für diese Entwicklung war ein enger Kontakt zwischen Bauern- und Bürgertum, das in nahezu allen sozialen Schichten Hallenhäuser bewohnte. Das Oberwesergebiet bot hierfür besonders günstige Voraussetzungen, denn zwischen 1180 und 1350 entstand in dieser Landschaft ein enges Netz neuer Planungsstädte, in

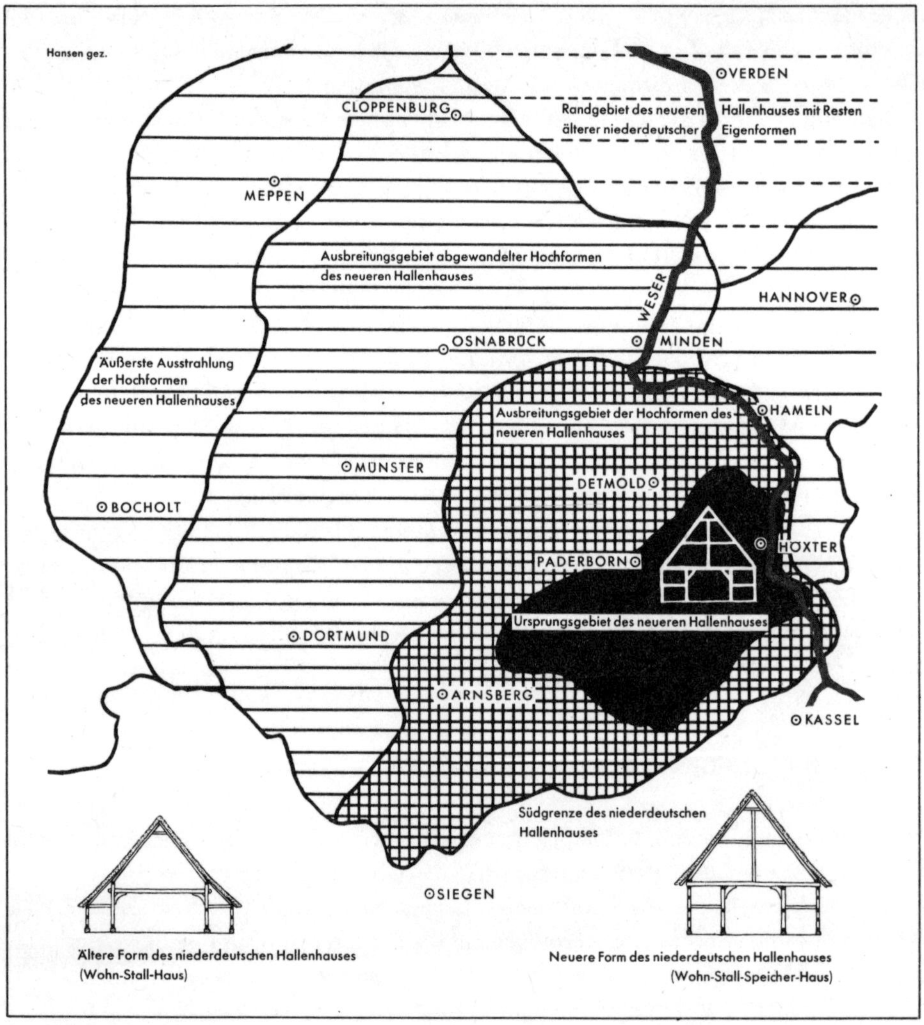

Abb. 13 Der Oberweserraum als Ursprungsgebiet der neueren Formen des niederdeutschen Hallenhauses. (Nach Josef Schepers)

deren Größenordnung sich die vielen kleinen Ackerbürgerstädte kaum von den in geschlossener Siedlungsform bestehenden Bauerndörfern unterschieden. Trieben doch die Ackerbürger neben ihrem Handwerk und Gewerbe gleichzeitig Landwirtschaft mit Kühen und Pferden, deren Stallungen sich ebenfalls im Wohnhaus befanden. Im Grunde waren die Ackerbürger halbe Bauern. Bis in unsere Tage hinein ist das Straßenbild bei beiden Ortstypen gleich, und die Ackerbürgerstädte mit ihren großen Feldmarken haben noch heute einen weitgehend bäuerlichen Grundzug bewahrt. Selbst die im Oberweserraum bedeutenden Handelsstädte wie Herford und Lemgo, Höxter, Paderborn und Warburg bewahrten sogar in ihren Patrizierbauten gewisse bäuerliche Züge. Wie auf einem Bauernhof neben dem großen Haupthaus als Wohnsitz der Alten die kleine „Leibzucht" steht, lehnt sich an die großen Bürgerhäuser der Alten Hansestadt Lemgo der kleine, ebenfalls reich ornamentierte Schnitzgiebel des Altsitzerhauses an, ein bäuerlicher Grundzug, der die enge Bindung von Stadt
49 und Land in alter Zeit deutlich werden läßt (1593 Lemgo, Mittelstr. 24). Im Zuge der vielen mittelalterlichen Stadtgründungen entwickelte sich im Oberweserraum eine Dorf-Stadt-Landschaft mit regen Kulturkontakten zwischen den bäuerlichen und ackerbürgerlichen Bevölkerungsschichten, und dieser enge Kulturkontakt gab

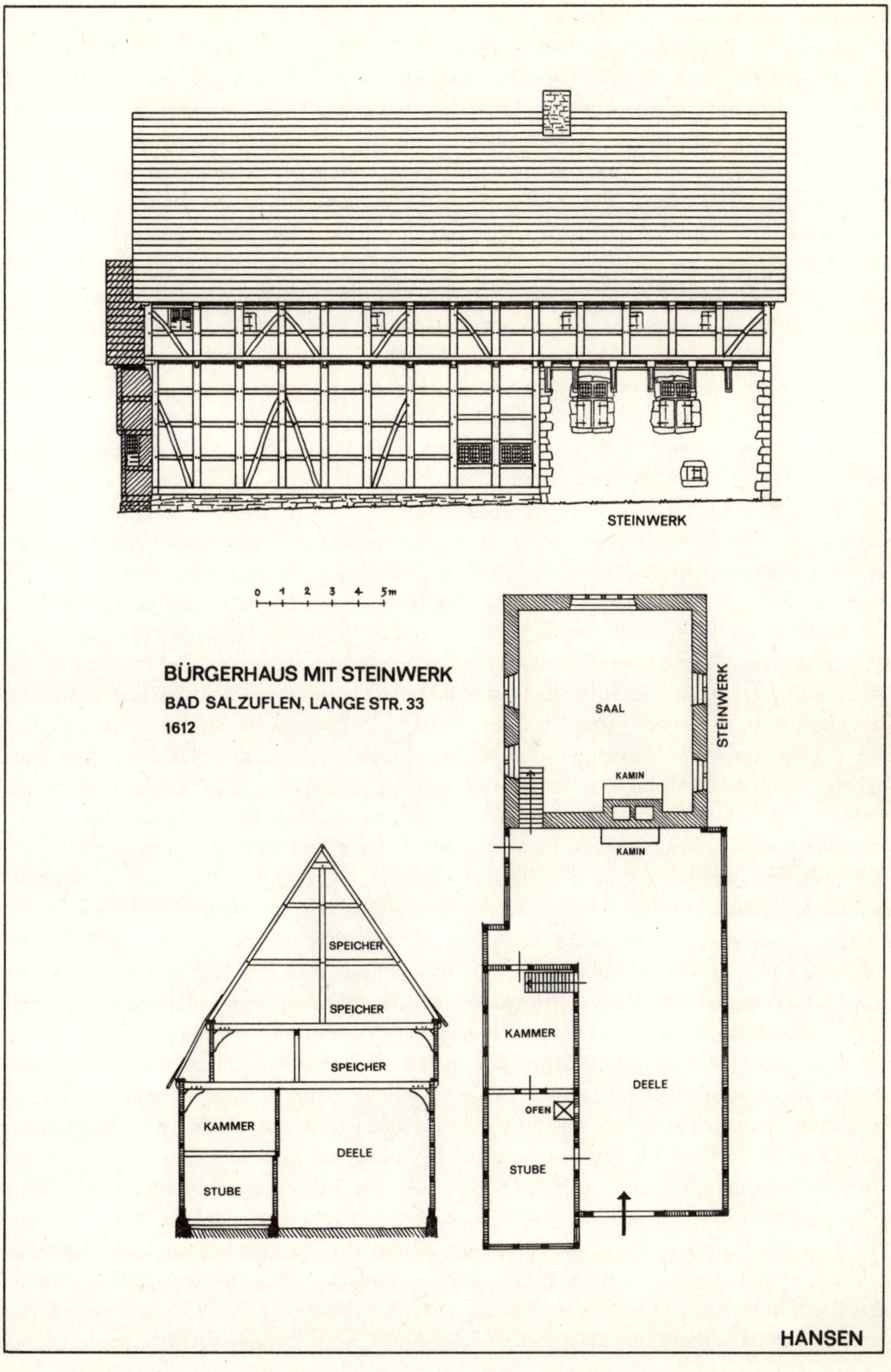

Abb. 15
Lippisches Bürgerhaus von 1612 mit eingefügtem Steinwerk im Hintergebäude.

Einzelfällen bis ins 18. Jahrhundert hinein. Bei der gotischen Bauweise ist das untere Geschoßgefüge im Vergleich zum vorkragenden Oberbau sehr hoch. Es umfaßt an den Traufenhäusern mit ihren langen Ständern zwei Geschosse: das Erdgeschoß mit Deele, Wohnstube und Arbeitsräumen und das Zwischengeschoß mit den niedrigen Schlafkammern. Auf dem Rähm, das die Ständerreihe von ihrem Kopfende zusammenbindet, ruht das obere Stockwerk mit den Speicherräumen, meistens vorkragend und unter seiner Schwelle von großen, schlicht geschwungenen Knaggen abgestützt (Textabb. 16). Das älteste erhaltene Haus mit gotischem Ge-
192 schoßbau dürfte das Haus „Zum Ochsenkopf“ in Münden sein, das zwar auf Grund der Jahresring-Chronologie erst auf 1528 datiert wird, aber in seiner Gesamtstruktur das Wesen eines gotischen Bürgerhauses in altertümlicher Zimmerung eindrucksvoll dokumentiert. Dort erstrecken sich die überlangen Wandständer von der Grundschwelle bis zur Höhe von drei Geschossen, über denen das obere Stockwerk auf Knaggen vorkragt.
Die Spätrenaissance entwickelte dann in umfassendem Maße den *Stockwerkbau* mit der architektonischen Betonung der einzelnen Stockwerke an der Straßenfront. Es war die letzte Stufe in der Entwicklung des bürgerlichen Fachwerkbaus. Während beim gotischen Haus die zwei oder drei unteren Geschosse in einer Wandeinheit mit einer Grundschwelle und einem Rähm verzimmert sind, bildet jetzt jedes einzelne Geschoß ein besonderes Stockwerk mit eigener Schwelle und eigenem Rähm und zimmermannsmäßig eine Gefügeeinheit (Textabb. 16). Durch das Vorkragen der einzelnen Stockwerke wird ihre Eigenständigkeit an der Hausfront sichtbar gemacht. Die ehemals senkrechte Gliederung der Hausfront wird nun durch den neuen architektonischen Akzent der Waagerechten abgelöst, der in der Betonung der Horizontalen dem Geist der Renaissance entgegenkam. Diese Stockwerkzimmerung geht bis in die erste Hälfte des 14. Jahrhunderts zurück (1320 Kobern a. d. Mosel, Kirchstr. 1; nach 1351 Gelnhausen, Kuhgasse 1). Dieser neuartige Aufbau der waagerecht betonten Stockwerke schuf dann auch für die Schnitzereien der Ziergiebel neue Wirkungsmöglichkeiten, denn besonders bei den figürlichen Motiven konnten nun in sich geschlossene Themenkreise in den einzelnen Stockwerken zur Geltung gelangen. Die Schwellen der Stockwerke wurden vielfach als „Spruchschwellen“ beschnitzt, wie sie schon 1548 in Höxter (Westerbachstr. 2) als charakteristische Zierform erscheinen.

Die Begründung der *Vorkragung* der einzelnen Stockwerke hat der Hausforschung einiges Kopfzerbrechen bereitet, denn die Meinungen gehen hierüber weit auseinander. Zweifellos wurde durch die ausladenden Überhänge der einzelnen Stockwerke die empfindliche Lehmausfachung der Hausfront vor Schlagregen geschützt, vor allem aber wurde Raum gewonnen. Hatte doch das im letzten Kriege vernichtete Knochenhauer-Amtshaus in Hildesheim vom Jahre 1529, das Viollet-le-Duc als „das schönste Holzhaus der Welt“[8]) bezeichnete, in seinen fünf Stockwerken einen Gesamtüberhang von 2,70 Metern. In ähnlicher Weise steigerte sich bei dem am Frankfurter Römerberg um 1600 errichteten Haus „Zum schwarzen Adler“ die Erdgeschoßtiefe von vier Metern im zweiten Stockwerk auf sechs Meter. Vielfach sind nun aber auch rein statische Gründe für das Vorkragen der Fachwerkstockwerke ins Feld geführt worden. Sie überzeugen nicht ganz. Da wird auf den Hebeldruck der Außenwände hingewiesen, durch den die Belastung im Inneren ausgeglichen werden soll. Dagegen spricht die einseitige Anwendung der Vorkragung an der Vorderfront der Häuser und die Verzimmerung der großen geschwungenen Kopfbänder an der Innenseite, die durch die Verbindung von Ständer und Deckenbalken der einzelnen Stockwerke eine stärkere Stütze bieten als die Knaggen. Beide – Kopfbänder innen und Knaggen außen – würden übrigens auch die oben angeführte entlastende Hebelwirkung der Vorkragungen unwirksam machen. Entscheidend war doch wohl der Raumgewinn und der damit verbundene architektonische Effekt, durch den die handwerkliche Abzimmerung der einzelnen Stockwerke augenfällig wurde und die plastische Wirkung der gesamten Hausfront noch eine Steigerung erfuhr. Die Vorkragung der Giebelfronten nahm schon im ausgehenden Mittelalter solche Ausmaße an, daß die städtischen Behörden einschreiten mußten. Bereits 1410 ordnete der Rat der Stadt Frankfurt an, daß der untere Überhang nur eine Elle, der zweite nur eine dreiviertel Elle betragen durfte und in engen Gassen die Vorkragung einzelner Stockwerke besonders genehmigt werden muß-

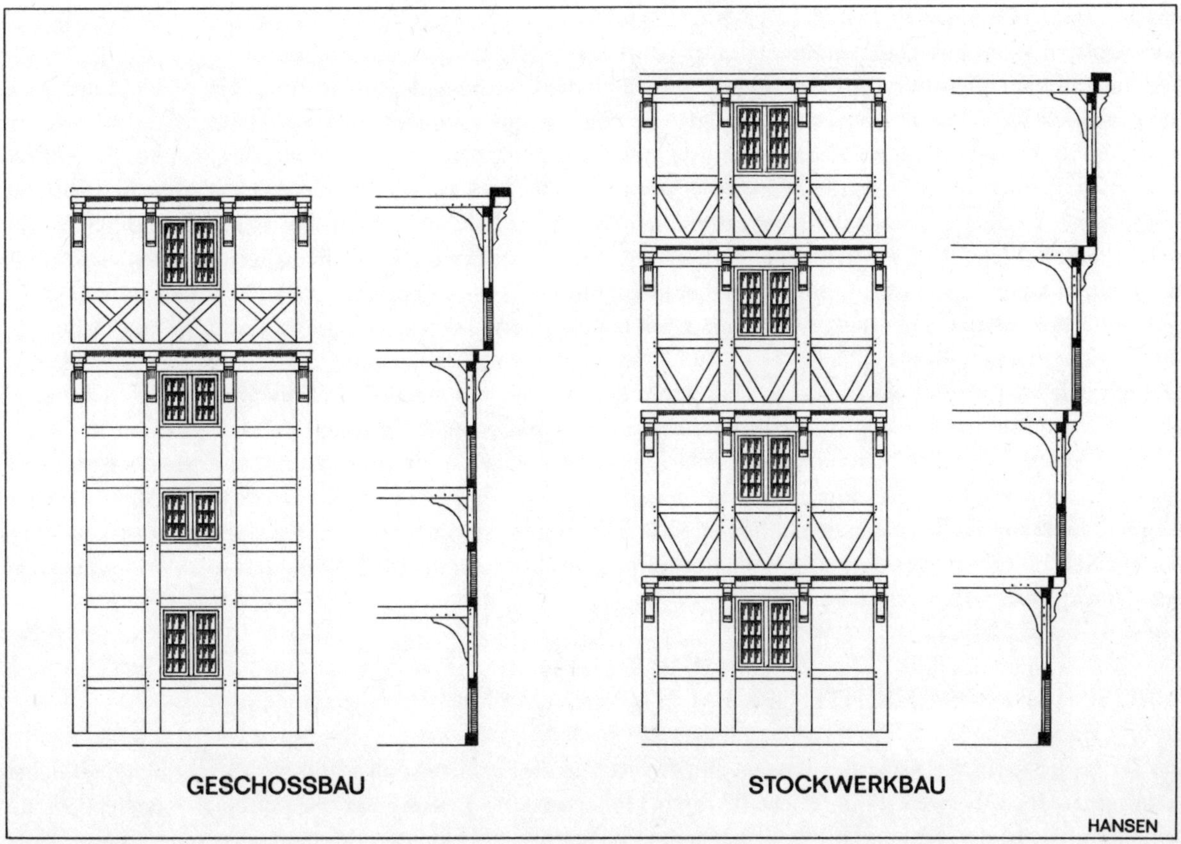

Abb. 16 Geschoßbau der Spätgotik (Anfang 16. Jahrhundert) und Stockwerkbau der Renaissance (Anfang 17. Jahrhundert).

te. In Straßburg wurde das zulässige Maß der Vorkragung am Münster angebracht. Schließlich kam es in Harzstädten wie Halberstadt und Osterwiek sogar zur Besteuerung der vorkragenden Geschosse, eine Maßnahme, die fast an die bekannte Fenstersteuer des französischen Absolutismus erinnert.

Daß bei den vorkragenden Stockwerken auch die Betonung der rein architektonischen Wirkung eine Rolle spielte, zeigt die Entwicklung der *Knaggen* in ihren Zierformen von der Gotik bis zur Spätrenaissance. Im 15. und 16. Jahrhundert war an den niederhessischen, paderbornischen und lippischen Häusern die schlichte, tief gekehlte Knagge üblich. Vom Harz wurde dann mit dem Ende des 15. Jahrhunderts bis zum Beginn des 17.
Jahrhunderts die verzierte Taubandknagge übernommen. In vielfältigen Variationen zeigt sie in waagrechten *312*
Streifen das gewundene Muster eines Taues. Aber schon beim 1461 erbauten Ratskeller in Halberstadt sind
überwiegend Figurenknaggen angebracht, das Küsterhaus vom Jahre 1457 am Kirchplatz in Münden hat große *306–309*
Blumenmuster auf den langgestreckten Knaggen, und bereits 1471 wurden am Warburger Bäckergildenhaus, *1*
dem ältesten Fachwerkhaus Westfalens, zwei formvollendete Eckknaggen mit zwei männlichen Figuren angebracht. In der Spätgotik ermöglichten die länglich geschwungenen Knaggen bei ihrem Holzvolumen ein nahezu vollplastisches Figurenwerk, während später auf den Ständern und Brüstungsplatten nur eine figürliche Schnitzerei in flacher Relieftechnik möglich war. Zu welchen Höhepunkten die figürliche Knaggenschnitzerei
gelangen konnte, zeigen die Dreierknaggen an der Hausecke des 1558 erbauten Stiftsherrenhauses in Hameln, *24*

14–23 das an sämtlichen Knaggen figürlichen Schmuck aufweist, an einzelnen Stücken sogar nicht nur Einzelgestalten, sondern szenische Darstellungen alttestamentlicher Motive auf schmaler Fläche.

Seit dem ausgehenden 16. Jahrhundert verringerte sich der Überhang der Stockwerke. Unter dem Einfluß der
314 Steinarchitektur der Weserrenaissance wandelte sich die Knagge zur gedrungenen Konsole, die in der Schnitzwirkung der Ziergiebel nur noch eine untergeordnete Bedeutung hatte. Die zunehmende Einebnung der Hausfronten zu flachen Wänden wurde dann noch durch die neue Stockwerkverzimmerung mit einfachen Stichbalken gefördert, die an die Stelle der Knaggen traten und auf den Balkenköpfen nur noch eine schwache Vorkragung ermöglichten. Bei der Stichbalkenvorkragung der vier Stockwerke des ehemaligen um 1590 errichteten
129 Kornhauses aus Schieder (Kr. Lippe) beträgt der Gesamtüberhang nur noch 70 cm. In Niedersachsen hielt sich die starke Vorkragung von Obergeschoß und Dach mit profilierten Knaggen länger als in Lippe und Ostwestfalen.

Die schmale längliche Fläche zwischen dem Rähm des unteren Stockwerkes und der Schwelle des darüberliegenden wurde seit dem frühen 16. Jahrhundert von Balkenkopf zu Balkenkopf durch *Füllhölzer* in Gestalt starker Bohlen abgedeckt. Als charakteristische Zierformen trugen sie meistens Zahnschnittmuster oder in reichen Variationen das Taubandornament, in Einzelfällen sogar figürliches Rankenwerk (1580 Batenhorst Kr. Gütersloh, Haus Außel). Seit dem Ende des 16. Jahrhunderts war die Form der flachen Vorkragung mit Stichbalken im Oberweserraum allgemein vorherrschend, bis dann im 18. Jahrhundert die Vorkragungen an den Hausgiebeln völlig verschwanden.

WIRTSCHAFTSGESCHICHTE DER FACHWERKKUNST

Zu der reinen Grundstruktur des Balkengefüges tritt nun die *Fachwerkkunst* in ihren Zierformen der Giebelschnitzerei. Im Oberweserraum erlebt sie ihren Höhepunkt im Zusammenhang mit einer Kunstepoche der Steinarchitektur, deren Entwicklung sich auf einen verhältnismäßig kleinen Zeitraum zusammendrängt. Während die sparsame Ornamentik der spätgotischen Fachwerkbauten noch weitgehend den Konstruktionsprinzipien des Balkengefüges gerecht wird, vollzieht sich in der Weserrenaissance eine immer freier gehandhabte Gestaltung der Schnitzornamente, die allmählich die Konstruktionsformen des äußeren Balkenwerkes verwischen und außer acht lassen. Schließlich überdeckt in unerschöpflichen Variationen ein geradezu verwirrendes Dekor den gesamten Schnitzgiebel bürgerlicher Fachwerkhäuser, deren Fläche fast wie eine textile Ornamentik anmutet. Man wäre versucht, angesichts dieses überfließenden Formenreichtums an jenen „horror vacui" zu denken, der ein Antriebselement überwuchernder Volkskunstformen ist. Auch das kleinste Balkenstück wird mit Schnitzereien verziert.

Diese Entwicklung des Fachwerks in der Weserrenaissance schwebt nun nicht im luftleeren Raum. Sie basiert auf lebensgebundenen Gegebenheiten. Entscheidend ist hier die Frage nach den Bauherren und den Handwerkern dieser Bauten. Bedenkt man, daß beispielsweise in Lippe mitten im Dreißigjährigen Kriege aufwendige bürgerliche Fachwerkbauten mit reichen Schnitzgiebeln entstanden sind (z. B. 1622 Lemgo, Helle 1; 1631
139 Lemgo, Breite Str. 59; 1632 Bad Salzuflen, Obere Mühlenstr. 1), so wird einem die Problematik einer Wirtschaftsgeschichte des Bauwesens in diesem Landschaftsbereich deutlich. Eine rein künstlerisch-ästhetische Analyse reicht hier nicht aus, um diese ungewöhnlichen Fakten zu klären. Sie müssen unter kulturhistorischen und kulturgeographischen sowie volkskundlichen Gesichtspunkten betrachtet werden. Voraussetzungen vielfältiger Art bedingen im 16. und 17. Jahrhundert die Blüte der Architektur des Oberweserraumes, der durch das dichte Netz der zahlreichen im Hochmittelalter entstandenen Ackerbürgerstädte eine Dorf-Stadt-Landschaft von ausgeprägter Eigenart geworden war und durch das Vorbild der Adelssitze und Patrizierhäuser der

Weserrenaissance in der Fachwerkkunst ein fruchtbares Wechselspiel zwischen Stein- und Holzbau entfaltete. Die Weser bedingte als wichtiger Verkehrsstrom nicht zuletzt die kulturelle Aufgeschlossenheit dieses Landschaftsbereiches. Zu den Erkenntnissen volkskundlicher Kulturgeographie zählt die Tatsache, daß große Ströme innerhalb der Kulturräume nicht nur trennend, sondern auch verbindend wirken, daß sie Mittler bedeutender Kulturbewegungen sein können und zugleich wichtige Kontakte zu anderen Kulturbereichen schaffen.

Die Intensität zeitbedingter Baugesinnungen basiert nicht allein auf künstlerischen oder modischen Tendenzen. Sie beruhen auch auf unumgänglichen *wirtschaftlichen Voraussetzungen.* Banal gesprochen: Bauten müssen nun einmal finanziert werden. Zwar konnten Herrscherhäuser und Adel unabhängig von der allgemeinen Wirtschaftslage zur Durchführung großer Bauprojekte schwerlastende Schulden auf sich nehmen, aber Bürger und Bauern waren zu allen Zeiten in dieser Beziehung wesentlich zurückhaltender. Es kann daher in der Weserrenaissance nur eine wirtschaftliche Hochkonjunktur die rege und aufwendige Bautätigkeit innerhalb aller Volksschichten gefördert haben. In einem gewissen Sinne spiegelt also der künstlerische Hochstand der steinernen und hölzernen Weserrenaissancebauten auch die wirtschaftliche Situation dieser Landschaft wider, die in jener Zeitspanne eine ökonomische Blüte erlebte, die man fast als ein ,,Wirtschaftswunder" bezeichnen möchte.

Vor allem war es die Hochkonjunktur der Landwirtschaft, die den Oberweserraum zu einer der Kornkammern Mitteleuropas werden ließ. Diese außerordentliche Entwicklung basierte auf verschiedenen Voraussetzungen. Mißernten im Mittelmeerraum steigerten in gleicher Weise den Getreideexport wie die Kriegsfehden in anderen Landschaften und Herrschaftsbereichen, in denen die Landwirtschaft durch die kriegerischen Konflikte gelähmt wurde und die daher auf erhöhte Getreideimporte angewiesen waren. Entscheidend war aber auch das ansteigende Bevölkerungswachstum. Es führte zu höherem Bedarf an Lebensmitteln, und da Bedarf und Nachfrage nun einmal die Preise regeln, stiegen die Preise für die landwirtschaftlichen Produkte. Andererseits brachte das ansteigende Bevölkerungswachstum ein höheres Angebot an Arbeitskräften. Also stagnierten trotz steigender Preise die Löhne. Es liegen hierüber ausreichend Zahlenunterlagen aus ganz Deutschland und darüber hinaus vor, um deutlich werden zu lassen, wie vor allem die Roggenpreise in die Höhe schnellten. Im Gebiet der Ober- und Mittelweser, das sich zu einer wahren Kornkammer entwickelte, stieg in den Jahren 1580–1600 der Preis für ein Fuder Getreide von 22 auf fast 40 Taler. In Göttingen erhöhten sich in den Jahren 1500–1670 die Kornpreise um über 80%; bis 1570 waren auch die Preise der Mastschweine um über 50% gestiegen. Die Löhne der Landarbeiter – und auch der Bauhandwerker – waren erheblich dahinter zurückgeblieben. In Göttingen stiegen sie nur halb so stark wie die Roggenpreise. ,,Am Ende des 16. Jahrhunderts konnte sich ein Lohnempfänger für seinen Lohn etwa ein Drittel weniger Roggen kaufen als hundert Jahre vorher" (Gertrud Angermann)[9].

Nicht nur die Städte des Oberweserraumes profitierten durch ihren Handel und der Deckung des Konsumbedarfes an handwerklichen Erzeugnissen von der florierenden Wirtschaftskonjunktur, auch die Bauern hatten neben dem landsässigen Adel als Getreideproduzenten wesentlichen Anteil daran. Das wirkte sich auch auf die Entwicklung des Bauernhauses im Oberweserraum aus. Das alte Zweiständerhaus genügte zur Bergung der größeren Ernteerträge in seinem Dachraum nicht mehr. Er mußte vergrößert werden und eine höhere Belastbarkeit haben. Diese Möglichkeiten bot das Vierständerhaus städtischen Ursprungs, das nun bei dem engen Dorf-Stadt-Kontakt auch im ländlichen Bauwesen übernommen wurde. So entstand im Oberweserraum die Hochform des bäuerlichen Hallenhauses (Textabb. 14).

Neben der landwirtschaftlichen Hochkonjunktur waren es aber auch die natürlichen *Rohstoffe,* die ein blühendes Wirtschaftsleben im Weserbereich bedingten. Die Eichenbestände des Weserberglandes und die Steinbrüche in Obernkirchen förderten nicht nur ihre großzügige Verwendung als Baustoffe der heimischen Bauten – ob es sich dabei um Weserrenaissanceschlösser oder bürgerliche Fachwerkhäuser handelt –, sie stellten auch einen wichtigen Exportartikel dar, für dessen Vertrieb die Weserschiffahrt ganz entscheidend war. Nicht nur in Bremen, auch in den Niederlanden und Dänemark entstanden damals Renaissancebauten aus importiertem Wesersandstein (Rathaus in Antwerpen, Fleischhalle in Haarlem, Schloß Kronborg bei Helsingör).

Steigende Erzeugerpreise bei stagnierenden Löhnen hatten einen bürgerlichen und bäuerlichen Wohlstand zur Folge, der auch in der Baugesinnung zum Ausdruck kam. Berücksichtigt man dann noch die wirtschaftliche Bedeutung der Stapelplätze und Stapelrechte an der Weser, die steigende Konjunktur der Salzgewinnung und des Salzhandels im Oberweserraum und ferner das allmählich aufblühende Leinengewerbe, das seine naturgegebenen Grundlagen in den günstigen Bodenverhältnissen für den örtlichen Flachsanbau hatte, so boten sich hier vielfältige wirtschaftliche Basen für das rege und teilweise finanziell sehr anspruchsvolle Bauwesen aller Bevölkerungsschichten.

Schließlich darf auch nicht außer acht gelassen werden, daß der Oberweserraum im 16. und 17. Jahrhundert nicht nur von verlustreichen Kriegsschäden und existenzgefährdenden Krisen unberührt blieb, sondern im Gegenteil die Möglichkeit hatte, aus fremden kriegerischen Konflikten gewinnbringenden Nutzen zu ziehen. In welchem Maße wirtschaftliche Folgen von Kriegen sich auf die Entwicklung der Fachwerkkunst einer Stadt auswirken konnten, zeigt beispielhaft der Niedergang des Fachwerks in Göttingen. Aus der Niederlage des Schmalkaldischen Krieges erwuchsen der Stadt hohe Lasten. An den Kaiser mußten 10000 Gulden, an die Herzöge Erich und Heinrich von Braunschweig je 6000 Gulden gezahlt werden, die nur durch entsprechende Bür-
7–10 gersteuern aufgebracht werden konnten. Während die Junkernschänke (1547/49) und das Haus des Jürgen
219–227 Hovet (1549) in ihrem reichen Schnitzdekor den Höhepunkt der Göttinger Bürgerhäuser bilden, beginnt kurz
233 danach das jähe Absinken der künstlerischen Überlieferung. Die Ratsapotheke von 1553 und die Neue Börse von 1554 sind bereits in völlig schmucklosen Formen errichtet.

SOZIALGESCHICHTE DER FACHWERKKUNST

Aber auch unter *sozialgeschichtlichen Aspekten* läßt sich die Intensität des Bauwesens der Weserrenaissance in ihren Ursprüngen verdeutlichen. Der wachsende Grundbesitz des Adels schuf die rein materiellen Voraussetzungen der großen Schloßbauten und steigerte in der aristokratischen Lebensauffassung die Neigung zum repräsentativen Herrensitz. Darüber hinaus aber bot sich den Angehörigen des Adels und auch der Regentenhäuser eine zeitbedingte finanzielle Quelle, die es ihnen gestattete, Bauherren großen Stils zu werden: der hohe Kriegssold, den sie vor Schaffung der stehenden Heere als Söldnerführer erhielten. Hierbei ist nun das Verhältnis des Kriegssoldes zu den Baukosten interessant. Um die Mitte des 16. Jahrhunderts wurden in den Niederlanden einem Hauptmann monatlich 50 Gulden Kriegssold gezahlt, dem Oberst die hohe Summe von 375 Gulden. Um die gleiche Zeit verdiente beim Bau des Detmolder Schlosses ein Maurer in 15 Tagen einen Gulden, ein ungelernter Steinträger in 30 Tagen die gleiche Summe. Ein Oberst konnte also von seinem Monatssold von 375 Gulden einen Monat lang 375 Steinträger oder 175 Maurer beschäftigen. Es waren somit im Oberweserraum alle materiellen Voraussetzungen für eine Blüte der Baukunst sowohl in der Stein- wie auch in der Holzarchitektur gegeben, die zugleich eine Baukunst in neuen Formen war. „Mit der Offenlegung dieser Zusammenhänge zwischen Wirtschaft, Krieg und Kultur als der Kehrseite der Renaissance-Fassade wird über die Erscheinung stilkritisch nichts ausgesagt, wie auch die Tatsache, daß die meisten Bauten der Weserrenaissance aus dem gleichen Werkstoff errichtet wurden, nur eine begrenzte stilbestimmende Bedeutung haben kann. Der Stil wird in erster Linie von Menschen geprägt“ (Jürgen Soenke).[10]) Als Träger dieses neuen Bauens waren seit der Mitte des 16. Jahrhunderts Adel und Bürgerschaft als Bauherren führend.

Die Steinbauten der *Weserrenaissance* sind in ihrer künstlerischen Durchformung an bestimmte Meister gebunden. Es seien nur beispielhaft genannt der Süddeutsche Jörg Unkair aus Lustnau bei Tübingen (gest. 1553), der maßgebend an den Schloßbauten in Neuhaus (seit 1524), Stadthagen (seit 1534), Petershagen (seit 1544) und Detmold (seit 1548) mitwirkte, ferner der Hamelner Meister Cord Tönnis und der in Lippe tätige Meister Hermann Wulf. In ihrem frühen Entwicklungsstadium übernahm die Weserrenaissance Formengut der oberitalienischen Frührenaissance, besonders in Gestalt der ,,Welschen Gewel" (Welschen Giebel), die auf Vor- *321*
bilder venezianischer Baukunst des 15. und 16. Jahrhunderts zurückgehen und über die österreichischen Kronlande von Ost- und Mitteldeutschland übernommen wurden. Daneben halten sich noch spätgotische Formelemente, besonders im kunstgerecht überkreuzten Stabwerk der Fenster- und Türumrahmungen. Diese spätgotischen Stilelemente treten in der Spätrenaissance des Weserraumes dann völlig zurück, denn der mitteldeutsche Einfluß wird nun von dem der Niederlande abgelöst. Charakteristisch für diese Entwicklung ist die Neigung zur manieristischen Dekorationsform, wie sie am augenfälligsten in den Kerbschnittquadern zum Ausdruck gelangt, die erstmalig am 1559 begonnenen Schloßbau in Uslar erscheinen und auf flämische Vorbilder in Antwerpen um 1540 zurückgehen. Es sind nicht nur verstärkte Handelsbeziehungen zu den Niederlanden und die Beteiligung des Weseradels an Kriegszügen in spanischen Diensten, die jene niederländischen Kulturkontakte im Oberweserraum hervorriefen, sondern es liegen vermutlich ganz konkrete personelle Anlässe hierfür vor. So korrespondierte Herzog Erich II. von Braunschweig-Lüneburg, der Bauherr des Schlosses in Uslar, im Jahre 1559 mit dem spanischen Statthalter der Niederlande wegen der Berufung eines Baumeisters, der dann tatsächlich in Uslar tätig war. Auch die von Herzog Erich II. errichteten Schlösser in Münden und Neustadt am Rübenberge zeigen in gleicher Weise wie das Schloß zu Uslar eine deutliche Wendung zu niederländischen Stilformen. ,,Es ist nicht schwer, an diese drei Bauten, die den Bann der Gotik in unserem Gebiet endgültig brachen, die bekannten Renaissancebauten an der Weser anzureihen und als deren stilistische Konsequenz zu betrachten" (Konrad Maier).[11])

Der *Adel* war nicht nur mit seinen repräsentativen Schlössern in der Architektur des Weserraumes stilistisch führend, auch die Adelshöfe in den Städten waren in der Ornamentik ihrer reichen Schnitzereien die ersten Häuser dieser Art im Fachwerkbau. Die städtischen Fachwerkhäuser des Landadels sind aufwendig angelegt. Als typische Traufenhäuser sind die kleinen Adelshöfe in Lemgo rein äußerlich erkennbar. Sie bilden einen *138*
sichtbaren Kontrast zu den Steilgiebelhäusern der Bürger, die auf schmal zugeschnittenem Baugrund eng aneinandergerückt stehen, während der Adel für seine breitgelagerten Traufenhäuser im dicht bebauten und teuren Altstadtkern ein großes Grundstück beanspruchte, auf dem man bequem zwei Giebelhäuser hätte errichten können. Während das Bürgertum sich gegenüber den neuen Renaissanceformen noch zögernd verhielt, bevorzugte der Adel bereits Fachwerkbauten mit einer Ornamentik der Steinarchitektur seiner Renaissanceschlösser. Im Jahre 1560 baute der lippische Landdrost Christoph v. Donop in Lemgo (Echternstr. 6–8) seinen Adelshof mit Renaissanceschnitzereien, zwei Jahre später errichtete im gleichen Stil die Familie von Kerssenbrock, die das Weserrenaissanceschloß in Barntrup baute, ihr Haus in Lemgo (Papenstr. 22), im Jahre 1566 dann die Familie v. Wulffen (Lemgo, Mittelstr. 128–130). Eines der frühesten Fachwerkhäuser mit Utluchten war die Dechanei in Höxter, 1561 von Conrad v. Amelunxen erbaut, der durch Dienste als Rittmeister in *35*
Frankreich vermögend geworden war. Von einem Angehörigen der Familie v. Amelunxen wurde übrigens auch 1580 das Gräftenhaus Außel bei Wiedenbrück als kleinadelige Wasserburg errichtet, ein Fachwerkbau, *133–136*
nach dem Vorbild der Bürgerhäuser mit zwei Ziergiebeln und reichem Holzreliefschmuck.

Das Fachwerk wurde damals vom Adel und den Herrscherhäusern keineswegs – wie später im 18. Jahrhundert – als eine suspekte Bauweise gewertet. Allerdings bevorzugte man einen massiven Unterbau, auf den man ein reich verziertes Obergeschoß aus Fachwerk setzte. Davon zeugen im Oberweserraum zahlreiche Fachwerkbauten des Adels: die schon erwähnten Höfe der Familien v. Donop, v. Wulffen, v. Gevekot und Kerssenbrock

125 in Lemgo, der Südflügel der Grevenburg vom Jahre 1566, das vom Grafen Simon VI. zur Lippe erbaute
128 Schloß Oesterholz, das im Jahre 1569 vom Hornschen Schnitzmeister Bartold Sander reich ornamentierte
36, 37 Obergeschoß der Burg Blomberg und schließlich das vom Hamelner Baumeister Johannes Hundertossen er-
126, 326 baute Schloß Bevern (1603–1612), dessen Innenhofseite in Fachwerk errichtet ist und besonders in der Utlucht
exakt die Zierformen der Steinarchitektur täuschend kopiert. Den heute so augenfälligen Kontrast zwischen den bunten Fachwerkbauten und der sandgrauen Steinarchitektur gab es damals nicht, denn die Sandsteinbauten der Weserrenaissance waren in den dekorativen Bauteilen ursprünglich teilweise so farbig gefaßt wie die Bauten der Holzarchitektur.

In seinen ländlichen Fachwerkbauten haftete aber der Landadel in Lippe und Westfalen bis zum Ende des 17. Jahrhunderts noch stark am bäuerlichen Wohnen. Ein bezeichnendes Beispiel für diese bäuerlich anmutende Lebensweise des Landadels war in Lippe der nach dem Zweiten Weltkriege leider abgebrannte Hof des Johann v. Exter vom Jahre 1555 in Ahmsen: ein Vierständerbau in mächtigem Fachwerk, in dem Mensch und Vieh in einem Hallenhause unter einem Dache hausten. Die dreischiffige Aufteilung mit den Ställen rechts und links der mächtigen Deele entsprach genau der des westfälisch-lippischen Bauernhauses, nur der Wohnteil war aristokratischen Ansprüchen angemessen. Das Kammerfach stand auf einem unterkellerten Steinwerk, das offene Herdfeuer im Flett wurde von einem wappengeschmückten Sandsteinkamin umrahmt, und im Obergeschoß des Kammerfaches befand sich sogar ein Saal mit Resten alter Kaminwangen. Noch bis in das 18. Jahrhundert klingt diese bäuerliche Lebensauffassung in den Bauten des Landadels nach. Als in den Jahren 1745–1749 der westfälische Barockbaumeister Johann Conrad Schlaun das „Rüschhaus" bei Münster – die Jugendstätte der Annette v. Droste-Hülshoff – errichtete, fügte er dem aristokratischen Wohnteil mit seinen noblen Räumen unter gleichem Dache einen Wirtschaftsteil mit Stallungen, großer Deele und Flett an. Das war nicht nur eine barocke Reminiszenz an bäuerliche Überlieferungen, sondern ein letzter kunstreich gestalteter Nachklang der traditionellen Lebensauffassung des westfälischen Landadels vergangener Jahrhunderte.

Das Bürgertum hielt im Gegensatz zum Adel verhältnismäßig lange an den Bauformen der Gotik fest. Noch 1532 wurde in Bielefeld ein spätgotisches Rathaus errichtet, und der Lemgoer Bürger Wippermann baute 1576 sein steinernes Haus mit einem gotischen Giebel, dessen Zierform man geradezu als architektonischen Historismus bezeichnen kann. Bis weit in das 16. Jahrhundert hinein wurde der gotische Geschoßbau bevorzugt. Lange Fachwerk-Häuserreihen in Einbeck zeugen davon.

Von seiten des Adels kamen dann die Vorbilder der Renaissance, in deren Epoche im Weserraum kaum nennenswerte kirchliche Bauten entstanden. Eine kirchliche Architektur der Weserrenaissance, die auf bürgerlicher Initiative beruht, gab es nicht. Auch die Reformation hat für den Kirchenbau im Oberweserraum keine Folgen gehabt. Eine Ausnahme bildet die Stadtkirche in Bückeburg, die 1611–1615 im Zuge des Ausbaues Bückeburgs als Residenzstadt von Fürst Ernst von Holstein-Schaumburg errichtet wurde. Neben der Wolfenbütteler Marienkirche ist sie in ihrer Verschmelzung von Gotik, Renaissance und Frühbarock der bedeutendste evangelische Kirchenbau vor Ende des Dreißigjährigen Krieges.

Fachwerkbauten im kirchlichen Bereich gibt es aus vorreformatorischer Zeit nur in geringer Zahl. Sofern die
Kirche Auftraggeberin von Holzarchitekturen war, wurden keine Gotteshäuser, sondern nur Bauwerke von
140 sekundärer Bedeutung in Fachwerk errichtet. Das Kloster Falkenhagen (seit 1432 Orden der Kreuzbrüder)
baute 1509 sein Dormitorium als mächtigen langgestreckten Fachwerkbau. Es ist das älteste erhaltene Fach-
145 werkhaus Lippes. Um die gleiche Zeit wurde in Northeim das Hospital St. Spiritus, das neben der Kranken-
pflege Pilgern und Durchreisenden als Herberge diente, in Fachwerk errichtet. Sonst waren es reine Wirt-
schaftsbauten, die in jener Zeit als Fachwerkbauten kirchlicher Art entstanden: etwa das zu Anfang des 16.
141–143 Jahrhunderts erbaute Kornhaus der Kurie Jerusalem in Hameln oder die Zehntscheune des Klosters Falkenha-
gen in Sabbenhausen vom Jahre 1555, ein Vierständerbau von ungewöhnlichen Ausmaßen. Eine merkwürdige

Verbindung von Gotteshaus und Wirtschaftsbau entstand um 1564 in Eimen (Kr. Holzminden), eine Fachwerkkapelle mit apsisartiger Abrundung und einem auf Knaggen vorkragenden Oberstockwerk. Während das Untergeschoß als Gotteshaus diente, wurde das obere Stockwerk als Kornboden für die Kirchen- und Pfarreinkünfte benutzt, die damals noch zum wesentlichen Teil in Naturalabgaben bestanden. *148*

Nach dem Dreißigjährigen Krieg war sparsames Bauen geboten. Ein markantes Beispiel hierfür ist die 1642 geweihte evangelische Pfarrkirche zum Heiligen Geist in Clausthal-Zellerfeld, mit ihren 2000 Plätzen die größte deutsche Fachwerkkirche. Das Landvolk konnte nur kleine, völlig schmucklose Fachwerkkapellen bauen, wie sie im 18. Jahrhundert besonders zahlreich im Gebiet zwischen Weser und Leine entstanden. Im Kreise Alfeld gibt es allein vier solcher Dorfkapellen aus dieser Zeit (Capellenhagen, Fölziehausen, Wettensen und Warzen). Die einzige dörfliche Fachwerkkapelle größeren Ausmaßes entstand damals in Lippe. Dort baute 1741 die Dorfschaft von Belle mit Unterstützung des Grafen Albrecht Wolfgang von Bückeburg eine Fachwerkkapelle, *151* die in der Backsteinmusterung ihrer Ausfachung sogar Ansätze zum ornamentalen Schmuck eines evangelischen Gotteshauses zeigt.

Die Bauwerke, die für die Kirche in Fachwerk errichtet wurden, waren nüchterne Zweckbauten ohne allen Schmuck. Die ornamentale Fachwerkkunst kam nur in der profanen Bautätigkeit für den rein persönlichen Bereich der Bauherren zum Zuge. Unter dem Einfluß der Renaissance und auch der Reformation steigerte sich das Selbstgefühl des Einzelmenschen in den Ansprüchen seiner persönlichen Existenz und damit auch seiner Behausung. So entstanden auf der Grundlage einer günstigen Wirtschaftskonjunktur im 16. Jahrhundert die aufwendigen Fachwerkbauten in den Städten. Es waren nicht nur die Häuser der wohlhabenden Patrizier, auch der kleine Ackerbürger schmückte sein schmales Deelenhaus mit einem reich ornamentierten Schnitzgiebel *258* (z.B. Lemgo: 1576 Breite Str. 47; 1575 Orpningstr. 6; um 1580 Breite Str. 55; 1591 Echternstr. 92).

Das älteste erhaltene bürgerliche Fachwerkhaus im Renaissancestil ist das Hoppner-Haus vom Jahre 1532 in *2–4* Celle, dessen Giebel der Meister des Huneborstelschen Hauses in Braunschweig mit Schnitzereien versah und dessen figürlicher Schmuck mit Fabeltieren, Köpfen und teilweise derb-erotischen Motiven noch stark an die Tradition gotischer Drolerien der Buchmalerei erinnert. Die ältesten Zeugnisse, wenn auch bescheidener Art, einer Übernahme von Renaissanceformen im Fachwerk des Oberweserraumes finden sich in Hameln (1545) und Lemgo (1549). Das erste Fachwerkhaus im neuen Stil ist die Amtspforte in Stadthagen vom Jahre 1553, ein *11–12* Werk der Holzarchitektur von höchster künstlerischer Qualität. An dem völlig freistehenden Bau kragen das Obergeschoß und das Dachgeschoß auf Taubandknaggen vor, die Wände sind mit Fächerrosetten verziert, die Füllhölzer unter den Stockwerkschwellen mit variierten Taubandmustern – das Ganze bereits ein in jeder Beziehung vollendetes Vorbild der weserländischen Holzarchitektur kommender Jahrzehnte.

Die kulturbildende Kraft des Bürgertums wird einem anschaulich bewußt, wenn man vom Lemgoer Marktplatz auf das vielgestaltige Rathaus und die Staffel- und Schnitzgiebel der Bürgerhäuser in der Hauptstraße blickt. Alle diese Bauten sind ein Jahrhundert vor dem 30jährigen Kriege entstanden, das für alle Altstädte des Weserraumes eine Blütezeit bürgerlicher Architektur war. In den Jahren 1520–1620 entstand im Oberweserland eine Fülle von Schlössern, Rathäusern und Patrizierbauten. Allein zwölf Rathäuser wurden 1583–1612 in *152–158* diesem engeren Bereich gebaut. Davon im Fachwerk: das reich ornamentierte Rathaus in Schwalenberg (1579), die Rathäuser in Trendelburg (1566), Blomberg (1586/87), Einbeck (1593), Immenhausen (1602), Uslar und Höxter. Man muß allerdings berücksichtigen, daß das Stadtvolk im 16. Jahrhundert einen bedeutenden Anteil der Gesamtbevölkerung ausmachte. Typisch ist in dieser Beziehung der Bevölkerungsstatus von Lippe. Im Jahre 1590 betrug der Bevölkerungsanteil der lippischen Altstädte (Lemgo, Salzuflen, Horn, Blomberg und Detmold) rund 28% der Gesamtbevölkerung. Das ist eine heute unwahrscheinlich hoch anmutende Zahl. Nach dem 30jährigen Kriege sank jedoch dieser Anteil auf 16% herab, hielt sich das ganze 18. und 19. Jahrhundert auf dieser Linie und erreichte erst wieder im Jahre 1910 den alten Zustand von 1590, auf dem es dann

bis 1950 verblieb. Nur aus der überragenden Bedeutung, die damals die Stadtbevölkerung im Gefüge aller Volksschichten einnahm, läßt sich die großzügige Anlage der Marktplätze mit repräsentativen Rathäusern, las-
188, 161, sen sich die Patrizierbauten, Gildenhäuser (1471 Warburg; 1552 Einbeck; 1573 Stadthagen) und die Ackerbür-
159 gerhäuser mit den prunkenden Schauwänden ihrer reich dekorierten Straßenfront erklären.

Wie stand es nun mit der Weserrenaissance im *bäuerlichen Bereich?* Wie schon gesagt, war der Oberweserraum eine Dorf-Stadt-Landschaft mit lebhaften Wechselbeziehungen in der Holzarchitektur beider sozialer Schichten. „Es ist auffallend, daß sich die Wendung zur Spätrenaissance in gleicher Weise wie an den städtischen Fachwerkbauten so auch an den Bauernhäusern nachweisen läßt, und zwar ohne wesentliche zeitliche Differenz" (Otto Gaul).[12]) So erscheinen in den Jahren 1592, 1593, 1596 an ländlichen Bauten Lippes als Giebelschnitzerei Beschlagwerk und Zahnschnitt, die typischen Ornamente der Spätrenaissance. Daß ländliche Bauten in Einzelfällen eine reiche Ornamentik an ihren Giebeln aufweisen können, zeigt der Schnitzgiebel des
114–117 Valepagenhofes bei Delbrück von 1577. Neben Drachenornamenten sind dort Jagdszenen und religiöse Motive auf Brüstungsplatten und Schwellen zu sehen (Textabb. 17). Das populäre Ornament der Weserrenaissance, die Fächerrosette, erscheint sogar auf Bauernhausgiebeln der Dörfer westlich der Weser (1579 Bödexen Kr. Höxter; 1590 Rödinghausen Kr. Herford; 1620 Preußisch-Ströhen Kr. Minden-Lübbecke). Bezeichnend ist es, daß die Rosettenschnitzerei an den Bauernhausgiebeln mit Ausnahme des Hauses in Bödexen sich nicht in der frühen Form einer strengen Bindung an das Balkengefüge auf den dreieckigen oder halbrunden Ständerstützen befinden, sondern bereits auf hölzernen Brüstungsplatten zwischen den Ständern. Der Schnitzgiebel des Hofes Spreen in Preußisch-Ströhen zeigt sogar die Spätform der Rosettenornamentik. Ohne Rücksicht auf die Ständerstellung und Einteilung der Fache zieht sich längs des Giebels dicht an dicht eine Rosettenreihe hin. Und die meistens recht aufwendig gebauten Speicher der Bauernhöfe zeigen an allen Seiten Schnitzereien mit dem
110, 353 Rosettenornament (1581 Ohr Kr. Hameln; 1588 Atteln Kr. Paderborn; 1589 Scharmede Kr. Paderborn), die
11, 111 mit der reich dekorierten Stadthagener Amtspforte (1553) und der Heidelbecker Schloßmühle (1587) durchaus konkurrieren können.

Daß die hochentwickelte Giebelschnitzerei der Bürgerhäuser beim Bauernhaus im Oberweserraum nicht im gleichen Ausmaß möglich war, hängt mit der Gestalt der Giebelfläche an den Bauernhäusern zusammen. Unter den vielfältigen Formen der Bauernhausgiebel hebt sich im Oberweserraum als häufigste Bauart die des vollständig verbretterten Hausgiebels hervor, die besonders in Lippe und im Hochstift Paderborn weit verbreitet ist. Die Vermutung liegt nahe, daß in dem wald- und gehölzreichen Gebiet zwischen Teutoburger Wald und Weserbergland das feuchte Klima dazu führte, den Brettergiebel zu bevorzugen, um aus rein landwirtschaftlichen Gründen einen gut durchlüfteten Dachraum für die Ernte zu schaffen. Im Kontrast zur architektonisch monotonen Bretterfläche des Hausgiebels steht nun der reich beschnitzte *Torbogen,* auf dessen Ornamentierung sich der künstlerische Einfluß der Weserrenaissance in der Frontgestaltung des Bauernhauses konzentrierte. Vom südlichen Weserbergland aus entwickelten sich Lippe und das östliche Westfalen zu einem Bereich prächtig dekorierter Toreinfahrten, während nach Westen hin die ländlichen Torbogen immer schmuckloser und schlichter werden. Ähnlich verhält es sich mit den Inschriften der Torbogen. Daß dem großen Torbogen als Träger der meist religiösen Hausinschrift und als Haupteingang des Hauses besondere Bedeutung beigemessen wurde, bekundet sich augenfällig darin, daß die Ständer und Riegel der Giebelwand nicht im Stil städtischer Fachwerkhäuser ebenfalls mit Ornamenten geschmückt werden. Die Frühformen der Torbogen bevorzugten ein karges Kantendekor der Bogenrundung und der beiden Torbogenständer (Textabb. 18). Merkwürdigerweise erscheint auf einem solchen Torbogen – es ist der älteste erhaltene aus Lippe (1550 Schönermark) – im Kleinstformat eine vereinzelte Fächerrosette, die völlig isoliert auf der Fläche des breiten Querbalkens steht. Da am gleichen Torbogen auf einer Ständerknagge das Pentagramm als Zeichen der Hexenabwehr zweifellos im Auftrag des Bauherrn eingeschnitzt ist, liegt die Vermutung nahe, daß auch diese vereinzelte Fächerrosette

Abb. 17 Ungewöhnlich reiche Schnitzereien an einem ländlichen Fachwerkgiebel von 1577 (Westfälisches Freilichtmuseum bäuerlicher Kulturdenkmale Detmold).

kein reines Ornament, sondern ein Sinnzeichen von ungeklärter Bedeutung gewesen sein kann. Denn der ornamentale Reiz der Fächerrosette liegt beim Fachwerk in ihrer rhythmischen Reihung, nicht aber in der Vereinzelung. Seit dem Ende des 16. Jahrhunderts setzt dann ein reicher entwickeltes Flächendekor der bäuerlichen Torbogen ein, und der Formenwandel seiner Ornamentik spiegelt zugleich die starken Einflüsse der

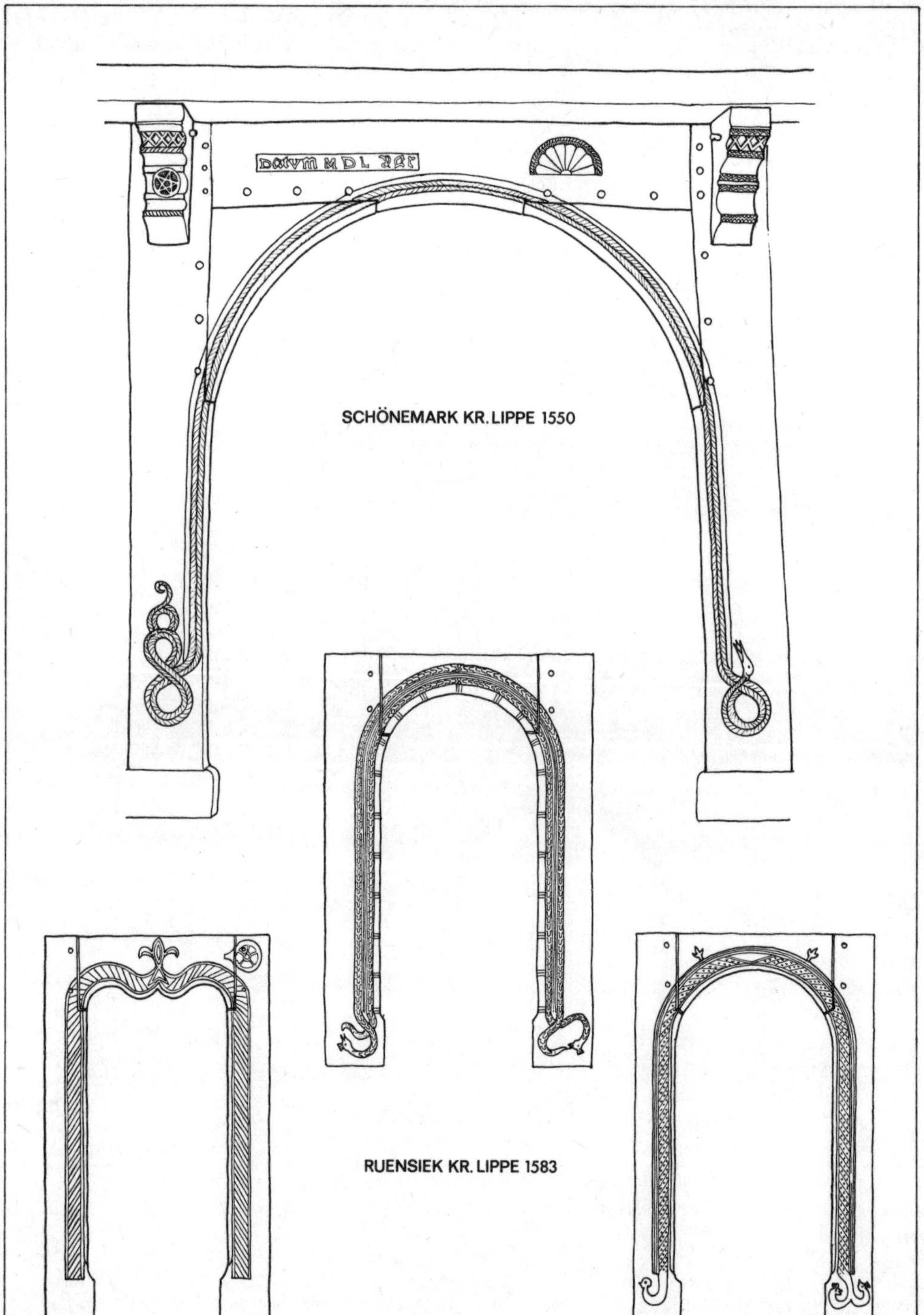

Abb. 18
Schlicht dekorierte Türstürze und Torbogen des 16. Jahrhunderts (Lippisches Landesmuseum Detmold und Sammlung Niederbracht Schwalenberg).

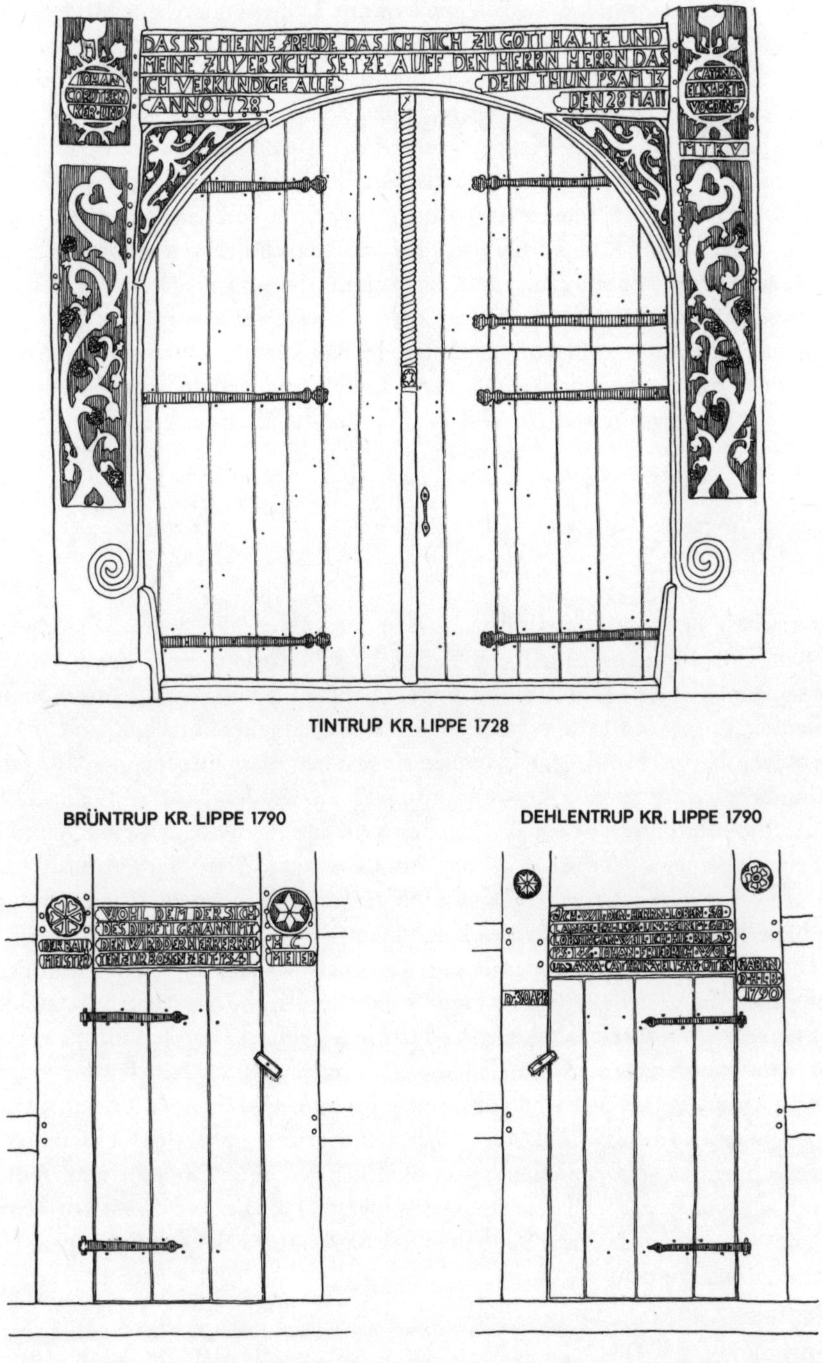

Torbogen und Türstürze bäuerlicher Fachwerkbauten des 18. Jahrhunderts

HANSEN

Abb. 19
Inschriftenreiche Türstürze und Torbogen des 18. Jahrhunderts (Lippisches Landesmuseum und Westfälisches Freilichtmuseum bäuerlicher Kulturdenkmale Detmold).

Hochkunst auf diesen Bereich handwerklicher Kunstübung wider: die einfachen Bogen des 16. Jahrhunderts mit dem Tannenzweigmuster oder der geringelten Schlange, die Säulenornamentik der Renaissance, die üppig wuchernden Blattornamente, die Wellenranken mit Tulpenblüten, der Modeblume des Barock, die musizierenden Engel der ravensbergischen Torbogen und schließlich die karg klassizistisch ausgeführten Zierate des frühen 19. Jahrhunderts, dessen Torbogen oft durch die seit dem ausgehenden 18. Jahrhundert einsetzenden
122 Inschriftenfreudigkeit in ihrer rein ornamentalen Schnitzerei stark beeinträchtigt wurden (Textabb. 19).
In Lippe gehörte zum festen Ornamentbestand der Torbogen in zahllosen Varianten bis zum ausgehenden 19. Jahrhundert Stern und Rose, die heraldischen Abzeichen der Grafen von Sternberg und Grafen zur Lippe (Textabb. 20), die zuerst 1576 an einem Torbogen in Ehrsen-Breden erscheinen. Im Gebiet des Vierständerhauses links der Weser ist das Säulenornament am Torbogenständer weit verbreitet. Seine Entwicklung vom 17. bis zum 20. Jahrhundert ist geradezu symptomatisch für die verschiedenen Techniken der ländlichen Fachwerkdekoration. Als älteste Form erscheint die Torsäule im Gebiet westlich der Weser, in Lippe und in der Gegend von Hameln und Rinteln vollrund geschnitzt. In Konkurrenz tritt im 18. Jahrhundert die flach geschnitzte Form, die dann im 19. Jahrhundert von der lediglich aufgemalten abgelöst wird. Die nüchterne Statistik aus vier Jahrhunderten erweist den allmählichen Verfall der Fachwerkschnitzerei:

Torsäulen:	17. Jh.	18. Jh.	19. Jh.	20. Jh.
Vollformen	4	25	1	–
Flachformen	3	25	71	–
Aufgemalt	–	–	443	15

121 Charakteristisch für Ravensberg sind die kleinen musizierenden Engel auf den Zwickeln der Torbogen. Sie sind dort zu beflügelten Putten verniedlicht. Putten als Schildhalter erscheinen bereits an antiken und frühchristlichen Sarkophagen und werden dann als Wappenhalter von der Heraldik übernommen. Die frühesten Beispiele
5 musizierender Engel sind 1529 in Hildesheim (Knochenhaueramtshaus) und 1542 in Einbeck (Markt 17) belegt. Im Ravensbergischen dagegen tauchen sie erst seit dem ausgehenden 18. Jahrhundert auf, um dann im 19. Jahrhundert geradezu eine Dekorationsmode zu werden, zuerst 1789 am Hof Welhöner in Theesen (Nr. 27). „Ihr Aufkommen ist ein Zeichen der Annäherung der bäuerlichen Kultur an die bürgerliche. Dahinter steht eine allgemeine ‚Verbürgerlichung' des Lebens und Wirtschaftens. Zunächst blieben Eigenständigkeit und Unverwechselbarkeit gewahrt. Die Endphase der Engeltorbogen fällt zusammen mit dem Abklingen einer eigenen bäuerlichen Kultur" (Gertrud Angermann).[13]
Der geschnitzte Torbogen am Bauernhaus wurde nicht wie der Ziergiebel der Bürgerhäuser vom berufsmäßigen „Schnitker" hergestellt, er war bis zum 19. Jahrhundert häufig das Meisterstück des ersten Zimmergesellen am Bau. Jenseits aller Wirtschaftskrisen und allen Geschmackswandels im späten 18. und ganzen 19. Jahrhundert hält beim Bauernhaus die Beharrlichkeit einer reich entwickelten Torbogenornamentierung als Ausdruck des Besitzerstolzes in einem Absinkungsprozeß bis zum ausgehenden 19. Jahrhundert an. Am Fachwerkhaus des Bürgers war im 18. Jahrhundert jeglicher Schnitzzierat nahezu verschwunden. Daß aber die bäuerlichen Torbogen unbeirrt von dieser nicht nur wirtschaftlich bedingten, sondern auch modisch beeinflußten Entwicklung durch alle Kunstepochen ein lebendiges Widerspiel des herrschenden Formenwandels zeigen, läßt im Gegensatz zum Bürgertum das zähe Festhalten des Bauerntums an gewohnter Handwerkskunst durch alle Jahrhunderte deutlich werden.

VOLKSKUNDLICHE PROBLEME DER FACHWERKKUNST

Die Entwicklung der ornamentalen Gestaltung der Fachwerkbauten im Oberweserraum eröffnet uns eine Reihe *volkskundlicher Probleme.* Zum Verständnis dieser dekorativen Holzarchitektur sind fünf allgemeine Fakten zu berücksichtigen:

1. Sozialgeschichtlich gesehen treten für die künstlerische Aufgabe weite Volksschichten als Auftraggeber hinzu. Die Neigung, dem Wohnhaus eine repräsentative Schauwand zu geben, greift in immer stärkerem Maß auf das Bürger- und Bauernhaus über. Nicht nur der Patrizier, auch der wirtschaftlich erfolgreiche Ackerbürger und Handwerker scheut nicht die Kosten eines aufwendigen Schnitzgiebels. Den Bauernhäusern wird nicht allein ein handwerksgerecht geschnitzter Torbogen eingefügt, man versucht auch, dem Balkengefüge der Giebelfront durch engere Abmessungen der Ausfachungen und durch die dadurch verursachte reichlichere Verwendung des teuren Eichenholzes einen besonderen Akzent zu geben, der im Gegensatz zu den weitläufig ausgefachten Seitenwänden des Hauses steht. Ob enge oder weite Fache, ob breite oder schmale Balken, daran konnte man am Fachwerkhaus den Wohlstand des Bauherrn erkennen. Eichenholz war damals schon teuer. Das zeigen die vielen „umgesetzten" Bauernhäuser, deren Torbogeninschrift verrät, daß sie einmal an anderer Stelle gestanden haben.

2. Wer einen Zimmergesellen in der heute immer seltener werdenden traditionellen Wandertracht sieht, weiß, daß zumindest früher die Wanderzeit eine große Rolle gespielt hat. Die Zimmerei kennt keinen festen Werkstattbetrieb im handwerklichen Sinne, ihre Arbeitsstätte ist der Bauplatz, auf dem die Balken zugerichtet und das Hausgerüst aufgestellt wird. Selbst im engeren Heimatbereich zog der Zimmermeister mit seinen Gesellen von Bauplatz zu Bauplatz. Die Wanderzeit aber, die den tippelnden Zimmergesellen weit umherführte, steigerte seine Aufgeschlossenheit gegenüber fremden Traditionsformen im eigenen Handwerk. Die Redensart „Es ist mit ihm nicht weit her" spielt ja auf den bequemen Ofenhocker an, der sich vor der Wanderzeit drückte. Oft konnten plötzliche Krisen in der Geschichte einer Stadt eine Hochflut fremder Handwerker verursachen.
Als nach den verheerenden Stadtbränden Einbecks in den Jahren 1540 und 1549 ganze Straßenzeilen in kurzer *230, 231*
Zeit wieder aufgebaut werden mußten, konnte das heimische Handwerk diese Aufgabe nicht allein bewältigen. So strömten von auswärts fremde Zimmerleute in die Stadt, und sie waren zugleich die Träger neuer Formenelemente im Fachwerkbau der Stadt. Dadurch, daß die Zimmerleute viel in der Welt herumwanderten und dabei vieles sahen und lernten, kam es zu den Einflüssen und Einschlägen der niedersächsischen und hessischen

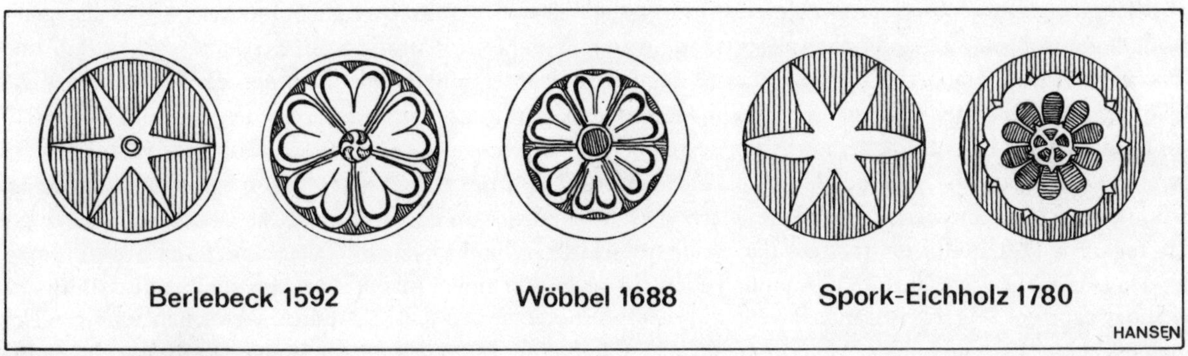

Abb. 20 Die heraldischen Zeichen Stern und Rose an Torbogen lippischer Bauernhäuser. Die Rose wandelt sich von der rein heraldischen Form zum frei gestalteten Ornament (Lippisches Landesmuseum Detmold).

Fachwerkkunst im Oberweserraum, die in der hochentwickelten Giebelschnitzkunst oder in der Ausfachung mit hessischen „Andreaskreuzen“ und Rautenhölzern zum Ausdruck gelangte. Fremde Zimmerleute errichteten manchmal im Stil ihrer Heimatlandschaft ganze Bauten im Oberweserraum. So ist beispielsweise der schöne Speicher aus dem Jahre 1781 vom Lakehof in Belle (Kr. Lippe), der 1978 in leider mißlungener Weise als historisches Fachwerkhaus am Detmolder Burggraben wiedererrichtet worden ist, zweifellos eine hessische Zimmermannsarbeit, denn die rhythmisch gereihten kleinen Streben der Ausfachungen zeigen das typische Fischgrätenmuster hessischer Fachwerkhäuser.

3. In handwerklicher Beziehung tritt der „*Schnitker*“ in künstlerische Konkurrenz zum Steinbildhauer der Renaissancebauten. Während bei den Bauwerken der Weserrenaissance in der Auswahl und Komposition der dekorativen Einzelheiten die Eigenart des betreffenden Baumeisters fast immer deutlich spürbar ist und der Steinmetz sich meistens nur als ausführendes Organ betätigte, wird die Ornamentierung der Fachwerkgiebel Aufgabe einer breiten Schicht handwerklicher Traditionsträger, unter denen vielfach individuell begrenztes Leistungsvermögen einen Ausgleich in überlieferungsgebundener Routine sucht. Schon früh stand selbständig neben dem Zimmermann der „Schnitker“, dessen berufliche Rechte geschützt wurden. Ein Osnabrücker Gildebrief vom Jahre 1602 wendet sich ausdrücklich dagegen, daß „die groben Zimmerleuthe“ sich anmaßen, „dhorenbogen zu schneiden und unterm vermeintlichen Schein mit Schnitkerarbeit zu verziern.“[14]) Der noch heute in Westfalen und Lippe weit verbreitete Familienname „Schnittger“ zeugt für die ehemalige Bedeutung dieser handwerklichen Berufsgattung. Dabei ist zu berücksichtigen, daß die künstlerische Betätigung begabter Zimmerleute sich nicht nur auf den Hausbau, sondern auch auf das bäuerliche und kleinbürgerliche Möbelwerk erstreckte. Die Zimmerleute waren es, die auf dem Lande in ihrer gewohnten Holztechnik die eichenen Truhen und Schränke in Zimmermanns-Verzapfung, in älterer Form sogar mit abgebeilten, nicht gehobelten Brettern bauten und mit traditionellen primitiven Ornamenten verzierten. Die ornamentale Gestaltung der niederdeutschen Holzarchitektur bewegt sich im Spannungsbereich von Hochkunst und Volkskunst. Es waren Handwerker, die sie ausführten, in einer überlieferungsgebundenen Schnitztechnik, aber vielfach nach Vorbildern von Steinbauten und Ornamentstichen, die in jener Zeit von Graphikern der Renaissance als Vorlagen für das Kunsthandwerk geschaffen wurden. Vermutlich hatten die Schnitker – oder „Schottiliers“, wie sie sich auch nannten – Musterbücher, nach denen sie arbeiteten. Braunschweig und Hildesheim waren die Zentren der figürlichen Fachwerkschnitzerei, und man kann mit Sicherheit annehmen, daß von Meistern dieser beiden Städte die reichen figürlichen Schnitzgiebel in Alfeld, Göttingen, Einbeck und Hameln geschaffen wurden. Es handelt sich hier immer nur um herausragende Einzelfälle ohne spürbare örtliche Breitenwirkung. Im engeren Oberweserraum fehlten im frühen 16. Jahrhundert qualifizierte Schnitzer, die den Aufgaben figürlicher Fachwerkschnitzerei gewachsen waren. Unter den Hildesheimer und Braunschweiger Schnitkern gab es dagegen – modern gesprochen – „Stars“, die vielerorts tätig waren. Von Meister Simon Stappen, der zwischen 1517 und
1536 vor allem in Braunschweig viele Häuser mit Schnitzfronten ausstattete, stammen die Schnitzereien am
368, 369, 1526 erbauten Brusttuch in Goslar mit dem phantasiereichen Programm figürlicher Szenen und am 1529 errich-
373, 375, ten Hildesheimer Knochenhaueramtshaus, dessen Schwellenschnitzereien mit ihrem figürlichen Rankenwerk
377 bereits Anklänge an die beginnende Renaissance zeigen. Allerdings war Meister Simon Stappen nicht nur ein
Schnitker im rein handwerklichen Sinne. Herzog Heinrich d. J. von Braunschweig-Wolfenbüttel beauftragte
ihn auch mit Holzbildhauerarbeiten, die jenseits der Holzarchitektur lagen. Die Schnitzereien am Hoppe-
2–4, 374 ner-Haus in Celle vom Jahre 1532 stammen ebenfalls nicht von einem heimischen Meister. Sie dürfen unver-
kennbar auch ein Werk des Braunschweiger Meisters Simon Stappen sein. Und die überreichen Schnitzereien
62–63, an der Alfelder Lateinschule (1610) stammen vom Hildesheimer Meister Andreas Steiger. Besonders bei figür-
163–184 lichen Schnitzereien bemühte man ortsfremde Schnitker. Seit der Mitte des 16. Jahrhunderts gab es im Ober-
weserraum auch einheimische Schnitker von beachtenswertem Können, die allerdings fast nur die handwerks-

mäßig erlernbare Fachwerkornamentik beherrschten. Mit den Schnitzereien an der Blomberger Burg (1569) *36–42*
und dem benachbarten Amtshaus (1572) wurde Meister Bartold Sander aus Horn beauftragt, und die reichen
Zahnschnittverzierungen am Blomberger Rathaus (1586/87), am ehemaligen Gräflichen Kornhaus in Schieder *154, 129*
(um 1590) und dem Schlosse Oesterholz (1599) schuf im Auftrage des Grafen Simon VI. zur Lippe ein Meister *128*
Iggenhausen aus Voßhagen. Die Tatsache, daß die Amtspforte in Stadthagen (1553) und die Dechanei in Höx- *11, 12, 35*
ter (1561) so überraschend im Oberweserraum mit ihren Schnitzereien von besonders hoher Qualität erschei-
nen, läßt wiederum nur den zwingenden Rückschluß zu, daß sie das Werk zugewanderter Meister aus dem be-
nachbarten Niedersachsen sind. Zwei Jahrzehnte später gab es allerdings in den Städten westlich der Weser be-
reits Schnitzmeister von hohem örtlichen Ruf. In Lemgo baute sich der Meister Johann Henrich Schnitger, von
dem wahrscheinlich in Lemgo nicht weniger als sechs Schnitzgiebel stammen, im Jahre 1587 das prächtigste
Haus, gleichsam als Aushängeschild seines handwerklichen Könnens (Mittelstr. 17). Die Schnitker müssen *48*
damals gut verdient haben. So hat in Göttingen das Haus der Kaufmannsgilde von 1545 wegen der vielen von
Meister Thiele Wasmuth d. Ä. ausgeführten Schnitzarbeiten über 4000 göttingische Mark gekostet.

4. An Stelle des Wesersandsteins der Renaissanceschlösser erfährt das Eichengebälk der Fachwerkbauten eine
dekorative Gestaltung. Im Hinblick auf die natürliche Struktur des zu bearbeitenden Materials sind dem
Schnitker der Fachwerkgiebel zunächst andere Grenzen und Freiheiten der Bearbeitung gegeben als dem
Steinmetzen. Die Ornamentik der Fachwerkbauten kann mit Rücksicht auf die geringe Wetterbeständigkeit
des Holzes im Relief nicht so vollplastisch ausgearbeitet werden, wie es vergleichsweise bei massiven Steinbau-
ten der Fall ist. Stark herausgearbeitete Schnitzfiguren kommen eigentlich nur an den Knaggen vor (z. B.
Stiftsherrenhaus in Hameln), wo sie durch die Wölbung der Knagge und das darüber vorkragende Stockwerk *13–24*
etwas mehr vor Witterungseinflüssen geschützt sind. Die Schnitzereien an den Hausgiebeln mußten also ver-
hältnismäßig flach gehalten werden, um einen ungehinderten Ablauf des Regenwassers zu ermöglichen. Zum
anderen konnte aber der Holzschnitzer in der Anordnung dekorativer Elemente freier verfahren als der Stein-
metz, da ihm das Holz immer noch die zusätzliche Einfügung bzw. Auswechselung einzelner Bauteile gestatte-
te. Im Gegensatz zur Ornamentik des Steinbildhauers bekundete sich die handwerkliche Leistung des Schnit-
kers besonders darin, daß eine reiche Variation ein und desselben Ornamentes entwickelt wurde. Nach Mög-
lichkeit wiederholte man, im Gegensatz zur Steinarchitektur, kaum ein Ornament in der gleichen Form; in der
Vielfalt der Abwandlungen zeigte sich das handwerkliche Können des Schnitkers. Die Muschelrosette der We-
serrenaissance erfährt an den Steinbauten kaum formale Abwandlungen, die sie nachahmenden Rosetten am
Fachwerk werden dagegen immer wieder variiert. So finden sich an einem Schnitzgiebel neun verschiedene
Spielarten des Rosettenornamentes (Bad Salzuflen, Lange Str. 33; Textabb. 24). Der Schnitker konnte sich in *80*
der Gestaltung der Ornamente frei entfalten, der Steinmetz blieb an den Entwurf des Architekten gebunden.

5. Das Fachwerkhaus ist ein Gerüstbau. Rein künstlerisch waren ursprünglich dem Schnitker durch die sta-
tisch bedingte Anordnung des Balkengefüges Grenzen gesetzt. Das Ornament hatte sich dem Balkenwerk ein-
zuordnen. Es ist bezeichnend, daß Bauten wie das Remensniderhaus in Herford (1521) oder das Stiftsherren- *185, 13*
haus in Hameln (1558) ganz klar die Balkenkonstruktion an der Hausfront betonen, aus der sich nur die Knag-
gen mit ihren figürlichen Darstellungen als Schnitzwerk besonderer Art hervorheben. Mit dem Aufkommen
des selbständigen Schnitkerhandwerkers neben den Zimmerleuten verstärkte sich die Neigung, allein schon
quantitativ dem Schnitzwerk am Hausgiebel größere Geltung zu verschaffen. Gefördert wurde diese Tendenz
durch die neuartige Einfügung von hölzernen Brüstungsplatten in die Fache unterhalb der Fensterreihen in den
Obergeschossen. Standen dem Schnitker bisher nur die sehr schmalen senkrechten oder waagerechten Flächen
der Balkenteile zur Verfügung, so boten sich ihm nun freie Gestaltungsmöglichkeiten auf den rechteckigen
Brüstungsplatten. Dadurch, daß auch an den Bauten der Holzarchitektur möglichst große Flächen aus glei-
chem Baumaterial entstanden, begegneten sich die in der Flächenbegrenzung ungehemmt arbeitende Stein-

metzkunst mit der Fachwerkschnitzerei auf der gemeinsamen Ebene der Fassadendekoration. Das Schnitkerhandwerk trat in das Stadium seiner höchsten Leistungen.
Mit der Entwicklung des Bürgerhauses zum Vierständerbau, der bei der engen Bebauung innerhalb des mittelalterlichen Stadtmauerringes nur eine Frontseite zur Straße zeigen konnte, wurden der *Schaugiebel und die Schauwand* zum Repräsentationsschild des Hauseigentümers. Ihrer Gestaltung wurde besondere Sorgfalt zugewandt, bei der man keine Kosten scheute. Die Harmonie der Giebelmaße verleitet oft romantisierende Ästheten dazu, vom achtungsgebietenden Instinkt des alten Handwerks für Maße zu sprechen. In fast allen Fällen handelt es sich jedoch nicht um ein instinktiv-künstlerisches Gestalten, sondern um eine nüchterne konstruierende Ermittlung dieser Maße. Das Planen und Errichten des Hausgerüstes setzt beim Zimmermann die Fähigkeit zum konstruktiven Denken voraus. Volkskundlich gesehen kommt dies in den typischen Berufssymbolen des Zimmerergewerbes zum Ausdruck: Nicht Breitbeil und Axt, Säge und Bohrer, sondern Zirkel und Richtscheit zeigen das Koppelschloß, der Ohrring und die ,,Ehrbarkeits"-Nadel der Zimmermannstracht. Zirkel, Richtscheit und Richtschnur waren die wichtigsten planenden Werkzeuge des Zimmermanns. Auf einer Darstellung der Zimmerei in Hans Burgkmairs Holzschnittfolge zum ,,Weißkunig" vom Jahre 1514 erkennen wir die auf einer Haspel aufgewickelte Richtschnur und den Farbtopf (Abb. S. 144). Durch Schnurschlag wurden auf dem Bauplatz die Hölzer in ihrer Länge und Breite zugerichtet. Im Wort ,,schnurgerade" lebt dieses Verfahren noch fort. Beim dörflichen Zimmermeister ersetzte auf dem Bauplatz die Schnur auch den Zirkel. Ein Pflock der Schnur wurde in die Erde gesteckt, mit einem weiteren Pflock am Schnurende konnte man auf dem Erdboden Kreise in entsprechendem Durchmesser aufreißen. Mit dem Zirkel dagegen konnte der Meister auf dem Zeichenblatt den Hausgiebel planen und in seinen Abmessungen exakt festlegen. Mit traditionellen Zirkelschlägen wurden die *Giebelmaße* ermittelt, die es in zahlreichen Konstruktionsvarianten, oft unter Anwendung des Goldenen Schnittes, gab. Eine dieser Konstruktionen ging von der Breite des Giebels aus, die in den Städten zwangsläufig durch die Straßenbreite des Baugrundes festgelegt war. Die Überschneidungen der einzelnen Zirkelschläge in Breite des Hausgiebels ergaben dann die Maße der einzelnen Geschosse und Stockwerke, ja sogar die Maße der Riegelstellungen (Textabb. 21). Es liegt nahe, diese Zirkelkonstruktionen in Zusammenhang mit jenen kunsterzieherischen Bemühungen der Renaissance zu sehen, wie sie etwa Albrecht Dürer 1525 in seiner ,,Unterweisung der Messung mit dem Zirkel und Richtscheit" entwickelt hat.
Strahlte das Oberwesergebiet als Ursprungsherd der neueren Hochformen des niederdeutschen Hallenhauses in Gestalt der Vierständerbauten weit aus in den Westen Westfalens und in das angrenzende Niedersachsen, so unterlag es in den Schmuckformen seiner städtischen Giebelschnitzerei weitgehend der Einflußsphäre der niedersächsischen Holzarchitektur, die in Braunschweig, Hildesheim, Celle und Goslar sich in der Schnitzkunst zu höchster Qualität entfaltet hatte. Es ist, bildlich gesprochen, die äußerste Brandungswelle niedersächsischer Schnitzkunst, die den Südosten Westfalens und Lippes erreicht. Im Westen Westfalens gibt es nichts Vergleichbares mehr, was den großartigen Leistungen ornamentaler und figürlicher Fachwerkkunst niedersächsischer Prägung entsprechen würde.

ENTWICKLUNG DER ORNAMENTALEN FACHWERKSCHNITZEREI

Schon in der Spätgotik gab es an niedersächsischen und westfäischen Bürgerhäusern *Zierschnitzereien:* 1457 die
306–309 Knaggen am Küsterhaus von St. Blasii in Münden, zur gleichen Zeit in Zerbst. Westlich der Weser waren in der Gotik Fachwerkschnitzereien sehr selten. Das früheste Beispiel in Westfalen ist das aus dem Jahre 1471 stammende Eckmännchen-Haus in Warburg (Lange Str. 2), dessen Knaggenfiguren wahrscheinlich das Werk eines niedersächsischen Schnitkers sind. In den nächsten vier Generationen bis zum Anfang des 17. Jahrhunderts er-

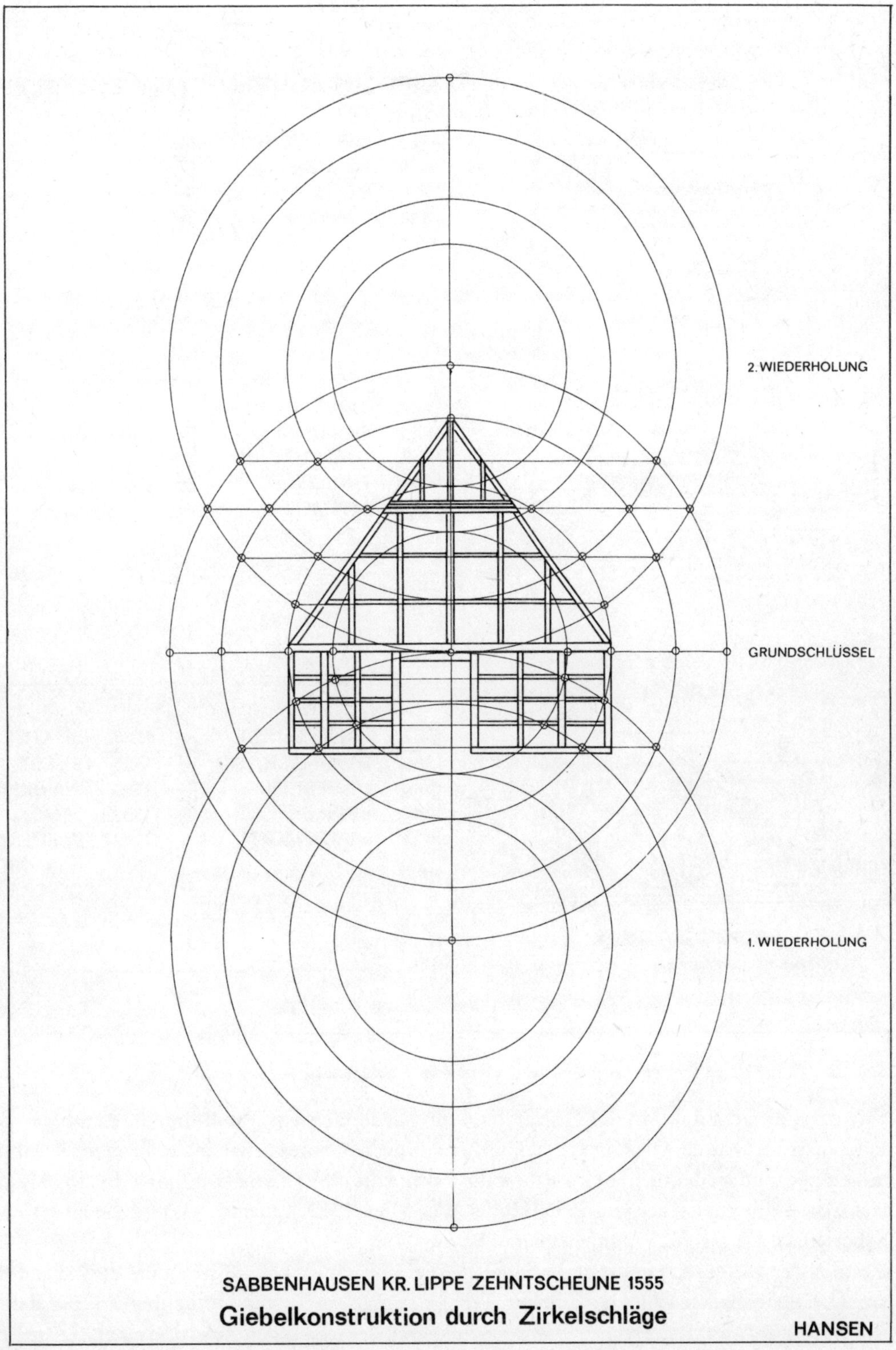

*Abb. 21
Konstruktion eines Fachwerkgiebels durch Zirkelschläge.
Die Zehntscheune aus Sabbenhausen wurde in den Jahren 1960–1962 als historischer Fachwerkbau des Lippischen Landesmuseums in Detmold wiedererrichtet.*

	NIEDERSACHSEN		WESTFALEN – LIPPE
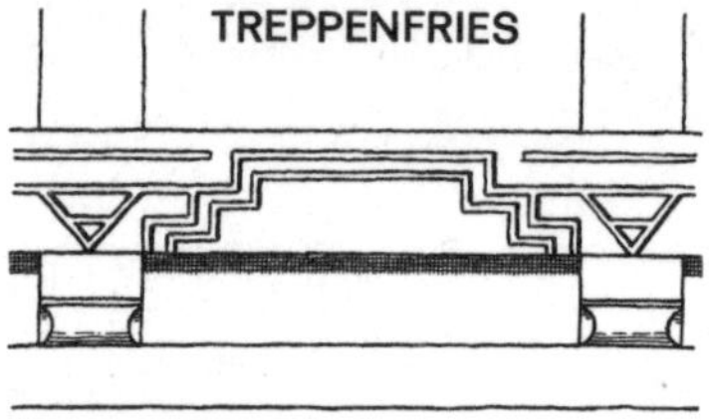 TREPPENFRIES HAMELN, PFERDEMARKT 10 1548	1466 BRAUNSCHWEIG 1490 ALFELD 1514 CELLE 1548 HAMELN	WESER	
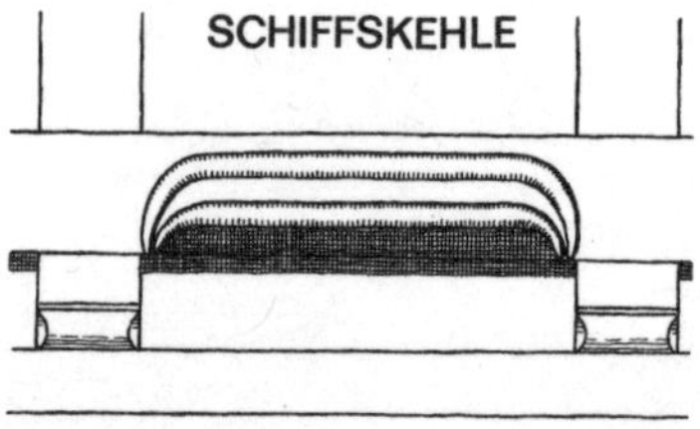 SCHIFFSKEHLE GÖTTINGEN, BARFÜSSERSTR. 12 1536	1536 GÖTTINGEN 1553 STADTHAGEN 1565 EINBECK 2.H.16.Jh. HAMELN	WESER	Um 1550 HÖXTER
 ROSETTE BAD SALZUFLEN, LANGE STR. 33 1612	1532 HALBERSTADT 1536 BRAUNSCHWEIG 1540 HILDESHEIM 1548 EINBECK 1553 STADTHAGEN	WESER	1548 HÖXTER 1555 SOEST 1560 WARBURG 1562 LEMGO 1567 WIEDENBRÜCK 1569 HERFORD 1585 GESEKE

HANSEN

Abb. 22 Chronologie der Schnitzornamente: Treppenfries – Schiffskehle – Rosette.

lebte dann die Schnitzkunst der Holzarchitektur Niedersachsens ihre Blüte, die durch den Beginn der Renaissance ausgelöst wurde. Die Überschneidung der einzelnen Stilepochen in der Fachwerkschnitzerei wird in Hildesheim besonders deutlich. Dort währte die Gotik von 1459 (Kurie Domhof 9) bis 1529 (Knochenhaueramtshaus), die Frührenaissance von 1535 (Hoher Weg 9) bis 1580 (Querstr. 43) und die Hochrenaissance von 1563 (Scheelenstr. 31) bis 1623 (Andreasplatz 28).

Westlich der Weser setzt in Lippe die Schnitzkunst an Fachwerkhäusern erst um die Mitte des 16. Jahrhunderts ein. Die erste Balkenschnitzerei findet sich in Lemgo an einem Deckenbalken aus dem Jahre 1549 (Papenstr. 48), der zwei Renaissance-Wappenschilde mit der lippischen Rose und einer Hausmarke trägt. Das Ein-

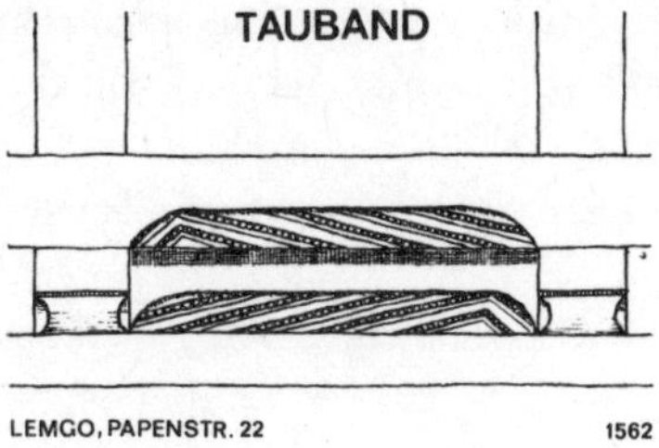

NIEDERSACHSEN			WESTFALEN-LIPPE	
1548	EINBECK	WESER	Um 1550	HERFORD
1553	STADTHAGEN		1557	HÖXTER
1560	GOSLAR		1560	WIEDENBRÜCK
1565	EINBECK		1569	BLOMBERG
			1578	WARBURG
			1585	GESEKE
			1594	ARNSBERG

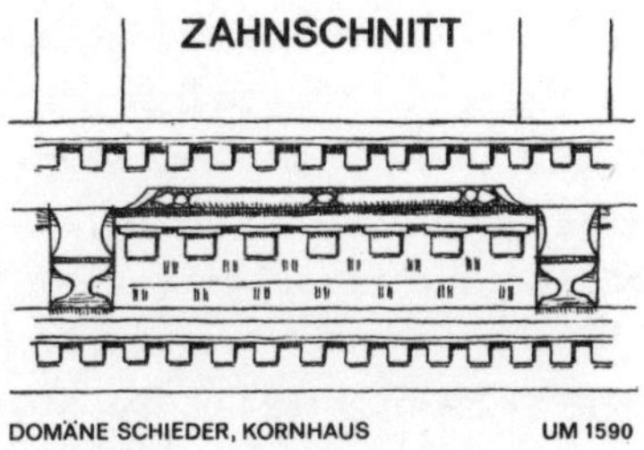

NIEDERSACHSEN			WESTFALEN-LIPPE	
1566	HILDESHEIM	WESER	1578	HÖXTER
1598	HILDESHEIM		1587	BLOMBERG
1605	EINBECK		1592	SCHWALENBERG
			1599	OESTERHOLZ

NIEDERSACHSEN			WESTFALEN-LIPPE	
1568	HELMSTEDT	WESER	Um 1550	PADERBORN
1591	HILDESHEIM		1555	SOEST
1602	CELLE		1568	HÖXTER
1608	HAMELN		1584	HERFORD
			1620	BAD SALZUFLEN

HANSEN

Abb. 23 Chronologie der Schnitzornamente: Tauband – Zahnschnitt – Beschlagwerk.

setzen der Renaissanceschnitzerei in Lippe eine Generation später als in Niedersachsen hat sich dann in einer fast überstürzt anmutenden Form vollzogen. Zwischen 1560 und 1600 wechseln in Lemgo vier verschiedene Epochen der ornamentalen Fachwerkschnitzerei. Den Blatt- und Rankenornamenten folgen die Fächerrosette und das Tauband, das Beschlagwerk und der Zahnschnitt.

Um 1470 hatte die Wende zu neuen Formen begonnen. In den folgenden Jahrzehnten – besonders in der Renaissance – entwickelte sich der niederdeutsche Fachwerkbau zu einer Baukunst, die über die reine Konstruktion des Balkengefüges und die Zweckbestimmung weit hinaus ging. In den Anfangsperioden war noch die Rücksichtnahme auf das Balkengefüge entscheidend für die Gestaltung der Fachwerkschnitzerei. Knaggen,

Balkenschwellen, Ständer und Ständerstützen wurden beschnitzt, während sich von diesen farbig gefaßten Schnitzereien die weißen Flächen der Ausfachungen kontrastreich abhoben. Die linear-geometrische Wirkung der Fachwerkgiebel blieb in statischer Ordnung und sachbedingter Regelmäßigkeit erhalten. Dadurch unterscheidet sich in der gesamten Weiterentwicklung deutlich die Fachwerkkunst Niedersachsens von derjenigen westlich der Weser. In Lippe und Ostwestfalen verwischt eine malerische Vielfalt und ein Übermaß der Zierformen die Balkenkonstruktion der Schnitzgiebel. Man bevorzugt das kleinteilige Ornament mit rhythmisch schwingenden Blattranken.

Daß das östliche Westfalen sowie Lippe Randzonen der niedersächsischen Schnitzkunst sind, wird besonders deutlich durch die verhältnismäßig seltenen figürlichen Motive. Vorherrschend ist in fast unübersehbaren Abwandlungen das Ornament, das sich auch in seinen Variationen von einem tüchtigen Handwerker erlernen läßt. Hinzu kommt, daß die reine Ornamentik der Holzarchitektur im Oberweserraum stärkste Anregungen vom Steinbau der *Weserrenaissance* übernehmen konnte. Oft wurden Formen der Steinarchitektur geradezu
158, 324 sklavisch kopiert, wie an den Erkern des Rathauses und Tilly-Hauses (1598) in Höxter sowie an den Utluchten
326 des Schlosses Bevern (1603–1612) zu sehen ist. Auch im künstlerischen Prinzip gleichen sich im Oberweserraum der Steinbau und das Fachwerk: nämlich dem eigentlichen Baukörper in seiner äußeren Erscheinung eine ästhetisch wirksame Fassade anzufügen. So bedingte die Steinornamentik der Weserrenaissance im Fachwerk wesentliche Grundlagen eines intensiv gepflegten traditionellen Formenschatzes, der sich bis in den bäuerlichen Bereich der geschnitzten Torbogen erstreckte. Wie stark sich die Steinarchitektur auf die Fachwerkkunst auswirkte, kann man auch im fränkisch-süddeutschen Raum erkennen. Wo dort ausnahmsweise an Fachwerkhäusern überreiche Flachschnitzereien erscheinen, sind es Nachahmungen der Steinbauten der Spätrenaissance (z. B. das Kammerzellhaus von 1589 in Straßburg oder das Salzhaus von 1610 in Frankfurt a. M.).

Im Gegensatz zur Spätgotik, die sich beim Fachwerkbau streng auf die Ausschmückung der gerüstwichtigen Teile des Hausgiebels beschränkte und vorzugsweise nur an den Knaggen und Stockwerkschwellen des Hausgiebels Schnitzwerk aufweist, brachte die Renaissance nicht nur eine Bereicherung der Formen, sondern auch eine Erweiterung der beschnitzten Flächen. Indem das Schnitzwerk auf die Wände übergriff, näherte sich die Fachwerkkunst dem Steinbau der Renaissance. Von ihm werden nun die Löwen- und Blattmasken, die Hermen und Karyatiden, die Arkadenbögen und das Beschlagwerkornament übernommen.

Ungemein aufschlußreich ist ein *chronologischer Vergleich der Schnitzornamente* östlich und westlich der Weser. Die maßgebende Stellung Niedersachsens wird in der Gegenüberstellung der reinen Daten deutlich (Textabb. 22 und 23). Der spätgotische Treppenfries, das älteste Ornament am Fachwerkbau (1466 in Braunschweig), erscheint überhaupt nicht an ostwestfälischen und lippischen Hausgiebeln. Auch die spätgotische Schiffskehle (1536 in Göttingen) ist um 1550 nur in Höxter belegt, sonst in Ostwestfalen und Lippe unbekannt. Auch die Standardornamente der Fachwerkrenaissance – Rosette und Zahnschnitt – tauchen erst in einem zeitlichen Abstand an Fachwerkbauten westlich der Weser auf: die Rosette 1532 in Halberstadt und 1548 in Höxter, der Zahnschnitt 1566 in Hildesheim und 1578 in Höxter. Nur das in Niedersachsen wenig angewandte Beschlagwerkornament hat im unmittelbaren Bereich der Weserrenaissance einen zeitlichen Vorsprung: Schon um die Mitte des 16. Jahrhunderts erscheint es in Paderborn (um 1550) und Soest (1555), aber erst 1568 in Helmstedt und 1591 in Hildesheim.

Die offensichtlich älteste Schmuckform der spätgotischen Fachwerkbauten ist als Schwellenornament der *Treppenfries.* In einer zwei- bis vierfachen Stufung rhythmisiert er die Balkenschwelle jeweils unterhalb der Ständer. „Der Treppenfries visualisiert mit seinem formalen Ablauf die dem Gerüst innewohnenden statischen Verhältnisse, er verdeutlicht die Ableitung der auf der Schwelle lastenden Kräfte und deren Übertragung auf die von Knaggen unterfangenen Balkenköpfe" (Udo Mainzer).[15]) Zuerst erscheint dieses Ornament 1466 an einem Braunschweiger Hause (Schützenstr. 14/15). Nach Westen hin wird es selten. In Südhannover gibt es nur ein

einziges Beispiel aus dem Jahre 1490 in Alfeld (Seminarstr. 3), an der Weser hat ein einziges Haus in Hameln *81*
vom Jahre 1548 (Pferdemarkt 10) Treppenfriese an den Stockwerkschwellen. Es ist für die Eigenständigkeit des westlichen Oberweserraumes bezeichnend, daß der Treppenfries, der sich von Braunschweig bis nach Lübeck ausbreitete, in den eigentlichen Weserstädten – mit Ausnahme Hamelns – nicht zu finden ist. Mit dem Treppenfries beginnt die künstlerische Holzarchitektur. Reichste Variationen hat dieses Ornament 1514–1544 in Celle erfahren. In Braunschweig schmückte man an einem 1512 erbauten Haus (Steinstr. 3) sogar die freien Felder der Treppenfriese mit figürlichen Schnitzereien.

Ebenfalls in den Bereich gotischer Holzarchitektur gehört die *Schiffskehle,* die sich in gleicher Weise streng dem Balkengefüge einordnet und als verbindendes Element von Balkenkopf zu Balkenkopf auf der Stockwerkschwelle die konstruktive Tendenz des Hausgiebels ins Horizontale verlagert. Sie sieht wie ein kieloben liegendes Schiff aus, dessen Randlinien aus dicken wulstigen Rändern besteht. Von Halberstadt breitete sich dieses Ornament aus, erscheint im südlichen Niedersachsen zuerst 1536 in Göttingen (Barfüßerstr. 12), wo es bis zur Mitte des 16. Jahrhunderts an zahlreichen Häusern angebracht wird. Nach 1550 sind mit wenigen Ausnahmen (1571 und 1577 in Einbeck, 1575 in Northeim) kaum noch Schiffskehlen als Fachwerkornament nachzuweisen.
Die Stadthagener Amtspforte von 1553 zeigt an der östlichen Traufenseite einfache Schiffskehlen, während an *11, 12*
der Westseite sich Schiffskehlen mit doppeltem Zierwulst befinden, gleichsam das Taubandornament in einer Vorstufe vorwegnehmend.

Die Spätgotik bevorzugte die waagerecht an der Hausfront gelagerte Balkenschwelle als Ornamentfläche nicht nur beim Treppenfries und bei der Schiffskehle, sondern auch beim *Laubstab,* der in schönster Gestaltung am Hoppenerhaus vom Jahre 1532 in Celle erscheint und ein Blattgewinde zeigt, das sich im strengen rhythmischen Auf und Ab um einen Stab rankt. Dieses Ornament hielt sich fast ein Jahrhundert im Fachwerk. In meisterhafter Plastik erscheint es in Renaissanceform am Eickeschen Haus um 1610 in Einbeck.

Die Fachwerkkunst der Spätgotik war in ihrer noch kargen Dekoration streng an die Balkenkonstruktion gebunden. Nur zögernd erfolgte die ornamentale Ausgestaltung bürgerlicher Fachwerkbauten nach Vorbildern der Renaissance. Wurde doch, wie bereits erwähnt, noch 1564 in Lemgo (Mittelstr. 39) ein Bürgerhaus in spätgotischer Formgebung erbaut, während die Lemgoer Adelshöfe der Familien v. Donop (Echternstr. 6–8), v. Kerssenbrock (Papenstr. 22) und v. Wulffen (Mittelstr. 128–129) in den Jahren 1560 bis 1565 eine ornamentale Ausgestaltung aufweisen, die im Zusammenhang mit den Formen der Renaissance steht. In den Jahren 1568–1569 entstanden in Lemgo die beiden ersten Bürgerhäuser mit den neuen Schmuckformen der Renaissanceornamentik (Heustr. 11 und Mittelstr. 27). *259*

Um die Mitte des 16. Jahrhunderts taucht als früheste Zierform der Frührenaissance an den Fachwerkbauten des Oberweserraumes das *Blattrankenornament* auf, das die Struktur des Balkengefüges noch streng achtet, sie aber doch schon auf dekorative Weise aufzulockern versucht. Im Jahre 1526 erscheint dieses Ornament östlich
der Weser zuerst am Brusttuch in Goslar, 1548 im Oberweserraum erstmals in Höxter (Westerbachstr. 2), dann *243*
1560 in Lemgo (Echternstr. 6–8), 1562 in Paderborn (Schildern 13), vier Jahre später in Lippstadt (Lange *250–252*
Str. 12). In Lemgo tragen zwei Jahrzehnte später drei datierte Hausgiebel von 1580, 1587 und 1592 das Blattrankenornament. Sie stammen vielleicht vom gleichen Meister Johann Henrich Schnitger, der das schönste die-
ser Häuser für sich selbst erbaut hat (Mittelstr. 17). Das Blattrankenornament steht in der Tradition der Ara- *48*
beske, die von plastisch stilisierten, symmetrisch verlaufenden Pflanzenranken gebildet wird und bereits zum festen Ornamentschatz der hellenisch-römischen Antike zählt. In Italien wurde sie von der Frührenaissance übernommen, in Deutschland erscheint sie in der ersten Hälfte des 16. Jahrhunderts, zuerst in Süddeutschland in Städten wie Augsburg und Nürnberg. Ähnlich wie das Beschlagwerk verdankt auch die Arabeske den Ornamentstichen des 16. Jahrhunderts fruchtbare Anregungen zu ihrer Formgestaltung. Eine Gegenüberstellung

der Blattrankenarabeske eines römischen Marmorfragmentes aus dem 1. Jahrhundert n. Chr. mit einem Ornamentstich von 1525 und der Blattranke an einem Lemgoer Haus vom Jahre 1577 (Pastorenstr. 5) zeigt die über tausendjährige Tradition dieses Ornamentes von der Antike bis zur Erneuerung in der Renaissance.

Wohl das verbreitetste aller Fachwerkornamente der Renaissance ist die *Rosette,* die nicht nur in Niedersach-
sen, sondern auch im westlichen Oberweserraum und im östlichen Westfalen bis nach Soest hin (1585 Wie-
senstr. 6) eine dominierende Stellung einnimmt. Von ihrem frühesten Vorkommen 1532 in Halberstadt (Ho-
139 her Weg 5) bis zum spätesten Beispiel von 1632 in Bad Salzuflen (Obere Mühlenstr. 1) war sie ein volles Jahr-
hundert das augenfälligste Ornament im Fachwerk der Renaissance. Trotz ihrer großen Verbreitung und Le-
bensdauer kommt aber die Rosette in Göttingen und Münden, den beiden Städten des Fürstentums Göttingen,
merkwürdigerweise kaum vor. Seit der Mitte des 16. Jahrhunderts verbreitet sie sich im Oberweserraum (1548
11, 12, 35 Hameln, Pferdemarkt 10; 1553 Stadthagen, Amtspforte; 1561 Höxter, Dechanei; 1562 Lemgo, Papenstr. 22
239 und 1567 Wiedenbrück, In der Halle 2). Zweifellos geht das Rosettenornament der Fachwerkbauten in seiner volkstümlichen Form auf das Muschelornament der Renaissance und Antike zurück. Aber im Gegensatz zu den Steinbauten der Weserrenaissance, die fast nur die Muschelrosette bevorzugen, wird beim Fachwerk das Rosettenornament formal reich variiert, allein schon in den Grundtypen (Textabb. 24). Denn neben der Muschelrosette als exakteste Nachahmung der Steinornamentik erscheinen als weitere Abwandlungen die geradlinig konturierte Fächerrosette, die Palmettenrosette und die Wirbelrosette. Otto Gaul wies in diesem Zusammenhange auf das Vorbild der Palmette, einem der beliebtesten Motive romanischer Kapitellornamentik, und die palmettenartigen Ausgestaltungen der Rosette an Fachwerkhäusern in Goslar (1540 Schreiberstr. 11), Einbeck, Quedlinburg und Osterwiek hin, die für die Wahrscheinlichkeit dieser Hypothese sprechen. Vielfach gehen die Rosetten auch über die typisch halbkreisförmige Flächenumgrenzung hinaus. Eine merkwürdige Verbindung der halbkreisförmigen Rosette und der Dreiviertelrosette findet sich an der 1561 erbauten Dechanei in Höxter. Während sich am unteren Stockwerk ein Fries der allgemein üblichen Halbkreisrosette entlangzieht, zeigen die beiden oberen Stockwerke Rosetten, welche die Halbkreisfläche sprengen und zu einer vollständig runden Rosette ansetzen. Noch eigentümlicher ist die Zusammenfügung gegensätzlicher Rosettentypen an der Längsfront der Bürgerschänke in Alfeld (Mitte 16. Jahrhundert), wo links auf den Brüstungsplatten normale Halbrosetten, rechts aber kleine kreisförmige Rosetten erscheinen, darunter auf der Schwelle wieder kleine Halbrosetten. Von besonderer Eigenart sind die einzelnen rechts und links im Türbogenzwickel eingefügten Halbrosetten an Bürgerhäusern in Einbeck, Münden und Höxter.

Vor Aufkommen der Brüstungsplatten ließ sich die Rosette unter Berücksichtigung des vorhandenen Balken-
gefüges nur auf den Ständern und *Ständerstützen* der oberen Stockwerke anbringen. Zu diesem Zwecke wurde
die schräge Ständerstütze durch ein volles Winkelholz ersetzt, um der Rosette eine hinreichende Schnitzfläche
bieten zu können. Die Form dieser Ständerstützen – sei es in Gestalt einer Dreieckbüge oder einer Halbkreis-
büge – ist landschaftlich differenziert: die Dreieckbüge kann als typisch niedersächsische Traditionsform ange-
sprochen werden, die sich vom östlichen Niedersachsen her von Braunschweig (1517 Dannenbaumhaus), Ein-
256 beck (1543 Tiedexerstr. 16), Hildesheim (1529 Knochenhaueramtshaus) und Goslar (1526 Brusttuch) bis an die
36, 37 Weser ausgebreitet hat und dort dann in Einzelfällen bis nach Blomberg (1569 Burg) und Geseke (1585
Bachstr. 50) reicht. Westlich der Weser herrscht dagegen die westfälische Halbkreisbüge vor, deren Fläche sich
dem Rosettenornament organischer einordnet als bei der Dreieckbüge (Textabb. 25). Mit dem Aufkommen der
hölzernen Brüstungsplatten auf den unteren Fachen der einzelnen Stockwerke verliert die Rosette ihre Bedeu-
tung als ornamentale Betonung der Ständerstützen. Zum Teil wird sie sogar nur auf den Brüstungsplatten zwi-
schen den Ständern angebracht. Teilweise zieht sie sich in dichtester Reihung ohne Berücksichtigung der Stän-
80 derstellungen auf den unteren Fachen der Stockwerke entlang (z. B. 1612 Bad Salzuflen, Lange Str. 33) und hat
nur noch die Funktion eines flächenfüllenden Ornaments, bei dem jeglicher Zusammenhang mit dem Balken-

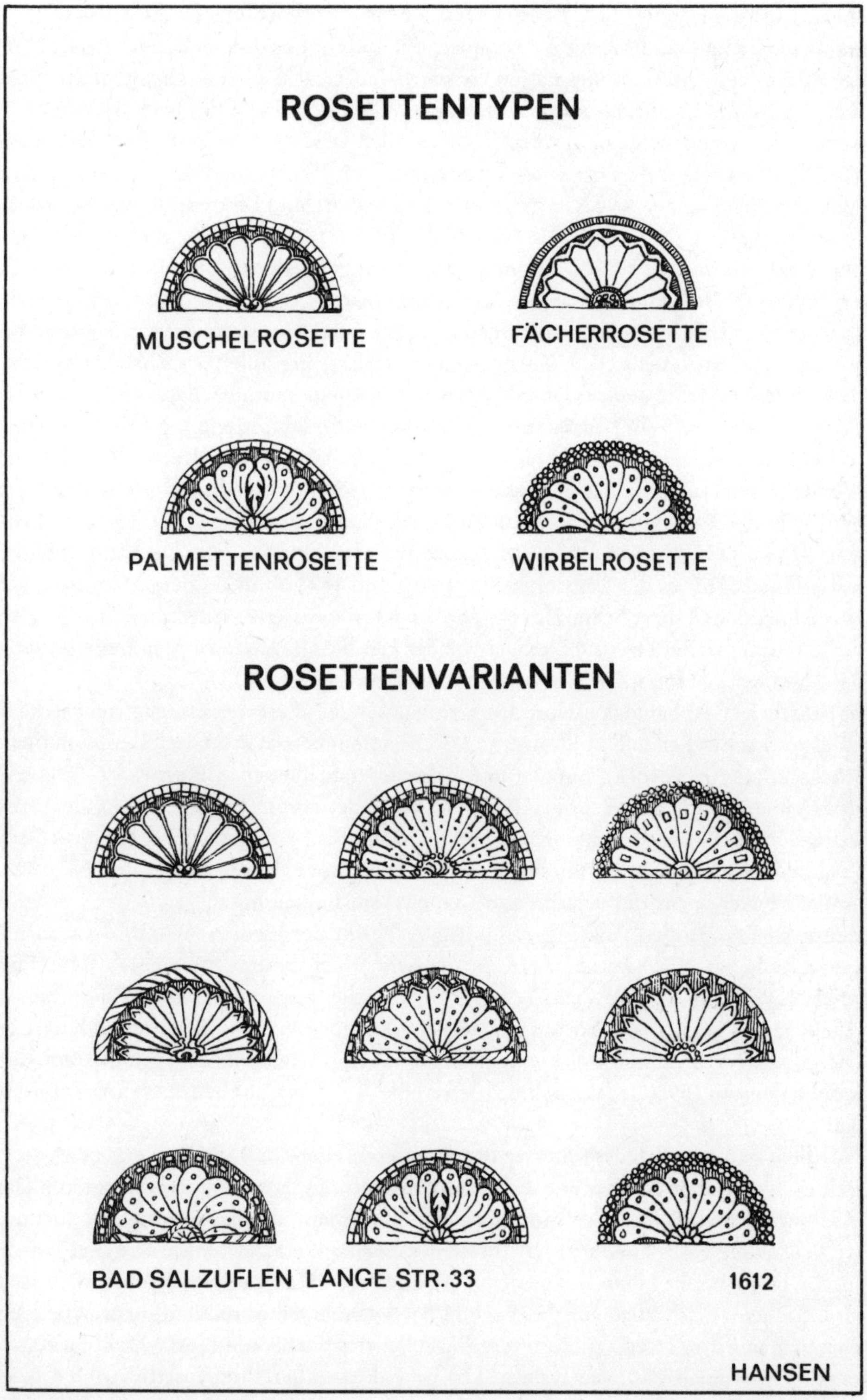

Abb. 24 Rosettentypen und Rosettenvarianten eines Schnitzgiebels.

gefüge verlorengegangen ist. Bezeichnend für diese Entwicklung ist die dekorative Anordnung einer Schnitzwand aus Lemgo vom Jahre 1577 (Lippisches Landesmuseum), an der das Rosettenmotiv über dem Torbogen noch exakt auf den Brüstungsplatten zwischen den Torständern erscheint, während an der Wand die Rosetten in dichter Reihung auf das Ständerwerk übergreifen und damit das ursprüngliche Balkengefüge in der oberen Region der Wandausfachung völlig verschwinden lassen. So werden die Schnitzgiebel der Weserrenaissance allmählich von einer durchgehenden ornamentierten Fläche überdeckt. Sie bilden einen starken Kontrast zum spätgotischen Fachwerk, das in sparsamer Anwendung und Bindung zur Balkenkonstruktion seine Ornamentik entwickelte.

Das *Taubandornament,* das in seiner wechselvoll gemusterten Spiralform an den abgerundeten Füllbrettern zwischen den Balkenköpfen an der Stockwerkschwelle erscheint, findet in weit geringerem Maße als die Rosette unmittelbare Vorbilder in der Steinarchitektur der Weserrenaissance. Zwar gibt es schon die gleichen Muster um 1200 an romanischen Wulstringen der Kreuzgangsäulen des Züricher Großmünsters, aber an Profanbauten des 16. Jahrhunderts läßt sich dieses Ornament kaum nachweisen. An der Utlucht des 1564 erbauten Bürgermeisterhauses in Bad Salzuflen zieht sich als Geschoßtrennung eine Steinwulst mit ausgeprägtem Taubandmuster entlang. Vielleicht haben aber auch die kunstvoll gedrehten Spindeln im Inneren der steinernen Wendeltreppentürme in den Schlössern Neuhaus (1526), Petershagen (1545) und Detmold (1551) anregend als Vorbilder der Taubandornamente an Fachwerkhäusern gewirkt. Schon 1548 erscheinen sie in Einbeck (Stein-
11, 12, 35 weg 11), im Jahre 1553 an der Stadthagener Amtspforte, 1561 an der Dechanei in Höxter, in besonders schönen
26, 38–42 Variationen 1565 an der Einbecker Ratswaage und 1572 am Blomberger Amtshaus. Sozialgeschichtlich ist es bezeichnend, daß diese Schnitzform – ähnlich wie die Rosette – zuerst von den Adelshöfen übernommen wurde: in Höxter an der Dechanei, erbaut von der Familie v. Amelunxen, in Lemgo 1560–1566 an den Adelshöfen der Familien v. Donop, v. Kerssenbrock und v. Wulffen.

In eindeutiger Abhängigkeit von den Steinbauten der Weserrenaissance steht jedoch der *Zahnschnitt* an den Stockwerkschwellen und Füllhölzern. Als Ornament betont er an der Hausfront die waagerechte Tendenz der Stockwerke. An Türbekrönungen und Erkern der Schlösser in Barntrup (1584–1588), Hessisch Oldendorf (1585) und der Hämelschenburg (1588–1599) findet er sich ebenso wie an den bürgerlichen Steinbauten in Lemgo (1576), Hameln (1585–1588) und Bad Salzuflen. Sogar der Taufstein von Georg Croßmann vom Jahre 1592 in der Lemgoer Marienkirche weist als Randdekor einen groben Zahnschnitt auf. Da das in der Form primitive Muster leicht mit dem Stemmeisen aus den Balken herausgearbeitet werden konnte, hatte es bei den Zimmerleuten großen Anklang gefunden. Allein in der kleinen Ackerbürgerstadt Schwalenberg zeugt eine ganze Reihe von Fachwerkhäusern für die Beliebtheit dieses Ornamentes (1592 Papenwinkel 36; 1595 Mit-
318 telstr. 159; 1611 Untere Str. 7). In größter Fülle zeigt sich der Zahnschnitt am Blomberger Rathaus (1586–1587), bei dem die Vorkragung des oberen Stockwerkes einen breiten Kranz von Zahnschnitten bildet. Dieser breite Zahnschnittkranz ist typisch für den lippischen Meister Iggenhausen, der das Gräfliche Kornhaus
129, 128 in Schieder (um 1590) und das Schloß Oesterholz (1599) mit ähnlichen breiten Zahnschnittkränzen geschmückt hat.

Nördlich und westlich des Oberweserraumes verbreitete sich seit dem ersten Drittel des 16. Jahrhunderts als technisch neuartige Ausfachung die hölzerne Brüstungsplatte, mit der die unteren Gefachreihen der einzelnen Stockwerke zwischen den Ständern ausgefüllt werden. Erstmals wurden Brüstungsplatten 1536 in Braunschweig (Lange Str. 9) verwendet. Im Oberweserraum erscheinen sie erst drei Jahrzehnte später, zuerst 1561
35 an der Dechanei in Höxter. Zweifellos ist das Bestreben, im Balkengefüge des Fachwerks möglichst große Holzflächen zu schaffen, auf das Vorbild der Steinbauten zurückzuführen. Die rechteckige Brüstungsplatte zwischen den Stockwerkständern vergrößerte in erheblichem Maße die Dekorationsflächen, allerdings mit negativen, aber auch positiven Folgen. Die bedenkenlos gereihte Rosette auf den Brüstungsplatten führte zur

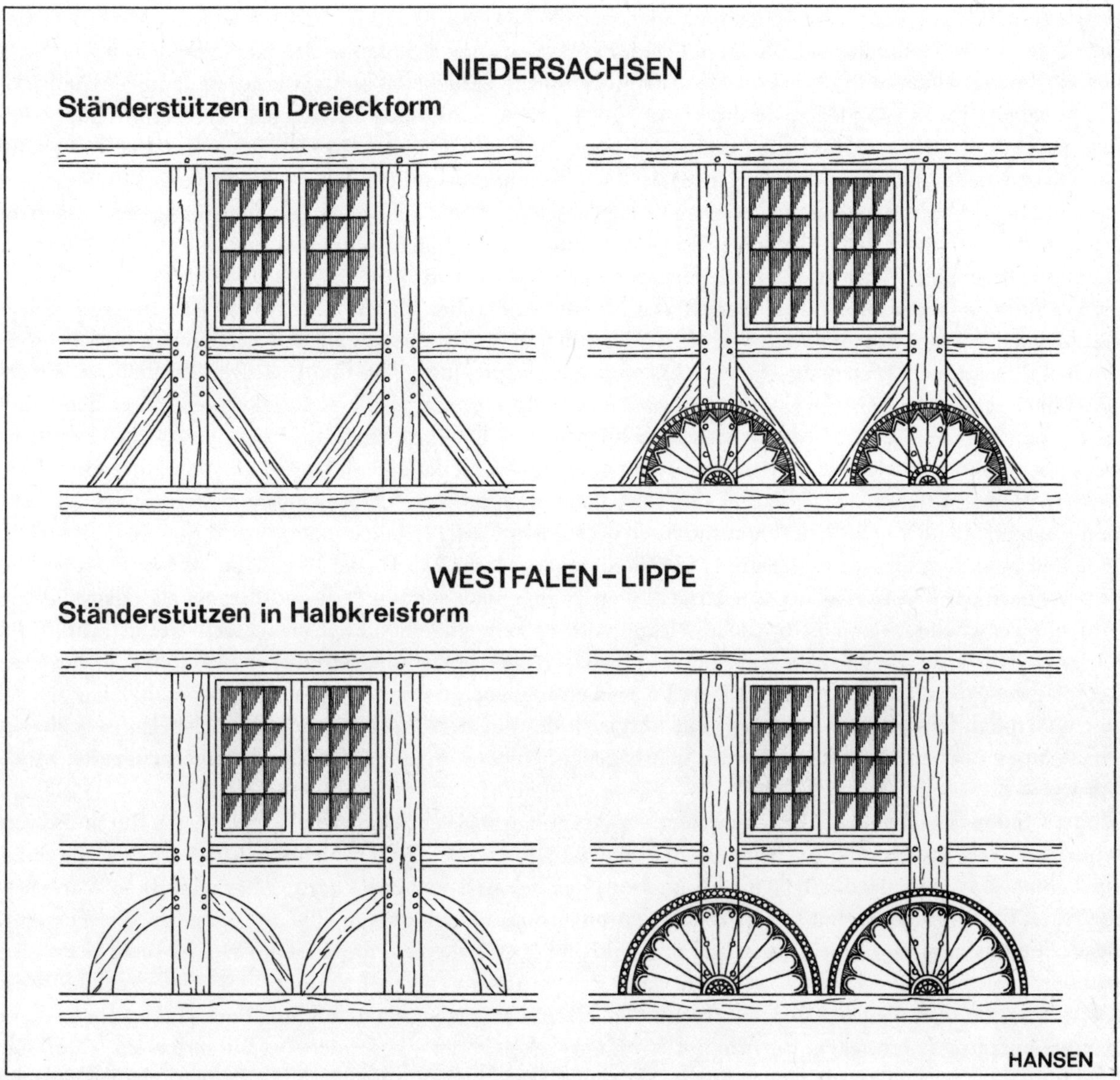

Abb. 25 Typen der Ständerstützen in Niedersachsen und Westfalen-Lippe.

Verwischung der Ständerkonstruktion an der Giebelfront. Andererseits ermöglichte die Brüstungsplatte überhaupt erst wesentliche Formen der Giebelschnitzerei: das Beschlagwerk und das figürliche Relief.

Das *Beschlagwerk* ist ein bandförmiges Ornament, das streng symmetrisch sich über eine rechteckige Fläche zieht und in seiner etwas starren Monotonie durch Masken, Blattwerk und oft groteske Motive aufgelockert wird. Der Name deutet auf seinen Ursprung hin. Es war der Beschlag in Schmiedeeisen an Truhen, Koffern und ähnlichen, oft rein kunstgewerblichen Gegenständen. In geradezu naiv-unbekümmerter Weise haben die Schnitker der Fachwerkbauten sogar die schmiedeeisernen Nietenköpfe des Beschlagwerkes in Holz kopiert (z. B. 1598 Lemgo, Mittelstr. 27). Graphisches Vorbild des Beschlagwerkes war der Ornamentstich, der im *259*

16. Jahrhundert von den italienischen Kupferstechern M. Raimondi und E. Vico zu seiner ersten Leistungshöhe geführt wurde und dann in Süddeutschland, Frankreich und besonders in den Niederlanden ein wichtiger Bereich der Gebrauchsgraphik wurde. Der ,,Erfinder" des eigentlichen Beschlagwerkes ist der niederländische Kupferstecher Johann Vredeman de Vries (1527–1604), der nicht nur den Ornamentstich als reines Phantasiespiel ausübte, sondern seit 1565 ihn durch den Entwurf ganzer Gebäude und Gebäudeteile in den Dienst der Architektur stellte. Seit den siebziger Jahren des 16. Jahrhunderts breitete sich das Beschlagwerk an Steinbauten von den Niederlanden über die Hansestädte in ganz Deutschland aus und wurde zum häufigsten Ornament der Renaissancebauten des ausgehenden 16. und beginnenden 17. Jahrhunderts.

Die ersten Beschlagwerkornamente erscheinen im östlichen Westfalen um 1550 an einem Haus in Paderborn und 1555 in Soest, während sie in Niedersachsen erst 1568 am Rohrschen Hause in Helmstedt (Papenberg 2) belegt sind, das dem Herzog von Braunschweig als Hoflager diente. In Niedersachsen fand das Beschlagwerk bei weitem nicht die starke Verbreitung, die es in Ostwestfalen-Lippe unter dem unmittelbaren Einfluß der Weserrenaissance erreichte. Als erlernbares Ornament bevorzugte es hier der Handwerker gegenüber der figürlichen Schnitzerei, die in Niedersachsen ihre höchste Qualität erreichte. In Lippe setzte das Beschlagwerk etwas später ein, denn die ersten Fachwerkbauten dieser Art datieren in Lemgo aus dem Jahre 1591 (Echternstr. 92 und Mittelstr. 13). Allerdings hielt sich dann in Lippe und im Oberweserraum der reich entwickelte
85 Beschlagwerkstil über sechs Jahrzehnte hindurch bis zur Mitte des 17. Jahrhunderts (1620 Rinteln, Kirchplatz;
139, 323 1632 Bad Salzuflen, Obere Mühlenstr. 1; 1649 Stadthagen, Markt 21). Da das Beschlagwerk hauptsächlich auf den rechteckigen Brüstungsplatten angebracht wurde, aber auch auf Ständern und Riegeln als eigenständiges Ornament erscheint, wurde die optische Wirkung des Balkengefüges am Hausgiebel nicht beeinträchtigt. Im Fachwerk wurde das Beschlagwerk zu reichen, phantasievollen Variationen entwickelt. Während das steinerne Beschlagwerk vom Material her nur gröbere Formen ermöglicht, gestattete das Beschlagwerk der Schnitzgiebel eine wesentlich feinere Strukturierung. Ein Vergleich des um 1610 entstandenen Schaugiebels des Schlosses
322, 323 Thienhausen mit dem Beschlagwerk eines Stadthagener Hauses vom Jahre 1649 läßt dies überzeugend deutlich werden.

Weitere Entwicklungsmöglichkeiten dekorativer Ausgestaltung der Schaugiebel ergaben sich durch die verschiedenen Techniken der *Ausfachung* des Balkengefüges (Textabb. 26). Die urtümlichste Form war die einfache Lehmausfachung, die das Balkenwerk am wenigsten belastete und den Vorzug eines schlechten Wärmeleiters hatte. Fachwerkhäuser mit Lehmausfachung sind im Sommer im Inneren kühl und halten im Winter warm. Bei der Lehmausfachung brachte man im Fach senkrecht Holzstaken an, um die dann Weidenruten gewunden wurden. Auf dieses Flechtgestell trug man dann den strohvermengten Lehmputz auf. Das deutsche Wort ,,Wand" erinnert an diese Putztechnik. Neben der Flechtwand gab es dann noch als Putzträger dicht an dicht gesetzte hölzerne Lehmstaken, die man mit Stroh umwickelte oder – besonders bei Bürgerbauten – Holzstaken, um die man breite Holzbänder flocht. Sie waren kostspieliger, aber auch beständiger als das einfache Flechtwerk mit Weidenruten.

Verhältnismäßig früh ging man denn an den Bürgerhäusern auch zur Ausfachung mit Backsteinen über, die oft in komplizierten Musterungen vermauert wurden und eine wirksame Dekoration des Schaugiebels darstellten. Das Balkenwerk blieb dann meistens ohne jegliche Schnitzerei völlig schlicht. Das älteste Beispiel dieser Art ist das Haus des Anton Giessenbier in Bad Salzuflen vom Jahre 1525, in dessen spätgotischem Balkenwerk Backsteine im großen Klosterformat zu Mustern vermauert sind. An Herrschaftsbauten kamen manchmal eigentümliche Verbindungen von verputztem und ausgemauertem Fachwerk zustande. So wurde beim Gräflichen
129 Kornhaus in Schieder um 1590 das Untergeschoß aus Sicherheitsgründen mit verputzten Bruchsteinen ausgefacht, während das vorkragende obere Stockwerk mit roten Backsteinen ausgemauert war. Zu höchster Vollendung wurde die gemusterte *Backsteinausfachung* an Bauernhäusern im nördlichen Niederdeutschland (z. B.

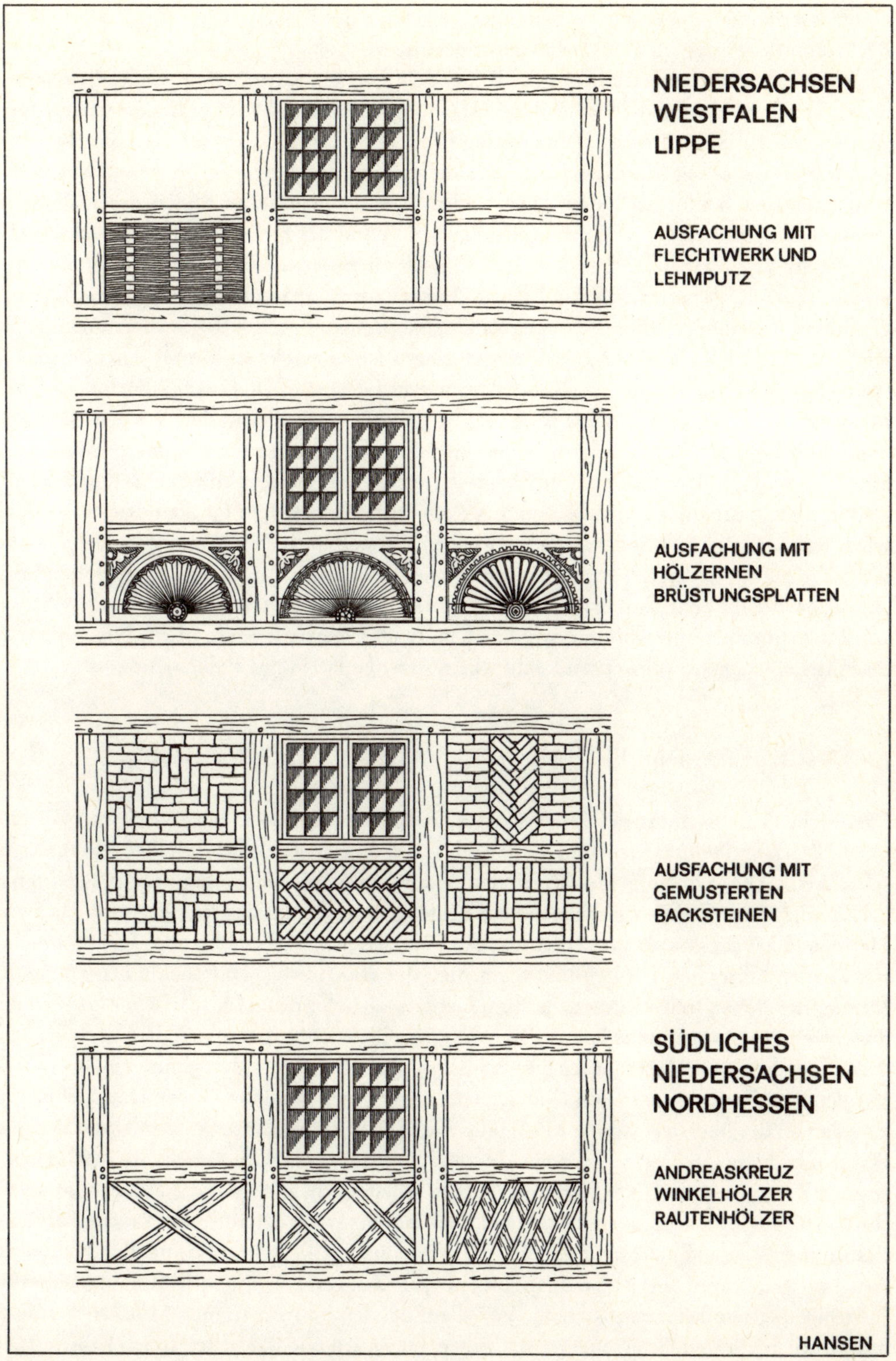

Abb. 26
Ausfachungsarten
der Fachwerkwände.

in den Vierlanden) gebracht, wo man durch Anstrich des Balkenwerkes mit weißer oder hellblauer Farbe die Backsteinmusterung am Hausgiebel besonders hervorhob.

Eine rein konstruktive Verstärkung des Balkengefüges stellt ursprünglich das *Andreaskreuz* dar, dessen Hölzer in diagonaler Kreuzung die Fläche der Ausfachung versteifen. Darüber hinaus trug es aber auch zur dekorativen Belebung des nüchternen Balkengefüges bei. Das Andreaskreuz ist ein Charakteristikum des hessischen Fachwerks, wo es seit Mitte des 15. Jahrhunderts erscheint. Seine Verbreitung zieht sich keilfömig die Weser vom Süden nach Norden hinauf. Die beiden ältesten Häuser im Süden des Oberweserraumes, das Eck-
188, 189 männchenhaus von 1471 in Warburg (Lange Str. 2) und das um 1480 erbaute Leecksche Haus in Grebenstein (Obere Str. 257), haben Andreaskreuze. Im nördlichen Bereich des Oberweserraumes kommen sie dann nur noch vereinzelt vor, etwa am katholischen Pfarrhaus von 1585 in Falkenhagen (Kr. Lippe) oder an einem Bürgerhaus in Blomberg (Langer Steinweg 8). Um die flächendeckende dekorative Wirkung noch zu steigern, entwickelte sich das schlichte Andreaskreuz zu einer dichten, zickzackförmig sich überschneidenden Musterung
219 von Schräghölzern, von der es schöne Beispiele in Göttingen (1547–1549 Barfüßerstr. 5) und Münden (1554
253 Marktstr./Ecke Lange Str.) gibt. Beide Städte nehmen auch hier in der Dekoration ihrer Giebelfronten eine Sonderstellung ein. Sie haben – wie bereits erwähnt – kaum Rosettenschnitzereien, bevorzugen aber in hohem Maße die Schrāghölzer als Dekor der Ausfachungen. Besonders in Münden ist dies der Fall, wo das dekorative Bild der Altstadthäuser geradezu von den reich entwickelten Schrägholzmustern der Giebelfache beherrscht wird, während Brüstungsplatten mit figürlichen Darstellungen biblischen oder allegorischen Inhaltes in dieser südlichen Stadt Niedersachsens unbekannt sind. Zu den in Süddeutschland verspielten Formen der Holzausfachung, bei der die Schrägstreben der Einzelfache oft kunstvoll ausgezackt sind und in ihrer Kreuzung nochmals von Holzrhomben überschnitten werden, kam es im Oberweserraum nicht. Niederdeutschland bewährte die im mittelalterlichen Fachwerkbau entwickelte strenge Form des Balkengefüges.

ENTWICKLUNG DER FIGÜRLICHEN FACHWERKSCHNITZEREI

Die reiche Ausgestaltung der Hildesheimer, Braunschweiger, Halberstädter und Goslarer Fachwerkbauten mit *figürlichen Schnitzereien* und szenarischen Traditionsmotiven biblischer, mythologischer oder allegorischer Art kennzeichnet die Hochform der niedersächsischen Giebelschnitzerei bis hin nach Göttingen, Einbeck und Alfeld. Sie blieben nicht nur auf die Brüstungsplatten beschränkt, auch das Ständerwerk wurde mit Hermen, Karyatiden und Einzelfiguren, die Füllbretter mit figürlichen Arabesken beschnitzt. In der Motivwahl neben biblischen Themen und Elementen der volkstümlichen Fabel in den Darstellungen der Planeten, Musen, der sieben freien Künste, der fünf menschlichen Sinne und historischer Größen der Antike an die Bildungswelt des Humanismus und der Renaissance gebunden, breitete sich die figürliche Schnitzkunst von Niedersachsen her in den Jahrzehnten bis zum Beginn des 17. Jahrhunderts immer mehr nach Westen aus. Aber im Vergleich zu Niedersachsen gibt es im engeren Oberweserraum nur wenige Hausgiebel mit figürlichen Schnitzereien von der überströmenden Motivfülle wie in Göttingen, Einbeck oder Alfeld. Man kann sie fast an einer
185, 13 Hand aufzählen: das Herforder Remensniderhaus (1521), das Stiftsherrenhaus in Hameln (1558), die figuren-
27–33, 61 reichen Knaggen an einem Ackerbürgerhaus in Wiedenbrück (1559), das Adam-und-Eva-Haus in Paderborn
133, 50 (Ende 16. Jahrhundert), das Haus Außel bei Batenhorst (1580) und das Planetenhaus in Lemgo (um 1590). Fast immer sind es Einzelgestalten, deren Bedeutung nach einem traditionellen Kanon durch entsprechende Attribute gekennzeichnet ist, an den Ständern und Knaggen zwangsläufig in statuarischer Form, an den breiten Brüstungsplatten fast immer sitzend. Vor allem bei den humanistischen Motiven wurde die letztere Darstellungsform bevorzugt. So erscheinen die sieben Tugenden und die sieben freien Künste 1568 bis 1623 in Helm-

stedt, Hildesheim, Alfeld, Einbeck und Osnabrück immer als Sitzfiguren auf Brüstungsplatten. Szenendarstellungen sind im Oberweserraum selten. Von den 130 Schnitzmotiven der Alfelder Lateinschule (1610) behandeln nur drei szenische Motive: Moses Errettung am Nil, Jakobs Himmelsleiter und die Opferung Isaaks. Ge- *166*
radezu eine Ausnahme an Szenenreichtum bilden die figurenreichen Knaggen des Stiftsherrenhauses in Hameln (1558), obwohl doch szenische Darstellungen auf der schmalen Knaggenfläche künstlerisch schwierig zu bewältigen sind. Aus dem unerschöpflichen Motivschatz des Alten Testamentes ist dort dargestellt, wie Abraham *18–21, 24*
Isaak opfert, Joab den Abner umarmt und heimtückisch ersticht, Kain den Bruder ermordet, Simson den Löwen erwürgt, Samuel den Hirtenknaben David salbt und der Riese Goliath den kleinen David herausfordert. Diese alttestamentlichen Motive deutete man aus der Tradition der Kirchenväter häufig in einem überhöhten Sinne. Isaaks Opfer wurde dem Opfertod Christi gleichgesetzt. Wie bei der Kreuztragung trägt Isaak selbst das Holz zum Opferaltar. Dieses Motiv, das bereits im 10. und 11. Jahrhundert in der Buchmalerei erscheint, war dann vom 12. Jahrhundert bis zum Ausgang des Mittelalters weit verbreitet. In ähnlicher Weise entsprach im überhöhten Sinne die Tötung des Löwen durch Simson der Besiegung des Teuflischen.

Die figürlichen Schnitzereien an den Fachwerkgiebeln sind im Verlauf des 16. Jahrhunderts zunehmend *Allegorien*, also Veranschaulichungen abstrakter Begriffe durch Personifikationen, die durch ihre Gestik, Kleidung und traditionellen Attribute ihre Bedeutung zu erkennen geben: der Tod mit der Sense, die Fortuna auf dem Glücksrad, die Caritas mit der Kinderschar, die Musika mit der Lyra, die Spes mit dem Hoffnungsanker. Die Allegorie geht auf antike Überlieferung zurück, ihre Gestalten wurden weitgehend vom Christentum übernommen, in vielen Fällen sogar in der antiken Darstellungsform. Allegorische Dichtungen spätantiker Dichter wie die „Psychomachia“ des spanischen Poeten Prudentius (404/405) wirkten geradezu als Leitbilder, zumal Begriffskomplexe wie etwa die Tugenden und Laster oder die sieben freien Künste schon spätantiken Schriftstellern vertraut waren. Ein Jahrtausend später erleben dann diese festgeprägten Begriffe und ihre Darstellungsform eine Erneuerung durch den Humanismus, und Ende des 16. Jahrhunderts zählen sie in der Renaissance zum festen Bestand im Motivkatalog der Giebelschnitzereien.

Zweifellos arbeiteten die Schnitker der Fachwerkgiebel nach *graphischen Vorlagen* ihrer Zeit. Hans Burgkmairs (1473 bis 1531) Planetenzyklus von 1510 wurde 1526 am Goslarer Brusttuch (Hoher Weg 1), 1536 am Huneborstelschen Haus in Braunschweig (Burgpl. 2 a) und 1547/49 an der Junkernschänke in Göttingen (Bar- *221–226*
füßerstr. 5) kopiert. Martin Schongauers (um 1435–1491) Darstellungen des St. Andreas und St. Jakobus d. Ä. kehren an einem Braunschweiger Hause (Alte Waage 20) wieder, wo wir auch in der Darstellung zweier eitler Affen (Neue Str. 9) der Kopie eines Kupferstiches Israels van Meckenem d. J. (um 1440–1503) begegnen. Und die Arabesken des Westfalen Heinrich Aldegrever (1502 bis nach 1566) haben zweifellos am Haus Außel bei *134–136*
Batenhorst (1580) die Füllholzschnitzereien mit ihren Blattranken und figürlichen Elementen beeinflußt.

Mit großer Wahrscheinlichkeit dienten als Vorbilder der allegorischen Giebelschnitzereien auch italienische Musterbücher, in denen die allegorischen Figuren mit ihrem Beiwerk ein für allemal festgelegt waren. Das berühmteste Nachschlagewerk dieser Art war die 1593 in Rom erschienene „Iconologia“ des Cesare Ripa (um 1560 bis um 1620/25), die zu seinen Lebzeiten in fünf ständig erweiterten Ausgaben erschien. Ripa ging bewußt auf die Antike zurück, erfand aber auch im antiken Geiste neue Allegorien, wenn er die Freundschaft den drei Grazien, Handel und Industrie dem Merkur, die Weisheit und Wissenschaft der Minerva gleichsetzte. In alphabetischer Reihenfolge sind in seinem Werk die Allegorien der Natur (Elemente, Planeten, Erdteile), der Zeit (Tageszeiten, Jahreszeiten), des menschlichen Lebens (Altersstufen, Tod, Temperamente), der Tugenden und Laster, der Wissenschaft und Künste als allegorische Mustertypen dargestellt.

Es gibt Schnitzwände, die oft ein völlig zusammenhangloses Nebeneinander scheinbar abwegiger Motive zeigen und damit die Giebelschnitzerei in die Nähe der *Drolerie* rücken. „Als Drolerie gilt in der Kunstgeschichte eine groteske, auf das Spielerische, Scherzhafte gerichtete Darstellung, deren Seltsamkeit nicht Selbstzweck ist,

sondern sich im wesentlichen dekorativ auswirkt" (Rosy Schilling).[16]) Teils sind es Szenen der realen Welt wie der Jäger auf der Jagd oder Hunde, die das Wild jagen, teils Tierfabeln, zum großen Teil aber groteske Mischgestalten von Mensch, Tier und pflanzlichem Rankenwerk. In Deutschland kommen die Drolerien erst im 13. Jahrhundert auf und erleben als Randdekor in der gotischen Buchmalerei ihren künstlerischen Höhepunkt, wobei im Gegensatz zu den Drolerien der romanischen Bauplastik an Kapitellen und Portalen die heitere Seite der Drolerie zum Zuge kommt. Schon seit dem späten 12. Jahrhundert entwickelt sich die figürliche Ranke mit Drolerien; sie wirkt bis ins 16. Jahrhundert nach. Stark abhängig war die Darstellung von Drolerien und Grotesken in der Fachwerkschnitzerei auch vom Buchholzschnitt. Die Randleisten der Titeleinfassungen mit ihren seltsamen Fabelwesen, Tieren und Pflanzenranken konnten mühelos auf den schmalen Flächen der Ständer und Schwellbalken kopiert werden. Ein Musterstück dieser Form sind die Füllholzschnitzereien am Haus Außel bei Batenhorst (1580), die Jagdszenen, fast sportlich anmutende Kämpfe, Tierszenen und groteske Fabelwesen
5 im umrankten Pflanzengehege zeigen. Auch die Schnitzwand eines Bürgerhauses von 1542 am Einbecker Markt zeigt ein drolerienhaftes Kunterbunt an Motiven: über dem Torbogen musizieren zwei puttenhafte Engel mit Schalmei und Trommel, während auf der Brüstungsplatte daneben ein Narr in Zaddeltracht über dem Hauswappen zu sehen ist. Geradezu im Stil der Drolerien ist der Schwellbalken in dem Stockwerk über den musizierenden Engeln beschnitzt. Ein Fuchs jagt mit einer Gans im Maul davon, als Gegenstück dazu hat sich gerade ein anderer Fuchs einer kleinen Gans bemächtigt, und in der Mitte verknoten mit gesträubtem Gefieder zwei Gänse angsterfüllt ihre langen Hälse. Daneben sind auf gleichem Balken schreckenerregende Fabelgestalten in symmetrischem Rankenwerk zu sehen, zwei Männerfratzen auf Fischleibern und zwei Drachen mit fürchterlichen Eckzähnen und ornamental anmutig verschlungenen Ringelschwänzen. Das Ganze präsentiert sich also als eine skurrile Mischung von Religiosität, Fidelität und Dämonenfurcht. Die lustige Seite populärer Fabeln kommt in den Zierschnitzereien wie in den Drolerien häufig zur Geltung, wenn etwa am Stadthagener
363 Gildenhaus von 1573 Äsops Fabel vom Wolf und dem Kranich dargestellt ist, die bereits in der 1. Hälfte des 12. Jahrhunderts auf einem Kapitell am Westportal der Kathedrale in Autun erscheint, oder wenn auf einem Her-
365 forder Torbogen von 1559 (Stadtmuseum) zwei Affen mit Schalmei und Trommel musizieren, sich offensichtlich über den heftigen Zweikampf von Landsknechten lustig machen und auf ihre Weise den menschlichen Unverstand persiflieren.

An den Steinbauten der Weserrenaissance sind oft allegorische Reliefs und Statuen angebracht, etwa am Lemgoer Rathaus die freien Künste und Tugenden. Merkwürdig bleibt, daß sie vorzugsweise an bürgerlichen Bauten erscheinen, selten aber an Adelsschlössern. Man kann sich des Eindruckes nicht erwehren, daß der im Söldnerdienst schwer verdienende Landadel des Oberweserraumes zwar als Bauherr die Renaissance als repräsentative Kunstform schätzte, aber nur ein geringes inneres Verhältnis zur Bildungswelt des Humanismus und der Renaissance hatte. Es waren eben oft kampferprobte „Kriegsgurgeln", die jene stolzen Schlösser der Weserrenaissance bauten.

Die figürlichen Fachwerkschnitzereien sollten mehr als eine reine Dekoration sein. Sie waren die *Demonstration einer Gesinnung*, einer Lebensauffassung, eines Bekenntnisses zur christlichen Religion, zu den Bildungswerten des Humanismus, zu den neuen Tendenzen der Renaissance (Textabb. 27 und 28). Die Themenauswahl wurde bei der Auftragserteilung dieser kostspieligen Schnitzarbeiten zwischen Schnitker und Bauherrn besprochen. Die figürlichen Schnitzereien an den Fachwerkgiebeln sind in gleicher Weise Bekundungen einer Weltanschauung wie später die religiösen und profanen Inschriften an den Torbogen und Stockwerkschwellen der Häuser. Das Bürgerhaus wie auch das Bauernhaus ist „nicht nur ein konstruktives Phänomen, sondern darüber hinaus auch Ausdruck einer bestimmten Geisteshaltung seiner Erbauer und Bewohner" (Walter Borchers).[17])

Gerade weil im westlichen Weserraum figürliche Giebelschnitzereien selten sind, müssen wir sie in ihrem Bekenntnischarakter um so höher werten. Sie sind *Zeugen der Geistesgeschichte* des 16. Jahrhunderts und dokumentieren den allmählichen Auflösungsprozeß des mittelalterlichen ganzheitlichen Weltbildes in seinem strengen Aufbau, wie er am Herforder Remensniderhaus (1521) in den Gegenüberstellungen der irdischen lasterhaften Welt und des himmlischen Reiches zum Ausdruck gelangt und selbst noch zum Ende dieses Jahrhunderts im Paderborner Adam-und-Eva-Haus (Hathumarstr. 7) nachklingt, wo in zwei Stockwerken der paradiesische *60, 61*
Sündenfall einen Kontrast zu den Emblemen der vier Evangelisten bildet.

Das 1521 erbaute Remensniderhaus in Herford dokumentiert in seiner Knaggenschnitzerei in einer für den *185, 196–216*
Oberweserraum einzigartigen Weise das *religiöse Weltbild des ausgehenden Mittelalters,* das hier nicht in einer beliebigen Anordnung der Motive, sondern in einer strengen hierarchischen Gliederung erscheint (Textabb. 27). Das untere Geschoß umfaßt die sündige Welt mit ihren Lastern. Als Sinnbild des Teufels und des Bö- *209–216*
sen schlängeln sich um den Torbogen zwei große Drachen, die dräuend ihre giftigen Zungen blecken, in gleicher Weise wie auf einem Torbogen von 1540 in Hildesheim (Ratsbauhof). Links schließen sich als seelische Laster die Allegorien von Zorn, Schmähsucht, Narrheit und Bigotterie, rechts die physischen Laster der Schamlosigkeit, Unzucht und Freßgier an. Während in der Kunst des Mittelalters unter dem Einfluß der „Psychomachia" des spätlateinischen Dichters Prudentius, die den Kampf der Tugenden mit den Lastern schildert, diese durch weibliche Allegorien dargestellt werden, repräsentiert das Remensniderhaus die *Laster* durch männliche Figuren: Männerfratzen, die wütend die Zähne fletschen (Zorn), mit der Zunge blecken (Schmähsucht), ihre Raffzähne zeigen und Schweineohren haben (Freßgier), daneben ein Narr als Repräsentant der Narrheit, ein Mönch mit zwei Orgelpfeifen (Bigotterie), ein Mann, der sein Hinterteil hochreckt und mit ausgestreckter Zunge durch die Beine schaut (Unzucht) sowie ein Affe, der sich am Hintern kratzt (Schamlosigkeit). In der christlichen Symbolik war der Affe ein Sinnbild des Bösen und des Teufels. Als solchen kennzeichnet ihn schon der „Physiologos", eine im Anfang des 2. Jahrhunderts in Alexandrien entstandene populär-theologische Schrift, die seit dem 11. Jahrhundert auch in der christlichen Kunst benutzt wurde. Anfangs des 13. Jahrhunderts weiß Caesar von Heisterbach von Teufelserscheinungen in Affengestalt zu berichten. Zugleich sind mit diesen Darstellungen der Laster auch volkstümliche Vorstellungen der *Dämonenabwehr* verbunden. Die eine Männerfratze streckt die Zunge heraus. Sie entspricht den abschreckenden „Neidköpfen" an Bürger- und Bau- *370–372*
ernhäusern (1542 Hameln, Bäckerstr. 44; 1576 Wiedenbrück, Mönchstr. 8; 1578 Höxter, Westerbachstr. 2; Ende des 16. Jahrhunderts Paderborn, Hathumarstr. 7). Ihr Ursprung geht auf das Haupt der Gorgo bzw. Medusa in der Antike zurück, das schlangenartig oft mit bleckender Zunge dargestellt und an Tempeln als Abwehrzauber und Ausdruck des Götterschreckens angebracht wurde. Daß das Zungezeigen eine populäre Geste der Abwehr war, zeigt die eine Männergestalt der Doppelknagge am Warburger Eckmännchenhaus vom Jahre 1471. Die Unzucht wird unter den Herforder Allegorien der Laster durch eine Gestalt verkörpert, die tief gebückt durch die Beine schauend ihren Hintern zeigt. Auch das ist eine Geste der Dämonenabwehr, vor allem *366–369*
aber des bösen Blickes, und sie wird nach der Volksüberlieferung in ihrer Abwehrkraft verstärkt, wenn man dabei durch die Beine schaut. Auf dem populären Relief der „Butterhanne" am Brusttuch in Goslar (1526) hebt eine Frau am Butterfaß den Rock und zeigt einer Teufelsgestalt ihr blankes Hinterteil. Daß ein böser Blick das Butterfaß verzaubern kann, war eine weit verbreitete Vorstellung des Hexenwahns. Auch die fratzenhaft verzerrten, arabeskenhaft ausgestalteten Maskenköpfe an den Figurenknaggen des Stiftsherrenhauses in Hameln (1558), wie sie vergleichsweise auch 1459 und 1482 am Hildesheimer Trinitatishospital und Krameramtshaus auftauchen, dienten ursprünglich als Abwehrzauber gegen böse Geister und unheilvolle Einflüsse, ehe sie in der Renaissance zum reinen Dekor wurden.

Im Kontrast zu den Allegorien der Laster als Sinnbild der irdischen sündigen Welt verkünden die beiden oberen Stockwerke des Remensniderhauses das *himmlische Reich.* In statuarischer Gestaltung erscheint auf der Mit-

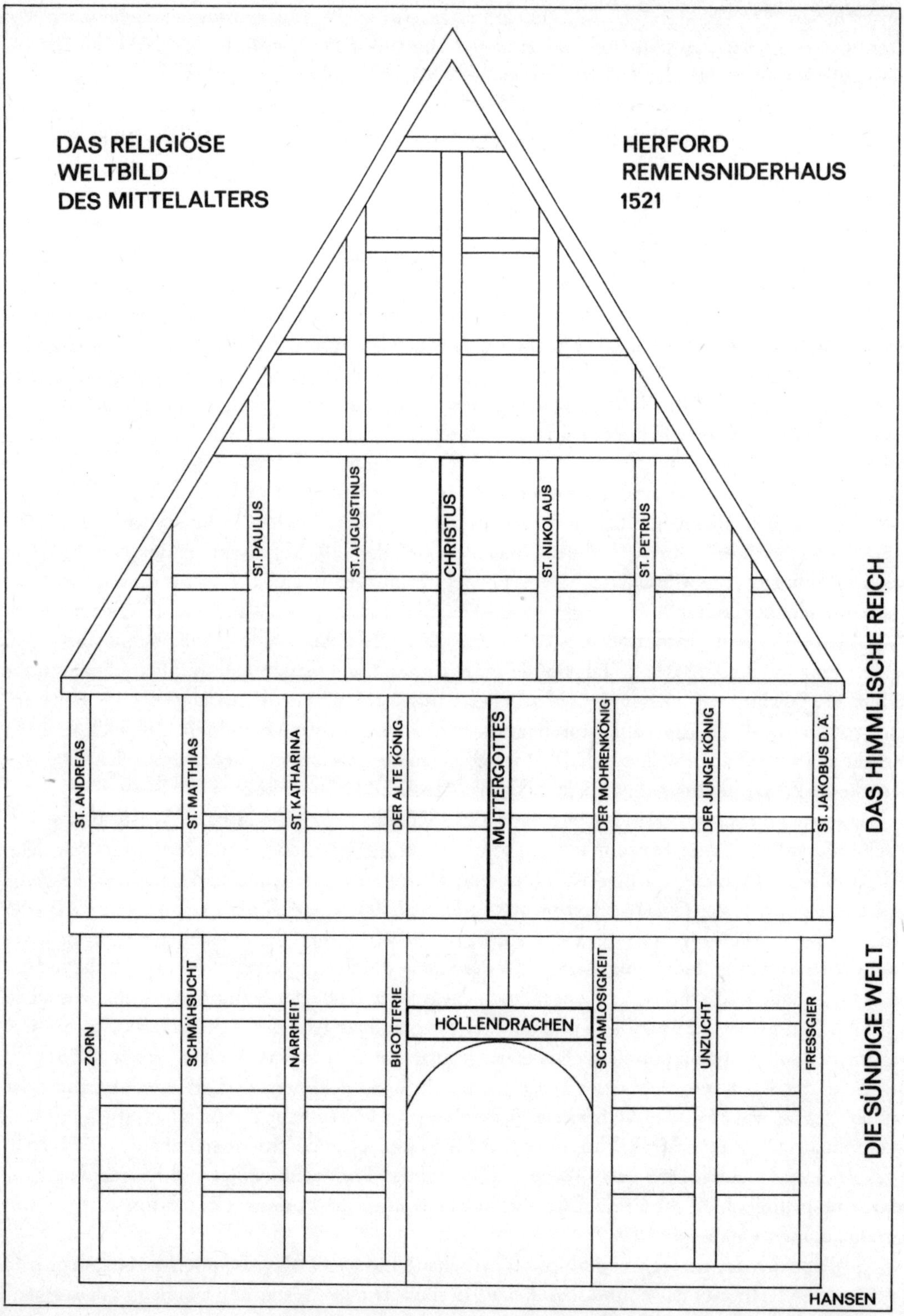

Abb. 27
Motive eines Schnitzgiebels aus dem Jahre 1521.

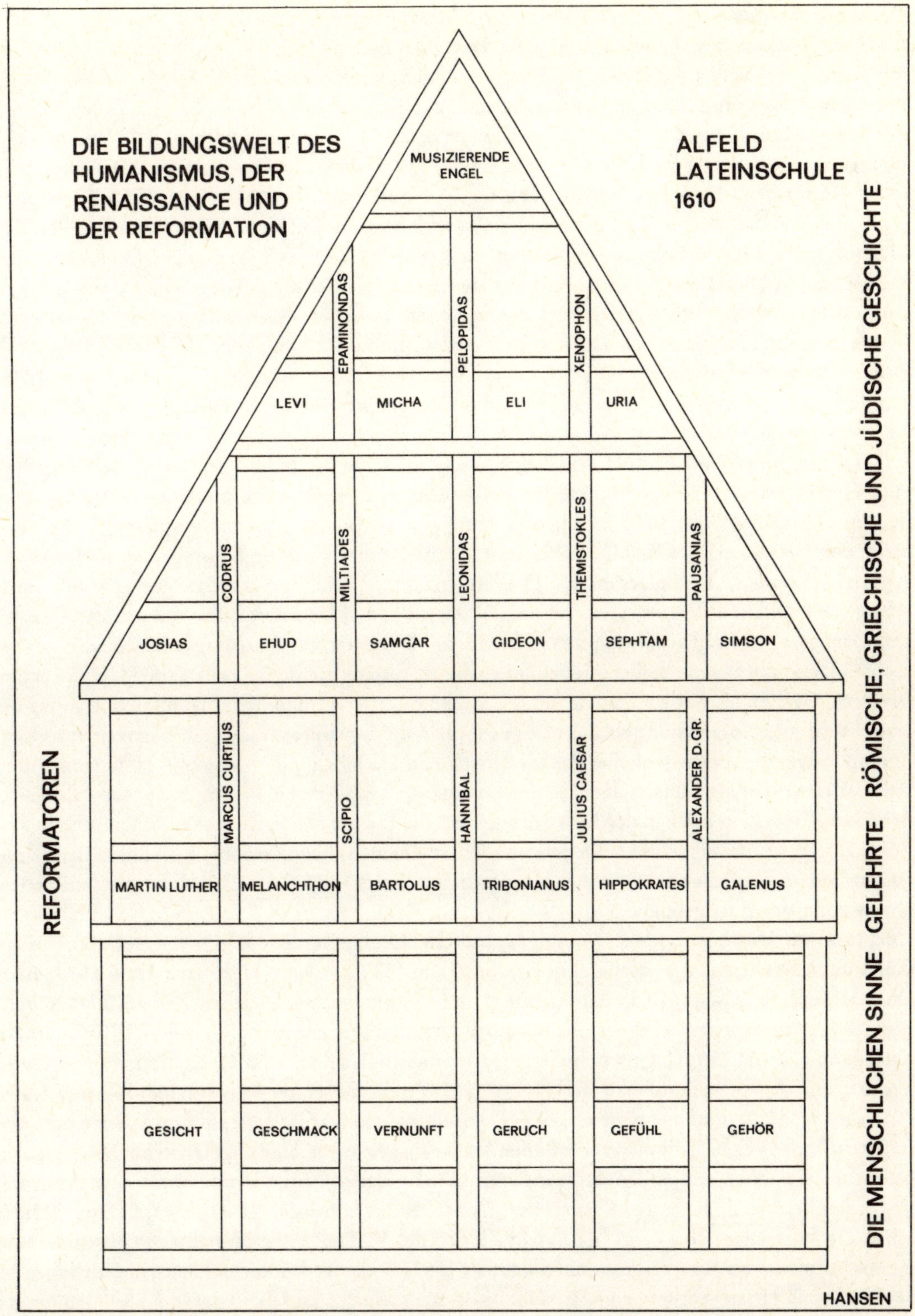

Abb. 28
Motive eines Schnitzgiebels aus dem Jahre 1610.

201–208 telknagge die Muttergottes, das nackte Christuskind auf dem Schoße haltend, umgeben von den Heiligen Drei Königen: links der ungekrönte alte König in langer Tunika mit einem Gabenkästchen, rechts der Mohrenkönig mit Krone, im kurzen gegürteten Gewand mit engen Beinkleidern. Er präsentiert einen Pokal. Ihm folgt der junge gekrönte König in langer Tunika, ebenfalls einen Pokal haltend. Die Anbetung der Heiligen Drei Könige mit ihren reichen Gaben stand im Gegensatz zur Anbetung der armen Hirten. Die Vorstellung, daß einer der Könige ein Mohr war, kam erst im 14. Jahrhundert auf, ebenso die Betonung der Altersunterschiede Jüngling – Mann – Greis. Nach der linken Seite hin zeigt die Figurenreihe drei Märtyrer. Der heilige Andreas, barfuß in gegürteter Tunika, trägt in der Linken einen Beutel mit einem Buch und hält mit der Rechten als Zeichen seines Martyriums das mannshohe, schräggewinkelte Kreuz. Erst seit der Wende des 13. Jahrhunderts erscheint in der bildenden Kunst das Andreaskreuz mit den schräg sich schneidenden Balken, seit dem 14. Jahrhundert dann in Mannshöhe. Als nächste Figurenknagge ist die heilige Katharina dargestellt, im wallenden offenen Mantel und mit einer Krone als Zeichen ihrer Abstammung aus königlichem Geblüt. In der Rechten hält sie als Zeichen ihres Martyriums ein Schwert, in der Linken ein Rad. Nachdem sie im Martyrium die Räderung überstanden hatte, wurde sie enthauptet. Das Rad erscheint als typisches Attribut der heiligen Katharina am frühesten um 1250 auf einem Glasgemälde in Köln (St. Kunibert). Neben der heiligen Katharina steht dann der Apostel Matthias, der nach Christi Himmelfahrt durch Los an die Stelle des Verräters Judas gewählt wurde. Im gleichen Gewand wie der heilige Andreas hält er barfüßig eine Hellebarde, mit der er als Märtyrer enthauptet wurde, eine Darstellung, die seit dem frühen 14. Jahrhundert üblich war; seit dem späten 15. Jahrhundert trat an die Stelle der Hellebarde das Richtbeil. Nach der rechten Seite wird die Figurenreihe an der Hausecke mit dem Apostel Jakobus d. Ä. abgeschlossen. Er erscheint mit Schuhen im langen Pilgergewand, am Hut als Trinkschale die typische Pilgermuschel tragend, in der rechten Hand den Pilgerstab, in der linken ein Buch.

196–200 Das Dachgeschoß zeigt als Mittelpunkt Christus als Weltenrichter, barfüßig in langer ungegürteter Tunika, die rechte Hand zum Segen erhoben, in der linken die Weltkugel mit dem Kreuz haltend. Ihm zur Seite stehen zwei Bischofsgestalten im weißen Chorhemd mit dunklem, offenem Umhang, Bischofsmitra und Bischofsstab. Es sind der heilige Augustinus und der heilige Nikolaus. Augustinus trägt in der Linken ein Herz als Ausdruck seiner Gottes- und Nächstenliebe, ein seit dem frühen 15. Jahrhundert beliebtes Heiligenattribut. Abgeschlossen wird der Figurenzyklus nach beiden Seiten hin durch die Apostel Paulus und Petrus. Paulus hat als Sinnbild des Evangeliums ein Buch in der Linken, während die Rechte als Zeichen seines Martyriums das Schwert hält. Beide Attribute, die erstmals im 13. Jahrhundert erscheinen, kennzeichnen bis zum späten Barock die Paulusgestalt. Petrus zeigt als altchristliches Hauptattribut den Schlüssel des Himmelreiches und ebenfalls ein Buch als Sinnbild des Evangeliums.

Christus- und Muttergottesdarstellungen sind an Giebelschnitzereien des Oberweserraumes nicht allzu häufig. Christus als Weltenrichter erscheint noch einmal um 1520 an einem Herforder Haus (Tribenstr. 7), dann erst
167, 67 ein Jahrhundert später 1610 an der Alfelder Lateinschule und zur gleichen Zeit am Eickeschen Haus in Ein-
33 beck. Die Muttergottes begegnet uns nur noch 1559 in Wiedenbrück, wo am gleichen Hause sich auch eine
31 Knagge mit Mariä Empfängnis befindet. Außerordentlich selten sind Darstellungen von *Gottvater* und der
22 *Kreuzigung.* Am Stiftsherrenhaus in Hameln (1558) steht Gottvater – als einziges Beispiel des Motivs im We-
23 serraum – im Sinnzusammenhang mit einer Darstellung von Christi Auferstehung. Auf einem muschelartig gestalteten Thron sitzend, die mit einem hohen Kreuz ausgestattete Weltkugel haltend, beherrscht er die Fülle der biblischen Gestalten und antiken Sternengötter. Auch die dem Christentum fremde Schicksalsmacht der Planeten ist ihm untertan, nach dem Grundsatz: „Astra regunt homines, sed regit astra Deus" (Die Sterne beherrschen die Menschen, aber Gott beherrscht die Sterne).[18]) Der Kreuzigungsszene begegnen wir in der Fachwerkschnitzerei des Weserraumes nur zweimal: 1547/49 an der Junkernschänke in Göttingen und 1571 an ei-
249 nem Hause in Höxter (Stummrige Str. 27). Es ist merkwürdig, daß es weder in Paderborn noch in Osnabrück

und Hildesheim – alle drei Städte Mittelpunkte eines Bistums – Kruzifixdarstellungen an Fachwerkhäusern gibt.

Die Gliederung der Themenbereiche der lasterhaften und irdischen Welt und des himmlischen Reiches in den Geschossen des Remensniderhauses sowie die Staffelung der Höllendrachen, der Muttergottes und des Christus als dominierende Mittelachse des Schnitzgiebels bekundet in einzigartiger Weise die streng geordneten Vorstellungen eines religiösen Weltbildes, das heidnische Gebärden der Dämonenabwehr nur bei den Allegorien der Laster duldet. So erweist sich die Giebelschnitzerei des Herforder Remensniderhauses als eine in der Fachwerkkunst einmalige bildhafte Dokumentation mittelalterlicher Geistesgeschichte.

Um 1530 hatte sich die Reformation in Herford durchgesetzt. In dem vorhergehenden Jahrzehnt schuf der gleiche Schnitzmeister, der das Remensniderhaus mit den Figurenknaggen geschmückt hatte, einen ähnlichen kleineren Zyklus christlicher Gestalten an einem zweiten Herforder Hause (Tribenstr. 7). Auf den Figurenknaggen dieses Hausgiebels erscheint ebenfalls als Zentrum Christus der Weltenrichter, ihm zu beiden Seiten kniend im Gebet Maria und der Jünger Johannes, denen sich Petrus und Andreas, Augustinus und der Evangelist Johannes anschließen.

Im Zuge der Reformation mit ihrer entschiedenen Ablehnung der „Götzenbilder“ erscheinen seit Mitte des 16. Jahrhunderts an den Giebelschnitzereien immer mehr Bildmotive aus der profanen *Bildungswelt des Humanismus und der Renaissance,* die zu Beginn des 17. Jahrhunderts ein so starkes Übergewicht gewinnen, daß die christlich-religiöse Thematik nur noch eine bescheidene Minorität an den überreichen Giebelschnitzereien bildet. In noch eindeutiger architektonischer Trennung vom religiösen Bereich begegnen uns diese profanen
Bildmotive erstmals an der Göttinger Junkernschänke (Barfüßerstr. 5). Ursprünglich zu Beginn des 16. Jahr- *219*
hunderts als spätgotisches Haus erbaut, dessen Wandständer sich über zwei Geschosse erstrecken und das als
ornamentalen Schmuck lediglich an den Schwellbalken die niedersächsische Schiffskehle aufwies, wurde es
1541 von Giselher Swanenflogel, Ratsherr und Bürgermeister von Göttingen, erworben. Es befand sich vorher
im Besitz der Witwe des Bartold Kastrop, der gemeinsam mit Heinrich Heisen 1524 den Altar der Göttinger
Marienkirche geschaffen hatte. Giselher Swanenflogel ließ 1547/49 dem spätgotischen Hause die prachtvollen
Renaissanceerker anfügen, deren Schnitzwerk vermutlich von Meistern der Werkstatt Kastrops stammt. Die
Hausfront an der Barfüßerstraße wird von Gestalten des Alten Testamentes beherrscht: Delila, die dem schla- *7*
fenden Simson die Locken abschneidet, denen er seine Kraft und Stärke verdankt. In der Hand hält der Schla-
fende noch den Eselskinnbacken, mit dem er Tausende der Philister erschlug, von denen einer schon mit einem
Speer bewaffnet bereit steht, um den seiner Kraft beraubten Simson in die Gefangenschaft zu führen. Über der
ganzen Szene schwebt triumphierend der Liebesgott Amor. Dann darüber auf den Ständern des Erkers Adam *8*
und Eva mit dem Paradiesengel, der drohend sein Schwert schwingt, Judith mit dem Haupte des Holofernes,
König David als Psalmensänger mit der Harfe, die thronende Königin von Reicharabien mit einer Geschenk-
schale, Bathseba, die Frau des Uria, mit einer Fruchtschale und König Salomon. An der Schmalseite des Erkers
ist die Kreuzigungsszene angebracht. Am Eckständer der Junkernschänke erscheinen als zentrale Figuren Jo- *220*
hannes der Täufer und Christus, während die Erkerfront an der Jüdenstraße die Evangelisten und den Zyklus *224–227*
der Planetengötter zeigt. Die alttestamentlichen Gestalten „sind in Sünde und Schuld verstrickt, aus der sie Christus befreit, auf den sein Wegbereiter Johannes mit den Worten ‚Seyt, dat ist das Lam Godes, das der Welt Synd drecht‘ hinweist. Christus ist der Erlöser; die Evangelisten verkünden seine Lehre und Himmel rühmen seine Ehre, möchte man als Grundgedanken der biblischen Darstellungen der Evangelisten und Planeten an der Jüdenstraße annehmen. Der Schuld des Alten Bundes steht die Erlösung im Neuen durch Jesus Christus geknüpften Bunde gegenüber“ (Otto Fahlbusch).[19] Auf dem Erkereckständer an der Jüdenstraße erscheint die von einer Schlange umwundene Seele im Fegefeuer, über der eine Heilige (?) mit einer Fackel (?) in der Hand schwebt. In einer klaren Gliederung werden hier die biblischen und antiken Motive dargeboten, die nicht wahl-

los gruppiert, sondern noch einer zentralen Idee untergeordnet sind. Aber die Verpflichtung zu einem sinnvollen Aufbau der figürlichen Darstellungen schwindet im Laufe des 16. Jahrhunderts immer mehr dahin. Daß am Ende des Jahrhunderts am Paderborner Adam-und-Eva-Haus die Giebelschnitzerei noch in einer inhaltlichen Verknüpfung erscheint, ist fast eine Ausnahme. Dort sehen wir auf den Brüstungsplatten des unteren
60, 61, 320 Stockwerkes das erste Menschenpaar unter dem Paradiesesbaum und dann seine Vertreibung durch den Erzengel aus dem Paradies. In dem Stockwerk darüber erblickt man die Sinnbilder der vier Evangelisten: den Engel des Matthäus, den Löwen des Markus, den Stier des Lukas und den Adler des Johannes. Sündenfall und Erlösung durch die Heilslehre sind hier gegenübergestellt, zumal in der Literatur der Kirchenväter des Mittelalters die Symbole der Evangelisten im Sinne der vier heilsgeschichtlichen Ereignisse des Neuen Bundes gedeutet werden: der Engel des Matthäus als die Menschwerdung Gottes, der Opferstier des Lukas als der Opfertod, der Löwe des Markus als die Auferstehung und der Adler des Johannes als Christi Himmelfahrt.

Mit dem *Planetenzyklus* offenbart sich im Zuge der beginnenden Säkularisation der Schnitzmotive der Einbruch des Humanismus in den Bereich der Fachwerkkunst. Daß als erste in dieser Entwicklung die antiken Planetengötter in Erscheinung treten, zeigt noch die spätmittelalterliche Bindung an die Schicksalsgewalt der Wandelsterne über das irdische Dasein. Man spürt jenseits der christlichen Glaubenswelt das Bewußtsein einer „schlechthinnigen Abhängigkeit" des Menschen vom Kosmos. Neben den christlichen Glauben tritt die Hinwendung zum „Fatalismus der hellenistischen Kosmologie" (A. Warburg),[20]) die vom Mittelmeerraum her über die Hochschule von Padua im 16. Jahrhundert nach Deutschland sich auszuwirken begann. Schon im 14. Jahrhundert werden in Italien die ersten Planetenbilder an kirchlichen Bauten angebracht, so um 1350 am Campanile in Florenz, und zu Beginn des 16. Jahrhunderts entwirft Raffael 1516 ein Planetenmosaik für die Kirche S. Maria del Popolo in Rom. Über Augsburg, Nürnberg, Erfurt wandert dann der Motivzyklus der Planetengötter nach Niedersachsen, wo er zuerst als Fachwerkschnitzerei 1526 am Goslarer Brusttuch auftaucht, dann 1536 an Fachwerkgiebeln in Braunschweig, 1547/49 in Göttingen, 1558 in Hameln, um 1580 in Lemgo und schließlich 1601–1623 an sechs Häusern in Hildesheim wiederholt wird, aber niemals an Steinbauten der Weserrenaissance erscheint. Wie schon erwähnt, arbeiteten die niederdeutschen Schnitker nach graphi-
221–223 schen Vorlagen, insbesondere nach dem 1510 entstandenen Planetenzyklus von Hans Burgkmair. In bekleideter Gestalt wurden die ursprünglich nackten Planetengottheiten zum ersten Mal in der venezianischen Kupferstichfolge der sog. Tarochi vom Jahre 1465 dargestellt.

Am Stiftsherrenhaus vom Jahre 1558 in Hameln erscheinen die Planetengötter noch gemeinsam mit einer Fülle
50–57 biblischer Gestalten, aber am Lemgoer „Planetenhaus" (um 1580–1590) bilden sie bereits den einzigen figürlichen Schmuck des Hausgiebels: der Götterkönig Jupiter als antiker Krieger mit Schwert, Merkur als Beschützer des Handels mit Flügelhelm, Horn und Merkurstab, Sol (Sonne) als König mit Krone und Sonnenschild, der Kriegsgott Mars in Ritterrüstung mit Lanze, Luna als Jagdgöttin in Mieder und kurzem Röckchen mit Jagdspeer und Mondsichel, Venus als Liebesgöttin mit Liebespfeil und flammendem Herzen in Händen, in mangelhafter Hülle kokett die Strumpfbänder zeigend, schließlich der unheilvolle Saturn mit der Sense als Symbol der alles hinmähenden Zeit und mit einem Stelzfuß behaftet, „hinckend, stinckent, ungestalt", wie es auf einer Giebelinschrift von 1547 heißt (Eggenburg, Niederösterreich).[21]) Die Lemgoer Darstellung des Saturn ist im Oberweserraum eine Seltenheit, denn die meisten Saturnfiguren zeigen ihn, wie er – seinem Urbild Chronos folgend – ein Kind verschlingt (1558 Hameln; um 1610 Einbeck).

220 In den Eckständer der Junkernschänke sind in ganzer Gestalt der *Hausherr und seine Ehefrau* eingeschnitzt, die ihm ein Trinkgefäß kredenzt. Kurioserweise stehen beide in der Nähe des Reliefs, auf dem Delila dem schlafenden Simson die Locken abschert. Hier gelangt symptomatisch eine im 16. Jahrhundert wachsende Tendenz zum Ausdruck: die Steigerung der Selbsteinschätzung des Menschen im Zuge der Renaissance und ihrer antiken Tradition. An den Steinbauten des Adels erscheinen neben den althergebrachten Wappen in der Weserre-

naissance Männer- und Frauenköpfe als Porträtmedaillons (1553–1557 Detmolder Schloß; 1565 Rinteln, Ar-
chivhäuschen; 1579–1584 Schloß Hehlen). Und im Schloß der Münchhausen auf Lauenau zeigt der Kamin von
1585 an beiden Ecken die sehr sorgfältig ausgeführten Büsten des Schloßherrn und seiner Gattin in Kostümen
der spanischen Mode. Derartige Bauherrenbildnisse waren nun nicht etwa ein Vorrecht des Adels, denn sie er-
scheinen gleichzeitig auch als Fachwerkschnitzereien an den Bürgerhäusern: 1548 in Göttingen, 1558 in Ha-
meln, 1565 in Herford, 1572 in Stadthagen, 1593 in Lemgo. Sogar auf Torbogen ländlicher Fachwerkbauten *6*
werden solche Bildnisse angebracht. Der Torbogen eines Kolonates von 1593 aus Berlebeck (Lippisches Lan-
desmuseum) zeigt zwei Männer und eine Frau in Kostümen der spanischen Mode mit Halskrause. Also kei-
neswegs Bauern, sondern wohl der Grundherr und seine Familie. Eine sehr sorgfältig ausgeführte Männerge- *317*
stalt in spanischem Modekostüm ist übrigens in das Kopfband eines Detmolder Bürgerhauses des 17. Jahrhun-
derts (Lippisches Landesmuseum) eingeschnitzt, vermutlich das Bildnis des Bauherren.

Im Zusammenhang mit diesem neuartigen Schnitzmotiv steht auch der aufkommende Brauch, am Hause in ei-
ner *Bauinschrift* den Namen des Bauherren und seiner Ehefrau festzuhalten, zuerst 1526 in Warburg (Josef-
Kohlschein-Str. 22) und 1537 in Höxter (Westerbachstr. 34). Seit dem ausgehenden 15. Jahrhundert erscheint
dann auch neben dem Bauherrn der Handwerker, den Becher zum Meistertrunk beim Richtfest hebend (1467,
1469 und 1492 in Braunschweig, 1547/49 in Göttingen, 1558 in Hameln, 1559 in Wiedenbrück). Seit dem 17.
Jahrhundert gehören die Namen des Hofbesitzers und seiner Ehefrau zum festen Inschriftenbestand der bäuer-
lichen Torbogen, ein Brauch, der sich bis zum Ende des 19. Jahrhunderts auf dem Lande zäh gehalten hat.
Schließlich verewigte sich seit dem 18. Jahrhundert auch der Zimmermeister auf den Torbogen, anfänglich be-
scheiden mit Anfangsbuchstaben (z. B. „M[eister] T. K. V[erfertigt]" 1728 Tintrup), dann aber auch mit vol-
lem Namen. Neben diesen individuellen Ausdrucksformen des menschlichen Eigenwertes in Gestalt der Bau-
herrnbilder treten dann in der Renaissance die generalisierenden Allegorien der fünf menschlichen Sinne (1610
Alfeld, Einbeck), die nicht etwa im antikisierenden Gewand, sondern im modischen Zeitkostüm dargestellt
werden.

Eine ganz *individuelle Pointierung* bekunden die beiden Brüstungsplatten am Haus Außel (1580) bei Baten-
horst. Hier handelt es sich um eine kleinadelige Wasserburg der Familie v. Amelunxen. Es ist die Lebenswelt
des Landjunkers, des „verbauerten" Kleinadels, die auf diesen Fachwerkschnitzereien erscheint. Auf dem ei-
nen Relief spielen ein Pfeifer und Trommler einem Paar zum Tanz auf, während im Hintergrund ein Hund *135*
dazu auf seinen Hinterläufen tanzend hüpft. Darunter ist auf der Stockwerksschwelle die bäuerliche Feldarbeit
dargestellt, fast in gleicher Weise an Kalendervorlagen aus den *Monatsbildern* flämischer Breviere erinnernd
wie die Reliefs am Hildesheimer Rolandshospital vom Jahre 1611 (Eckemeckerstr. 36: Pflügen, Ernte, Wein-
bau, Schafschur, Schweineschlachten). Ein Bauer pflügt auf einem umzäunten Acker mit einem Scharpflug mit
Streichbrett, Pflugmesser und Pflugkarren, der von einem Ochsengespann gezogen wird. Ein Antreiber treibt
die Zugtiere mit einer Peitsche voran. Hinter dem pflügenden Bauern schreitet auf den Ackerfurchen ein Sä-
mann mit umgebundenem Saatlaken. Die andere Brüstungsplatte zeigt die Rückkehr des Gutsherrn von der *136*
Jagd, auch das ein Motiv der Monatsbilder in den Kalendarien der Stundenbücher. Dem hoch zu Pferd in Be-
gleitung seines Leibjägers und zweier Hunde heimkehrenden Jagdherrn wird ein Willkommenstrunk gereicht.
Der Leibjäger hat an seinem geschulterten Gewehr als Jagdbeute einen Hasen hängen. Auf der Stockwerks-
schwelle darunter bläst ein Jäger mit dem Horn zur Hirschjagd. Die *Hirschjagd* mit Hetzhunden ist ein belieb-
tes Schnitzmotiv (1577 Delbrück, Valepagenhof; Ende des 16. Jahrhunderts Paderborn und Hameln). In über- *114*
höhter Sinngebung ist das Jagdmotiv nochmals am Haus Außel dargestellt. In verschlungenem Rankenwerk
schießt ein Armbrustschütze auf einen Wolf, der eine Gans am Halse würgt, also eine bildliche Umschreibung
des Lehrsatzes „Homo hominis lupus" (Ein Mensch ist des anderen Wolf). Zweifellos wurde hier ein Orna-
mentstich als Vorlage vom Holzschnitzer kopiert. Wie rätselhaft der Symbolismus der Darstellung einer

Hirschjagd sein kann, zeigt eine Schnitzerei an der Stockwerksschwelle des Adam-und-Eva-Hauses (Ende 16. Jahrhundert) in Paderborn: „Von links kommen drei schlanke Hunde, bezeichnet mit FIDES, SPES und CHARITAS, die einen Hirsch nach rechts jagen, wo im fünften Felde ein viereckiges steinernes Brunnenbekken perspektivisch dargestellt ist, aus dessen Mittelsäule Wasserstrahlen in das Becken fließen. Daneben steht FVNTTEN, was als Fünte (münsterisch) = Fontaine = Taufbecken gedeutet wird. Von rechts außen kommt ein wohlgenährter Hund, bezeichnet mit CHARO, nach links laufend, also in Richtung der Fünte. Deshalb die Deutung: Die drei göttlichen Tugenden Glaube, Hoffnung und Liebe treiben die menschliche Seele (den Hirsch) zur Quelle des Lebens, während von rechts CHARO = die Fleischeslust im entgegengesetzten Sinne arbeitet" (Paul Michels).[22])

Unter den profanen Motiven des Hauses Außel finden wir auch die Darstellung einer Volksbelustigung, die in
134 ganz Nordeuropa populär war: das „*Luderziehen*" oder die „Strebkatz", ein Kräftespiel zweier Männer, die mit einem langen Strick um den Nacken sich gegenseitig wegzuziehen versuchen. Auf den Randleisten zu Sebastian Brants Narrenschiff vom Jahre 1494 und in zahlreichen Drucken des frühen 16. Jahrhunderts ist das Motiv zu finden, das Urs Graf dann in einer Satire auf Luthers Kampf mit dem Papst als „Die Luterisch Strebkatz" dargestellt hat. Ein Lemgoer Bürgerhaus von 1546 zeigt das gleiche Motiv, ebenso der Ostflügel der Blomberger Burg von 1569. In Niedersachsen taucht dieses Motiv schon sehr früh auf (1454 Hannover, Altes Rathaus; 1512 Braunschweig, Steinstr. 3).

In der profanen Thematik werden dann an Bürgerhäusern die Darstellungen von *Landsknechten* mit Hellebarden, Zweihandschwertern, Fahnen und Schalmeien als Ausdruck der Wehrbereitschaft beliebt (1554 Höxter;
246–248, 1559 Herford; 1561 Wiedenbrück; 1606 Blomberg). So zeigt der Torbogen des Herforder Hauses zwei Paare
239, 365 Landsknechte, die sich mit Hellebarden und langen Schwertern gegenseitig bekämpfen. In den Torzwickeln sitzen zwei Affen, die mit Schalmei und Trommel den Kampf der verfeindeten Menschen musikalisch begleiten. Auf dem Schwellbalken des Hausgiebels erblickt man einen Landsknecht in Pluderhosen, der eine Kanone auf eine Zielscheibe abfeuert, die von einer Sirene gehalten wird (Herford, Stadtmuseum). Es könnte das Haus eines Waffenschmiedes oder ausgedienten Landsknechtes sein. Das Stadtwappen am Giebel deutet allerdings auch die Möglichkeit an, daß es sich um das Haus der städtischen „Bussenschütte" (Büchsenschützen) handeln könnte.

Die zunehmende *Profanierung der Schnitzmotive* wird nicht nur in den realistischen Themen und den Allegorien aus der antikisierenden Bildungswelt des Humanismus und der Renaissance deutlich, sie bekundet sich auch bei ursprünglich religiösen Motiven in der zunehmenden Profanierung der reinen Form. Am Herforder Remensniderhaus dräut im Zentrum der menschlichen Laster ein mächtiges Drachenpaar über dem Torbogen als Symbol des Bösen und Teuflischen. Es ist der gleiche Sinngehalt, der die weite Verbreitung des *Drachenmotivs* im mittelalterlichen Kunstgewerbe, in der Buchmalerei und der Bauplastik seit dem Ende des 11. Jahrhunderts bedingte. Wie stark die zunehmende Profanierung der Fachwerkschnitzerei im westlichen Teil des Oberweserraumes die Neigung zur rein ornamentalen Giebelzierde unterstützte, zeigen die zahllosen Variationen der Drachendarstellungen. Ursprünglich ein figürliches Einzelmotiv von ausgeprägt religiösem Sinngehalt entwickelt es sich, oft formal bis zur Unkenntlichkeit gewandelt, in vielfachen Wiederholungen zum rei-
240 nen Ornament der Ständerstützen (1560 Wiedenbrück, Ratskeller), Riegel, Rähm- und Schwellbalken, auf denen sich die Drachenschwänze arabeskenhaft ringeln, in ihrer rhythmischen Wiederholung und symmetrischen Gegenüberstellung an das Blattrankenwerk erinnernd.

Auch das weit verbreitete Motiv der *musizierenden Engel,* das seit dem Ende des 13. Jahrhunderts von Künstlern Italiens in den beiden folgenden Jahrhunderten unzähligemal behandelt wurde, erfuhr in seiner formalen Gestaltung eine „Verniedlichung" im profanisierenden Sinne. Die Engel wandelten sich seit dem 14. Jahrhundert von der Erwachsenengestalt, wie sie uns imponierend der Engelpfeiler des Straßburger Münsters oder der

Genter Altar der Brüder van Eyck (1432) mit den musizierenden Engeln zeigt, zur pausbackigen geflügelten Kinderputte. Es sei nur an die Engelein auf den Darstellungen der Heiligen Familie von Lukas Cranach (1504) und Albrecht Altdorfer (1510) erinnert. Die gleiche Entwicklung vollzieht sich in der Fachwerkkunst. Auf den breiten Ständern über dem Torbogen des Hauses, das 1549 der reiche Tuchhändler Jürgen Hovet in Göttingen *10*
baute (Weender Str. 62), stehen zwei große Engelsgestalten. Der eine bläst auf einem Horn zum Jüngsten Gericht, der andere hält das Schild mit dem Baujahr. Gleichzeitig zeigt aber der Torbogen eines Hauses von 1542 *5*
in Einbeck (Markt 17) in den Zwickeln seines Torbogens schon zwei kleine, puttenhaft wirkende Engel, die mit Schalmei und Trommel Musik machen. In Höxter ist es auf einem Torbogen von 1554 (Stummrige Str. 19) eine ganze Engelschar, die sich munter bei der Musik tummelt. An der Alfelder Lateinschule von 1610 begleiten, in die Giebelspitze gedrückt, zwei Engel musikalisch das vielfältige Durcheinander von Antike, jüdischer Geschichte, Reformation, Gelehrtenwelt und menschlichen Sinnesallegorien in den Schnitzmotiven. Und am Steinportal des Amtshauses in Sachsenhagen, vermutlich ein Werk des flämischen Bildhauers Johann Robijn aus dem Jahre 1595, sind aus den Engeln zwei geflügelte Putten geworden, die über dem Rundbogen heiter Kränze halten. So vollzog sich im Laufe des 16. Jahrhunderts Schritt um Schritt die Profanierung ursprünglich religiöser Motive und ihre Verdrängung durch andere Themenbereiche, in denen sich die beginnende Säkularisation ankündigt: Planetengötter, Musen, Allegorien der menschlichen Sinne und Tugenden, der Künste und Wissenschaften bilden jetzt an den Schnitzgiebeln der Bürgerbauten das dekorative Schwergewicht gegenüber den rein religiösen Sinngehalten des spätmittelalterlichen Weltbildes. So zeigt das um 1610 erbaute Eickesche Haus in Einbeck (Marktstr. 13) 56 allegorische Schnitzmotive aus dem humanistischen Themenbereich, aber *64, 65*
nur 17 figürliche Schnitzereireliefs mit christlichen Motiven (Christus und die vier Evangelisten, die zwölf Apostel). Unter den kirchlichen Steinbauten vereinigt der Campanile von S. Maria, der Kathedrale von Florenz, am vollständigsten diese allegorischen Zyklen: die sieben Planeten (Westseite), die sieben Tugenden (Südseite) und die sieben freien Künste (Ostseite).

Die Lateinschule vom Jahre 1610 in Alfeld demonstriert gleich einem Bilderbuch in über hundert figürlichen *62, 63*
Schnitzereien die vielfältig sich überschneidenden Bildungstendenzen von Humanismus, Renaissance und Re- *163–180*
formation. Im Zuge der Reformation und der damit verbundenen Neuordnung des Schulwesens wurde dieser frei stehende Bau als Unterrichtsgebäude auf dem Platz neben der Nikolaikirche errichtet. An der Schwelle des 17. Jahrhunderts ist hier in der Wahl der Schnitzmotive die *Säkularisation* vollständig zum Durchbruch gelangt, und erstmals erscheint auch die Allegorie der Vernunft als Aufklang der Aufklärung des 18. Jahrhunderts. Die Alfelder Lateinschule bildet in diesem Sinne einen augenfälligen Kontrapunkt zum Herforder Remensniderhaus, dessen Giebelschmuck ein Jahrhundert vorher noch völlig das rein religiöse Weltbild des Spätmittelalters repräsentiert (Textabb. 27). Nicht weniger als 130 Schnitzmotive zieren die Brüstungsplatten und Ständer der Lateinschule, gleichsam als Demonstration eines Schulprogramms im Geiste der Reformation. Nach der Baurechnung wurde dieses überreiche, in formaler Gestaltung allerdings durch die Menge der sitzenden Figuren etwas monoton wirkende Schnitzwerk unter Leitung des Hildesheimer Schnitkers Meister Andreas Steiger verfertigt.

Die westliche Längsseite des Hauses ist vollständig dem *Alten Testament* gewidmet. Im Erdgeschoß zeigen die Brüstungsplatten die vier großen und zwölf kleinen Propheten. Das Stockwerk darüber beginnt mit Adam und Eva, es folgt eine Reihe alttestamentlicher Gestalten, darunter szenische Darstellungen wie die Opferung Isaaks, Jakob und die Himmelsleiter und Moses' Errettung am Nil. Ähnlich wie bei den Independenten des *166*
Cromwellschen England und den holländischen Calvinisten zeigen die biblischen Schnitzereien des reformatorischen 16. Jahrhunderts im Oberweserraum eine deutliche Neigung zu den Historien des Alten Testamentes. Die weit verbreiteten Darstellungen des ersten Menschenpaares (1547/49 Göttingen; 1559 Wiedenbrück; 1566 *8, 32*
Lippstadt; 1580 Batenhorst; Ende des 16. Jahrhunderts Paderborn), der Opferung Isaaks (1558 Hameln; 1559 *250, 61, 29*

8 Wiedenbrück), König Davids (1547/49 Göttingen, 1558 Hameln; 1559 Wiedenbrück; 1606 Hildesheim) legen
dafür ein beredtes Zeugnis ab. Fast die Hälfte aller Alfelder Schnitzereien sind dem Alten Testament gewidmet,
163, 167, während lediglich zehn Brüstungsplatten des Südgiebels Gestalten des *Christentums* zeigen (Christus als Wel-
168 tenrichter, Johannes der Täufer, die vier Evangelisten sowie Stephanus, Paulus, Petrus und Timotheus). Be-
zeichnenderweise gibt es im engeren Oberweserraum an den Hausgiebeln nur eine Darstellung der Kreuzigung
249 (Höxter, Stummrige Str. 27). In welchem Maße bei der Beschränkung der neutestamentlichen Gestalten die re-
formatorische Abneigung gegenüber „katholischen" Heiligen mitgespielt hat, bleibt offen.

Im Gegensatz zur rein alttestamentlich orientierten Westseite steht die östliche Längsseite der Lateinschule mit ihren Allegorien im Zeichen der allgemeinen Erziehungs- und Bildungsideale ihrer Zeit. Das Untergeschoß zeigt neben einem Kunterbunt antiker und alttestamentlicher Gestalten die *Tugenden,* aber keineswegs als Kontrast etwa die Laster. Links vom Portal die theologischen Tugenden: Glaube, Liebe und Hoffnung. Dazu gesellt sich noch die Geduld, eine typische Erweiterung des Tugendkataloges durch die Scholastik, die den Begriff der Tugend als gutes „Gehabe" formalisierte. Rechts vom Portal dann die vier Kardinaltugenden: Klugheit, Gerechtigkeit, Tapferkeit oder Stärke und Mäßigkeit. Während bis zum 13. Jahrhundert unter dem Einfluß der Antike und spätlateinischer Dichtung (Prudentius) der Kampf der Tugenden mit den Lastern ein weit verbreitetes Motiv der bildenden Kunst war, erscheinen seit karolingischer Zeit auch die Tugenden nur allein, besonders in Italien an Grabmälern. In Italien kamen auch seit dem 13. Jahrhundert die traditionellen Attribute als Wesensmerkmale der Tugenden auf. Unter den Steinplastiken der Weserrenaissance verdient in diesem Zusammenhang der Tugendbrunnen erwähnt zu werden, den Graf Otto von Schaumburg im Jahre 1552 im Hof des Schlosses Stadthagen aufstellen ließ. In der unteren Zone stehen mit dem Rücken zur Mittelsäule als Halbplastiken die Allegorien von Glaube, Liebe und Hoffnung sowie der Tapferkeit, darüber in der oberen Zone die Allegorien der Klugheit und Mäßigung und als Bekrönung des Ganzen die Gerechtigkeit als hervorragendste Tugend eines Landesherrn.

181–184 Das gesamte Obergeschoß der Ostseite der Lateinschule wird beherrscht von der langen Reihe der neun *Musen*
und sieben *Freien Künste.* Antikisierende Renaissance und mittelalterliche Bildungstradition sind hier gleichsam auf eine Darstellungsebene gebracht, wobei die recht uniform wirkenden Sitzfiguren der weiblichen Gestalten sich nur durch ihre Attribute und Attituden ihrer Kleidung unterscheiden. Zwar tragen alle modische Frauenkleider, aber in einer fast erheiternden Weise hat der brave Bildschnitzer die Musen mit hochgeschürzten Röcken dargestellt, die das nackte Bein bis zum Knie zeigen, ein schüchterner Versuch, sich antiker Form zu nähern. Die Attribute der Musen sind ihm völlig durcheinander geraten. Nur drei Darstellungen entsprechen der antiken Tradition. Kalliope als Muse des ernsten Epos führt vor einem Manuskript einen geradezu monumentalen Gänsekiel, Erato, die Muse der Liebeslyrik hat eine Laute und ein Notenheft in Händen und Terpsichore hüpft in anmutigem Tanz. Ansonsten bekundete der Schnitzmeister in der Wahl der Attribute eine starke Vorliebe für Musikinstrumente, mit denen er die restlichen sechs Musen wahllos ausstattete. So verfügt Melpomene, die Muse der Tragödie, über ein Blashorn und eine Klarinette. Die traditionelle ernste Theatermaske fehlt. Auch Thalia trägt als Muse der Komödie nicht die gewohnte komische Theatermaske, sondern ergötzt sich am Lautenspiel, und Urania darf nicht die Sternenkunde mit einem Himmelsglobus repräsentieren, sondern muß sich mit Geige und Notenheft begnügen. Die musikalische Euterpe erhält das Geschichtsbuch der Klio, der dafür eine Harfe beigegeben ist. Immerhin sind im Vergleich zu den Musen die Schnitztafeln der freien Künste in der Beigabe der Attribute korrekter. Die Arithmetik sitzt vor einem Rechenbrett, die Geometrie zeigt stolz ein Winkelmaß, die Astronomie mißt mit einem Zirkel den Himmelsglobus, die Grammatik studiert ihr Lehrbuch.

Die auf antike Kunstüberlieferung basierende Darstellung der Musen, die bereits im 4. Jahrhundert v. Chr. auf griechischen Reliefplatten erscheinen, wurde im Mittelalter durch die Allegorien der sieben freien Künste verdrängt und dann erst wieder von der Renaissance aufgegriffen. Insofern könnte man die Reihe der Alfelder Brüstungsplatten geradezu als eine Synthese von Mittelalter und Renaissance bezeichnen, denn den neun Musen schließen sich in dieser Reihe unmittelbar die Allegorien der freien Künste der mittelalterlichen Bildungsordnung an, die zunächst zum Lehrstoff der Kloster- und Lateinschulen zählten und erst im späten Mittelalter von der Artistenfakultät an den Universitäten gelehrt wurden. Die Beherrschung der „Artes liberales", der freien Künste, kennzeichnete im Altertum den Unterschied des freien Mannes zum Sklaven in ihrem Bildungsniveau. Seit Augustinus war ihre Zahl auf sieben festgelegt, und zwar die drei Sprachkünste (Grammatik, Rhetorik und Dialektik) und die vier mathematischen Künste (Arithmetik, Geometrie, Musik und Astronomie). Ihre ersten allegorischen Darstellungen in der bildenden Kunst erfolgte in karolingischen Buchmalereien. Als ethische Mahnung zum Streben nach allgemeiner Bildung fanden die Allegorien der freien Künste dann auch Aufnahme in die christliche Ikonographie. Als Plastiken erscheinen sie Anfang des 12. Jahrhunderts in Frankreich an den Fassadenzyklen der Kathedralen. Erst die Humanisten und dann vor allem die Enzyklopädisten des Barock erweiterten das Programm der freien Künste. In gewisser Weise bekunden die Alfelder Fachwerkreliefs aus dem Beginn des 17. Jahrhunderts noch eine Rückbesinnung auf die Bildungsideale der mittelalterlichen Lateinschule.

Besonders aufschlußreich für den neuen Geist, den diese reformatorische Lateinschule repräsentieren sollte,
sind die Schnitzereien an ihrem Nordgiebel (Textabb. 28). Man kann sich keinen größeren Kontrast zur reli-
giösen Hierarchie des spätmittelalterlichen Remensniderhauses in Herford vorstellen, als diesen Giebel der La-
teinschule in seiner fast verwirrenden Vereinigung von Elementen der Antike, der jüdischen Geschichte, der
Reformation und der Renaissance. Im Erdgeschoß präsentieren sich die Allegorien der fünf *menschlichen Sin-* *176–179,*
ne. Der Geruch ist eine Dame in spanischem Modekleid, die eine duftende Blume in der Hand hält und von ei- *378*
nem Hund beschnuppert wird. Die anderen Allegorien sind Paare. Beim Geschmack hält der männliche Part-
ner einen Weinbecher, beim Gehör spielt die Frau auf einer Laute, dazu ist noch ein Vogel als Sinnbild des Vo-
gelgesanges dargestellt. Beim Gefühl umarmt der Liebhaber temperamentvoll seine sehr offenherzig gekleidete
Partnerin, während beim Gesicht der Mann ernsthaft durch eine Brille eine Blume betrachtet, die ihm seine
Gefährtin reicht. Nun hat der Hausgiebel aber sechs Brüstungsplatten, und als künstlerischen Lückenbüßer hat
der Schnitker die Ratio, die Vernunft, ein Aufklang des herannahenden Zeitalters der Aufklärung, hinzuge-
fügt. Es ist eine nüchterne Frauengestalt ohne alle Attribute mit lehrhaft erhobener Hand. Im ersten Stockwerk
bekunden die beiden Reliefs mit Dr. Martin Luther und Philipp Melanchthon das entschiedene Bekenntnis zur *173, 174*
Reformation. Ihnen reihen sich als Repräsentanten der Gelehrtheit berühmte *Ärzte* und *Juristen* an: der Grie-
che Hippokrates als Vater der Heilkunde und der griechische Arzt Galenus, dessen Auffassungen fast ein Jahr- *169, 170*
tausend die Heilmittellehre beherrschten. Dann der oströmische Jurist Tribonianus als Schöpfer des Corpus
juris civilis und Bartolus, ein italienischer Jurist des 14. Jahrhunderts. Alle tragen als typische Gelehrtenklei-
dung die lange Schaube und das Barett. Die Darstellungen erinnern an die gleichzeitig entstandenen Sandstein-
reliefs des Apothekenerkers am Lemgoer Rathaus vom Jahre 1612, der eine Galerie berühmter Ärzte von Hip-
pokrates bis Paracelsus zeigt. Zwischen den Brüstungsplatten mit den beiden Reformatoren und den Medizi-
nern des Altertums figurieren als Ständerzierde *Feldherren und Kriegshelden der Antike:* Marcus Curtius, Sci- *171, 172*
pio, Hannibal, Julius Caesar und Alexander der Große, alle zum Verwechseln ähnlich in einem theatralischen Kriegergewand. Dieses Durcheinander historischer Größen setzt sich dann in den beiden Dachgeschossen fort. Die Brüstungsplatten zeigen Helden der jüdischen Geschichte (Josias, Ehud, Samgar, Gideon, Sephtam und Simson, Levi, Micha, Eli und Uria), während die Ständer dazwischen Gestalten der griechischen Geschichte gewidmet sind: Codrus, Miltiades, Leonidas, Themistokles, Epaminondas und Pelopidas sowie die Historiker Pausanias und Xenophon. Über dieser Ruhmeshalle der antiken Welt schweben im Giebeldreieck urplötzlich zwei musizierende christliche Engel.

In diesem diffusen Motivgemisch wird die *pluralistische Bildungswelt von Humanismus, Reformation und Renaissance* sichtbar. Es ist kein ganzheitlich streng religiös aufgebautes Weltbild mehr. Die humanistische Traditionspflege der griechischen, römischen und jüdischen Geschichte, das reformatorische Bekenntnis durch die Gestalten Luthers und Melanchthons und die Höherwertung des Menschen als Einzelpersönlichkeit im Zuge der Renaissance in den Allegorien der fünf Sinne unter Einschluß der Ratio machen die geistesgeschichtlichen Strömungen dieser pluralistischen Bildungswelt deutlich. Noch eindeutiger wird dies in einer nüchternen Gesamtbilanz der 130 Schnitzereien der Alfelder Lateinschule, die folgende Themenkreise umfassen:

Altes Testament	55 Motive
Antike Welt	41 Motive
Christentum	11 Motive
Tugenden	7 Motive
Freie Künste	7 Motive
Menschliche Sinne	6 Motive
Reformatoren und Gelehrte des Mittelalters	3 Motive
	130 Motive

Das alte Testament mit der jüdischen Geschichte und die griechisch-römische Antike bilden in diesem Ensemble eine geradezu erdrückende Mehrheit von 89 Bildschnitzereien. Oder ein anderes ebenso typisches Vergleichspaar: die rein christlichen Bezüge (Neues Testament) gelangen nur in 11, die profanen in 57 Motiven zum Ausdruck. So wurde die religiöse Bindung der figürlichen Giebelschnitzerei im Laufe des 16. Jahrhunderts immer lockerer, eine Entwicklung, die mit den Planetenbildern beginnt und sich dann in der Einbeziehung der Allegorien der Musen und freien Künste, der Tugenden und menschlichen Sinne fortsetzt.

War das figürliche Schnitzwerk an der Alfelder Lateinschule von 1610 noch die Demonstration eines Bildungsprogramms, das sich in seiner künstlerischen Gestaltung dem Balkengefüge des Fachwerkhauses einordnet, so
64–76, entwickelt sich am gleichzeitig entstandenen Eickeschen Haus in Einbeck (Marktstr. 13) das Schnitzwerk zum
266–287 üppig wuchernden dekorativen Element. In seiner künstlerischen Qualität übertrifft es bei weitem die handwerklich biederen Schnitzereien der Lateinschule. In der stark betonten Plastik und dem Reichtum der flächendeckenden Dekoration ist hier dem Schnitzmeister eine vollendet zu nennende Nachempfindung der in Sandstein errichteten Weserrenaissancebauten gelungen. Allerdings gibt es in der Steinarchitektur des Oberweserraumes kaum ein Bauwerk, das einen in seinem Fassadenschmuck so reichen Themenkatalog bildlicher Darstellungen aufzuweisen hat, wie ihn das Eickesche Fachwerkhaus darbietet: auf der einen Seite des Eckhauses Christus der Weltenrichter mit den vier Evangelisten, darüber die fünf Sinne; an der anderen Wand die Tugenden, Planetengötter und freien Künste. Und auf den Ständern des unteren Geschosses zieht sich rings um das Haus ein Figurenzyklus der zwölf Apostel, während unter den Dreierknaggen der Hausecke vollplastisch geschnitzte Männergestalten in antiker Rüstung stehen. Die Knaggen der vorkragenden Stockwerke haben die Form steinerner Renaissancekonsolen, die Balkenköpfe der Stockwerkbalken und die Ständerteile zwischen den Brüstungsplatten zeigen in phantasievoller Variation Masken und Tierköpfe, die Ständer zwischen den Fenstern weibliche und männliche Karyatiden nach dem Vorbild der Steinarchitektur. Die horizontale Gliederung der Stockwerke wird auf dem ungewöhnlich breiten Schwellbalken durch einen vollendet geschnitzten Laubstab betont. Durch die Einbindung der einzelnen figürlichen Themenbereiche in eine prachtvolle flächenfüllende Dekoration tritt die Konstruktion des Balkengefüges völlig zurück. Das Eickesche Haus erscheint in
273 seiner Fassadengestaltung wie ein Steinbau der Renaissance. Ein Schwarz-Weiß-Foto des Bauwerkes wirkt in dieser Beziehung geradezu täuschend. In dem Bemühen, die Bauplastik der Steinarchitektur als Holzschnitzerei zu kopieren, hat der Schnitzmeister des Eickeschen Hauses eine Vollendung erreicht, über die es kein hinaus mehr gibt und die im Grunde den Endpunkt figürlicher Fachwerkschnitzerei bildet. In Einbeck findet mit dem

Eickeschen Hause die großartige Entwicklung seiner Bürgerhäuser ihren Höhepunkt und Abschluß, denn mit
dem Dreißigjährigen Kriege und der damit verbundenen Vernichtung des bürgerlichen Wohlstandes schwand
die Fachwerkkunst Einbecks dahin.

Der Dreißigjährige Krieg bereitete der aufwendigen Figurenschnitzerei an den Bürgerhäusern ein Ende. Die
Dekoration der Fachwerkgiebel wurde karg, die Bildersprache mit ihrer Themenfülle wird durch das geschrie-
bene Wort ersetzt. Im Gegensatz zur französischen Holzarchitektur, die an ihren Schnitzgiebeln keine In-
schriften kennt, entwickelt sich in Deutschland seit dem 15. Jahrhundert eine zunehmende Neigung zur *Haus-
inschrift.* In Braunschweig tauchen die ersten Hausinschriften 1432 (Ackerhof 2), 1435 (An der alten Waage 2)
und 1444 (Güldenstr. 2) auf. Bis zum siebenten Jahrzehnt des 15. Jahrhunderts bleiben dort die Hausinschrif-
ten noch selten, nehmen dann aber in den folgenden Jahrzehnten rasch zu. Die älteste Hausinschrift der Weser-
städte steht am Küsterhaus von St. Blasii in Münden (Kirchplatz 8). Sie stammt aus dem Jahre 1457. In Lippe, *187*
Minden-Ravensberg und Schaumburg-Lippe erscheinen dann die ersten Inschriften in den Jahren 1520–1540.
Entscheidende Impulse erhielt der Inschriftenbrauch durch die Reformation, die eine Fülle deutscher Bibel-
sprüche als Hausinschriften darbot. Der Wandel der Stockwerkzimmerung im 16. Jahrhundert mit der hori-
zontalen Betonung der einzelnen vorkragenden Stockwerke durch lange Stockwerkschwellen gab rein archi-
tektonisch die Möglichkeit, auf diesen Balken lange Inschriften und Sinnsprüche anzubringen. In der Spätgotik
bevorzugte man die Frakturbuchstaben mit kunstvollen Verschnörkelungen und üppigen Initialen. Eine Son-
derstellung nehmen die Hausinschriften in Höxter ein, die mit ihren übergroßen Frakturbuchstaben eine deko- *330*
rative Wirkung anstreben. Zweifellos haben hier auch die Schreibbücher der Renaissance anregend gewirkt, de-
ren Tradition sich bis zum Ende des 18. Jahrhunderts erhielt. Noch 1780 gab der „hochgräfflich Lippische Bot-
tenmeister und Akturarius Johann Gottfried Weber" eine Schönschreibkunst heraus. Aber das waren im
Grunde lokale Sonderfälle, denn seit dem 16. Jahrhundert begannen sich die nüchternen und schlichten lateini-
schen Versalien durchzusetzen, die dem Schnitker die geringste Mühe machten.

Im 18. Jahrhundert steigerte sich dann die Inschriftenfreudigkeit; der Aufklärung war die Bildersprache der Al-
legorien mit ihren oft naiven Attributen fremd. Seit der Mitte des 18. Jahrhunderts fallen an den Bürgerhäusern
auch die Inschriften fort, die Fachwerkbauten werden nur noch in nüchternem Balkengefüge errichtet und im
19. Jahrhundert dann schamhaft verputzt. Allein im bäuerlichen Bereich bewahren die Torbogen mit ihren or-
namentalen Schnitzereien die Tradition der Fachwerkkunst, aber auch die bäuerlichen Torbogen des 19. Jahr-
hunderts lassen mit ihren überreichen Bauinschriften und Sinnsprüchen das dekorative Element der Ornamen- *122*
tik in den Hintergrund treten. Schließlich wurden die Torbogen nicht mehr beschnitzt, sondern nur noch mit
Inschriften und kargem Zierat bemalt. Das Ende der Fachwerkkunst war erreicht.

*

Der Oberweserraum ist in der dekorativen Ausgestaltung seiner Fachwerkbauten das äußerste Ausstrahlungs-
gebiet der künstlerischen Hochform niedersächsischer Fachwerkkunst mit dem Herzogtum Braunschweig und
dem Bistum Hildesheim als Kerngebiet. In ihren figürlichen Schnitzereien dokumentiert sich ein Stück deut-
scher Geistesgeschichte, die den Spannungsbogen vom religiös-ganzheitlichen Weltbild des Spätmittelalters bis
zur pluralistischen Bildungswelt des Humanismus, der Renaissance und der Reformation umfaßt. Die origi-
nale Schöpferkraft der niedersächsischen Fachwerkschnitzerei offenbarte sich besonders in den aparten Moti-
ven, die jenseits des traditionellen Motivkanons lagen und in den Städten des Weserraumes keine Nachahmung
fanden. So zeigten Hausgiebel in Hildesheim Allegorien der Elemente und Jahreszeiten (Ende 16. Jahrhundert
Osterstr. 7), Parodien auf die Trunksucht (1541 Kreuzstr. 18), Ovids Metamorphosen (1610 Rathausstr. 24),
die Taten des Herkules (1612 Ratsweinschenke). Interessant ist die örtliche Bindung der figürlichen Schnitz- *72, 74, 75*
motive. Die Allegorien der Tugenden sind im Fachwerk westlich der Weser mit Ausnahme Osnabrücks völlig *270–272*
unbekannt, erscheinen dagegen um 1500–1623 in Braunschweig, Hildesheim, Alfeld, Einbeck, Hameln und *274–276*

71, 176–179, Osnabrück. In Hildesheim gab es allein zwölf Häuser aus den Jahren 1579–1623 mit diesem Motivzyklus.
266–269, Auch die Allegorien der fünf menschlichen Sinne sind westlich der Weser unbekannt, dagegen zahlreich
378 1536–1622 in Braunschweig, Hildesheim, Alfeld und Einbeck belegt. Wiederum war das Adam-und-Eva-Mo-
8, 58, 32 tiv, das 1547–1610 in Göttingen, Alfeld, Paderborn, Batenhorst, Wiedenbrück, Lippstadt, Lemgo und Osna-
brück eine weite Verbreitung fand, in Braunschweig und Hildesheim unbekannt. Auch das heraldische Motiv-
78, 79, 289 paar Löwe und Greif, das 1513–1618 in Hameln, Lemgo, Schwalenberg, Bad Salzuflen und Osnabrück nach-
zuweisen ist, kommt östlich der Weser kaum vor.

In künstlerischer Beziehung erfährt die Fachwerkschnitzerei im Oberweserraum gewisse Einengungen. Die Strahlungskraft der überreichen figürlichen Schnitzerei Niedersachsens erstreckt sich zwar nach Westen hin, aber im äußersten Süden bleibt eine Stadt wie Münden mit ihrem imponierenden Bestand bürgerlicher Fachwerkhäuser davon völlig unberührt. Andererseits gewinnt die Holzarchitektur durch die Weserrenaissance erheblich an Intensität aufwendiger Ornamentschnitzerei. Die Entwicklung der Schnitzgiebel im Oberweserraum verdeutlicht die vielschichtigen Kulturstrahlungen, denen dieser Bereich ausgesetzt war. Der Oberweserraum erweist sich kulturgeographisch nicht als ein Gebiet einheitlicher kultureller Geschlossenheit, sondern gleichsam als ein Auffang- und Durchflutungsbecken verschiedener Kulturströmungen. Vom Volkskundlichen her bestätigt sich in diesem Zusammenhange jene Erkenntnis, die Heinz Stoob als Historiker in seiner Darstellung des Städtewesens im oberen Weserlande dargelegt hat: ,,Die ausgesprochene Brückenlandschaft zwischen Minden und Münden, Hameln und Paderborn ist auch städtegeschichtlich weniger geschlossene Einheit, selbständige Mitte, als vielmehr allseitig geöffneter Übergangsraum mit lebendig schattierten Zwischentönen, die verschiedene nachbarliche Einflußbereiche zeigen.“[23])

Im Raum westlich der Weser bilden figürliche Darstellungen nicht die Regel. Man bevorzugt hier das reine Ornament. Es war als gestalterisch erlernbare Traditionsform dem Handwerker, dem Schnitker und dem Zimmermann, leichter zugänglich. An die Stelle der figürlichen Schnitzereien Niedersachsens tritt hier ein bemerkenswerter Variantenreichtum der Ornamente. Der Schnitker setzt seinen Handwerkerstolz darein, an einem Fachwerkgiebel die Blattranken, Rosetten oder Taubänder nicht in starrer Form zu wiederholen, sondern einfallsreich abzuwandeln. Indem die Ornamentik der Fachwerkgiebel zur Handwerkstradition eines breit gelagerten Berufsstandes wird, ist ihre weite Wirkungsspanne über jene Kunstepoche hinausgegangen, die sie ursprünglich ausgelöst hatte. Bis zum Beginn des 18. Jahrhunderts wirken im ländlichen Bereich Ornamentformen der Weserrenaissance nach. Es ist eine ähnliche Entwicklung, die wir auch am bäuerlichen Möbelwerk beobachten können, das ursprünglich vom Konstruktiven her in seiner Verarbeitung Werk der Zimmerleute war. Noch im 18. Jahrhundert gab es Stollentruhen, die nach gotischen Vorbildern gezimmert waren. So besitzt das Lippische Landesmuseum eine späte bäuerliche Stollentruhe vom Jahre 1724, die in ihrer Verarbeitung und ihren schwächeren Abmessungen eine Schwundstufe spätmittelalterlicher Formgebung darstellt.

In der künstlerischen Gestaltung seiner Holzarchitektur spiegelt sich im Oberweserraum ein sozialgeschichtlicher Vorgang von großer Spannweite wider. Die Hochkunst der Weserrenaissance und die Handwerkskunst der Zimmerer und Schnitker stehen in dieser Landschaft in fruchtbarem Kontakt. Die ornamentalen Vorbilder der Steinmetzkunst der Weserrenaissance wurden an den Schnitzgiebeln der Bürgerbauten und Torbogen der Bauernhäuser zu variationsreichen Ausdrucksformen der Holzarchitektur gewandelt. In dieser Breitenwirkung war das nur in einer Dorf-Stadt-Landschaft mit ihrem regen Kulturaustausch zwischen Bürger- und Bauerntum möglich. Und dieser enge kulturelle Kontakt schuf die Voraussetzungen für einen bedeutsamen Vorgang von weittragender Auswirkung: unter dem Einfluß bürgerlicher Fachwerkhäuser entwickelte der Oberweserraum im Fachwerkbau als neuere Hochform des niederdeutschen Hallenhauses den Vierständerbau und vollzog in der vielfältig sich wandelnden Ausstrahlung dieser Bauernhausform auf den gesamten nordwestdeutschen Bereich eine seiner wesentlichsten Kulturleistungen.

ANMERKUNGEN

[1]) Landes-Verordnungen der Grafschaft Lippe 1 (Lemgo 1779), S. 372.

[2]) Otto Gaul, Zierschnitzereien der Renaissance an lippischen Fachwerkbauten. In: Lippische Mitteilungen aus Geschichte und Landeskunde 27 (1958), 87.

[3]) Josef Schepers, Die hausgeschichtliche Stellung des Oberwesergebietes. In: Schepers, Vier Jahrzehnte Hausforschung (Sennestadt 1973), S. 29.

[4]) Wilhelm Gottlieb Levin v. Donop, Beschreibung der Fürstlichen Lippeschen Lande in Westphalen. 2. Aufl. (Lemgo 1790), S. 238 bis 239.

[5]) Walter Borchers, Volkskunst in Westfalen (Münster 1970), S. 17.

[6]) Justus Möser, Patriotische Phantasien. Hrsg. von seiner Tochter J. W. J. v. Voigt geb. Möser. Bd. 3 (Berlin 1778), S. 144–145.

[7]) Josef Schepers, Westfalen in der Geschichte des nordwestdeutschen Bürger- und Bauernhauses. In: Beiträge zur Volkskunde und Baugeschichte (Der Raum Westfalen IV, 2. Münster 1965), S. 214.

[8]) Binding-Mainzer-Wiedenau, Kleine Kunstgeschichte des deutschen Fachwerkbaus (Darmstadt 1975), S. 168.

[9]) Gertrud Angermann, Die Anfänge der Weserrenaissance. In: Ostwestfälisch-weserländische Forschungen zur geschichtlichen Landeskunde (Münster 1970), S. 211.

[10]) Herbert Kreft und Jürgen Soenke, Die Weserrenaissance. 4. Aufl. (Hameln 1975), S. 13.

[11]) Konrad Maier, Die Wende in der Baukunst des 16. Jahrhunderts im Weserraum. In: Kunst und Kultur im Weserraum 800–1600. 4. Aufl. (Münster 1966), S. 295.

[12]) Otto Gaul, Zierschnitzereien der Renaissance an lippischen Fachwerkbauten. In: Lippische Mitteilungen aus Geschichte und Landeskunde 27 (1958). S. 99.

[13]) Gertrud Angermann, Engel an Ravensberger Bauernhäusern. Ein Beitrag zum Wandel des Dekors vom 18. bis 20. Jahrhundert (Münster 1974), S. 104.

[14]) Mitteilungen des historischen Vereins zu Osnabrück 7 (1864), S. 213.

[15]) Udo Mainzer, Der niedersächsische Fachwerkbau. In: Binding-Mainzer-Wiedenau, Kleine Kunstgeschichte des deutschen Fachwerkbaus (Darmstadt 1975), S. 160.

[16]) Rosy Schilling, Drolerie. In: Reallexikon zur deutschen Kunstgeschichte 4 (1958), Sp. 567.

[17]) Walter Borchers, Volkskunst in Westfalen (Münster 1970), S. 18.

[18]) Heinrich Spanuth, 400 Jahre Stiftsherrnhaus (Hameln 1958), S. 56.

[19]) Otto Fahlbusch, Göttingen im Wandel der Zeiten (Göttingen 1952), S. 38.

[20]) Heinrich Spanuth, 400 Jahre Stiftsherrnhaus (Hameln 1958), S. 50.

[21]) Karl Meier, Aus dem alten Lemgo. Warum ist am „Planetenhaus" Saturn mit einem Stelzfuß dargestellt? In: Vaterländische Blätter N. F. 9 (Detmold 1930), S. 38.

[22]) Paul Michels, Paderborner Inschriften, Wappen und Hausmarken (Paderborn 1957), S. 150–151.

[23]) Heinz Stoob, Vom Städtewesen im oberen Weserlande. In: Kunst und Kultur im Weserraum 800–1600. 4. Aufl. (Münster 1966), S. 203.

GRUNDLAGEN DER TEXTZEICHNUNGEN

Abb. 8, 10, 14, 17: Josef Schepers, Haus und Hof westfälischer Bauern. 3. Aufl. (Münster 1976), S. 320, 333, 389, 399, 400, 403, 411. – Abb. 12: F. Walter, Das westfälische Bauernhaus (Dortmund 1936), S. 17. – Abb. 13: Josef Schepers, Westfalen in der Geschichte des nordwestdeutschen Bürger- und Bauernhauses. In: Der Raum Westfalen IV, 2 (Münster 1965), Karte 2. – Abb. 15: Westfalen. Bürgerhausaufmaße. Hrsg. vom Landesamt für Baupflege im Landschaftsverband Westfalen-Lippe (Münster 1966), Bl. 20.

Zimmermann beim Abbeilen eines Balkens. Holzschnitt von Hans Burgkmair (1514).

123
Lippische Zimmerleute beim „Abbinden“ eines Schnitzgiebels. Bevor ein Fachwerkhaus aufgerichtet wird, müssen die Balkenteile in der Weise bearbeitet werden, daß sie sich beim Aufbau des Balkengerüstes präzis ineinanderfügen. Das „Abbinden“ erfordert ein hohes Maß an handwerklicher Sorgfalt.

124
Der Südwestflügel des Schlosses Varenholz, den wahrscheinlich um 1545 Simon Wendt errichten ließ. Der Bau schließt sich an den spätmittelalterlichen Wohnturm an.

125
Der 1566 erbaute Südflügel der Grevenburg (vgl. Abb. 94–101).

126
Treppenturm und Utlucht im Hof des Schlosses Bevern (erbaut 1603–1612). Vgl. Abb. 326. ◁

127
Treppenhaus im Schloß Fürstenberg an der Weser. Es wurde dem Renaissancebau um die Mitte des 18. Jahrhunderts von Zimmerleuten in kunstvoller Konstruktion anstelle des inneren Hofraumes eingefügt. ▷

128 Das „neue Wohnhaus" des Schlosses Oesterholz, erbaut 1597–1599 im Auftrage des Grafen Simon VI. zur Lippe vom lippischen Zimmermeister Iggenhausen aus Voßhagen, der auch das Kornhaus der Domäne Schieder (vgl. Abb. 129) und das Rathaus in Blomberg (vgl. Abb. 154) errichtet hat. △

129 Das ehemalige Kornhaus der Domäne Schieder (um 1590), das größte Fachwerkhaus Lippes. Es wurde in den Jahren 1956–1958 als historisches Baudenkmal des Lippischen Landesmuseums in Detmold wiedererrichtet (vgl. Textabb. 4 und Abb. 84). ▷

130–132 Die kulturgeschichtlichen Schauräume des Lippischen Landesmuseums im oberen Stockwerk des ehemaligen Kornhauses aus Schieder (vgl. Abb. 357).
Die mächtige Balkenkonstruktion blieb bei der musealen Einrichtung unverändert
(Foto: Karl Kleinschmidt, Detmold). ▷

133 Haus Außel bei Batenhorst (1580). Das ursprünglich von einer Gräfte umgebene Haus war seit dem 16. Jahrhundert Sitz des Ministerialengeschlechtes v. Amelunxen und ging erst nach 1830 in bäuerlichen Besitz über. ◁

134–136 Figürliche Schnitzereien auf Brüstungsplatten und Füllhölzern des Hauses Außel bei Batenhorst (1580). ▷
Oben: Luderziehen, ein volkstümliches Kräftespiel.
Mitte: Tanzpaar mit Musikanten / Feldbestellung (Pfluggespann und säender Bauer).
Unten: Heimkehr von der Jagd.

137
Der Prinzenhof in Rinteln, Ritterstr. 33 (2. Hälfte des 16. Jahrhunderts). Nach 1700 diente der Bau dem Landgrafen Carl von Hessen als landesfürstliches Quartier. Der Treppenhausanbau stammt aus dem Jahre 1704.

138
Der um 1585–1590 erbaute Gevekot'sche Hof in Lemgo, Echternstr. 117. Wie fast alle Lemgoer Adelshöfe steht auch dieser Bau mit der langen Traufenseite an der Straße. ▷

139
Der Exterhof in
Bad Salzuflen,
Obere Mühlenstr. 1,
erbaut 1632 mitten im
Dreißigjährigen Kriege
von Hermann v. Exter.

140 Das ev. Pfarrhaus in Falkenhagen, ehemals Dormitorium des Klosters Falkenhagen. Der 1509 errichtete Bau mit seinen Ständerstützen aus Krummhölzern ist das älteste Fachwerkhaus Lippes.

141 Zehntscheune des Klosters Falkenhagen aus Sabbenhausen. Der aus dem Jahre 1555 stammende Vierständerbau wurde 1960–1962 als historisches Fachwerkhaus des Lippischen Landesmuseums in Detmold wiedererrichtet (vgl. Textabb. 21).

142 Auf der vierhundertjährigen Deele der Zehntscheune aus Sabbenhausen ist jetzt die umfangreiche Sammlung alter bäuerlicher und handwerklicher Arbeitsgeräte des Lippischen Landesmuseums aufgestellt. Der mächtige Vierständerbau blieb bei der musealen Einrichtung in seiner historischen Gestalt erhalten (Foto: Karl Kleinschmidt, Detmold).

143
Speicher der Kurie Jerusalem in Hameln, Alte Marktstr. 20/21 (Anfang des 16. Jahrhunderts). Das Haus wurde nach dem Zweiten Weltkriege zum Jugendkulturzentrum ausgebaut.

144
Das Herzogin-Elisabeth-Stift vom Jahre 1580 in Münden, Vor der Burg 6.
◁

145
Das 1500 erbaute Hospital St. Spiritus in Northeim, Am Münster 32/33.
▷

241

147 Friedhofskapelle in Nammen (17. Jahrhundert). ▷

146 Die 1469 von Johann Kreyenberg, Pfarrherr in Aerzen, gestiftete Leprosenkapelle in Hameln-Wangelist. ◁

148
Die um 1564 erbaute Kapelle St. Georg in Eimen. Das vorkragende obere Stockwerk dieser Fachwerkkapelle diente als Kornboden für die Kirchen- und Pfarreinkünfte.

149–150 Friedhofskapelle in Schlüsselburg, gestiftet 1659 von der Landdrostin Gertraud v. Münnich. ◁

151 Dorfkapelle in Belle. Sie wurde 1741 mit Unterstützung des Grafen Albrecht zu Bückeburg erbaut. Die Fache sind mit Backsteinmustern ausgemauert. △

152 Rathaus in Einbeck (1550–1553). Die Fachwerkvorbauten mit den Spitzenhelmen stammen aus dem Jahre 1593. △

153 Rathaus in Trendelburg (1582). ▷

154 Rathaus in Blomberg (1586/87). Der Fachwerkoberbau zeichnet sich durch seine reiche Zahnschnittornamentik aus, die vom lippischen Meister Iggenhausen aus Voßhagen stammt (vgl. Abb. 318).

155
Die Ratsstube
des Rathauses in
Schwalenberg.
Sie wurde 1603
dem 1579 entstandenen Altbau
angefügt (vgl.
Abb. 45–47).

158 Rathaus in Höxter (um 1610). Die Brüstungsfache zeigen die für das hessische Fachwerk typischen, im Oberweserraum seltenen Andreaskreuze. ▷

156 Rathaus in Uslar (2. Hälfte des 17. Jahrhunderts). △

157 Rathaus in Immenhausen aus dem Jahre 1602. ▷

O·HER·GOT·WI·SINT·IO·HIR·MEN·GESTE
NOCH·TAN·BVWEN·WI·HOGE·NESTE
MI·WVNDERT·DAT·WI·NICHT·MVRE
DAR·WI·EWICH·MVGEN·DVREN
DE·WIL·STRAFFEN·MI·VNDE·DE·MINEN
DE·SE·ERST·VP·SICK·VNDE·DE·SINEN
SVTH·HE·DEN·GAR·KEIN·GEBRECK
SO·KAME·HE·BALDE·VND·STRAFE·MICK
ANFANCK·IST·BEDENCKENS·WERT·ANNO 1573

159
Das 1573 erbaute Gildenhaus in Stadthagen, Markt 8. ◁

160 Erkerschnitzerei am Stadthagener Gildenhaus. Die im Renaissancestil gehaltenen Maskenköpfe wurden irrtümlich als „Indianerköpfe“ gedeutet. ◁

161 Das im Jahre 1552 errichtete „Brodhaus“ der Bäckergilde in Einbeck, Markt 13. △

162
Die 1650 erbaute Universitätskommissie der ehemaligen Universität Rinteln (Klosterstr. 9/10).

163
Der Südgiebel der Lateinschule vom Jahre 1610 in Alfeld. Die Schnitzereien stammen von dem Hildesheimer Meister Andreas Steiger (vgl. Textabb. 28 und Abb. 62–63).

MOSE

AARON

IACOB

IESVS
CHRISTVS

MATTHÆ
VS

164–168 Figürliche Brüstungsplatten der Alfelder Lateinschule (1610). ◁
Oben: Moses und Aron.
Mitte: Jakobs Traum von der Himmelsleiter.
Unten: Christus als Weltenrichter und der Evangelist Matthäus.

169–174 Figürliche Brüstungsplatten und Ständerschnitzereien der Alfelder Lateinschule (1610). ▷
Oben: die Ärzte Hippokrates und Galenus.
Mitte: die Feldherren Marcus Curtius und Hannibal.
Unten: die Reformatoren Martin Luther und Philipp Melanchthon.

175–179
Weibliche Karyatide
und figürliche Brüstungs-
platten der Alfelder
Lateinschule (1610).
Die menschlichen Sinne:
Geschmack (Gustus),
Geruch (Odor),
Gesicht (Visus) und
Gehör (Auditus).
Vgl. Abb. 377.

180–184
Männliche Karyatide
und figürliche Brüstungs-
platten der Alfelder
Lateinschule (1610).
Die Musen: Thalia
(Komödie), Terpsichore
(Tanz), Euterpe (Musik)
und Kalliope (Epos).

185 Spätgotische Bürgerhäuser in Herford, Brüderstraße. In strenger Form bleibt bei der Giebelgestaltung die Balkenstruktur des Hauses gewahrt. Links das 1521 erbaute „Remensnider-Haus“ mit seinen reichen Knaggenschnitzereien (vgl. Abb. 196–216).

186 Bürgerliche Renaissancehäuser aus dem Beginn des 17. Jahrhunderts in Bad Salzuflen, Lange Straße. Die überreiche Giebelschnitzerei verdeckt die Balkenstruktur des Hauses.

187 Das Küsterhaus St. Blasii vom Jahre 1457 in Münden, Kirchpl. 8. Es ist das älteste erhaltene Fachwerkhaus im Weserraum (vgl. Abb. 306–309). △

188 Das „Eckmännchen-Haus“ vom Jahre 1471 in Warburg, Lange Str. 2. Die Giebelfache zeigen die für hessisches Fachwerk typischen Andreaskreuze (vgl. Abb. 189 und 193). Das „Eckmännchen-Haus“ ist das älteste Fachwerkhaus Westfalens (vgl. Abb. 1). ▷

11

189 Das um 1480 erbaute „Leck'sche Haus" in Grebenstein, Obere Str. 257. ◁

190
Die Deele des „Leck'schen Hauses" in Grebenstein. Die Galerie im Hintergrund stammt aus dem Jahre 1606. ▷

191
Das spätgotische „Corvinus-Haus“ in Northeim, Am Schaupenstiel 15 (um 1510). ◁

192
Das 1528/29 erbaute Haus „Zum Ochsenkopf“ in Münden, Sydekumstraße 15.
In spätgotischer Konstruktion erstrecken sich im unteren Stockwerk des Hauses die ungewöhnlich hohen Wandständer über drei Geschosse (vgl. Textabb. 16) (Foto: Leni Reichert, Münden).
▷

ISERLOHNER
PILSENER
Gaststätte
Zum

193 Bürgerhäuser aus dem Beginn des 16. Jahrhunderts in Warburg, Bernhardistraße. Das letzte Haus im Hintergrund ist das 1513 erbaute „Arnoldi-Haus“ (vgl. Abb. 329). ◁

194–195 Deele und Hofgebäude des „Arnoldi-Hauses“ vom Jahre 1513 in Warburg, Bernhardistr. 2. ▷

196–216 Figurenknaggen am Giebel des 1521 erbauten „Remensnider-Hauses“ in Herford, Brüderstr. 26 (vgl. Abb. 185 und Textabb. 27).
In ihrem streng geordneten Aufbau veranschaulichen sie das religiöse Weltbild des Mittelalters.
Oben: St. Paulus, St. Augustinus, Christus als Weltenrichter, St. Nikolaus und St. Petrus.
Mitte: St. Andreas, St. Matthias, St. Katharina, der alte König, Muttergottes, der Mohrenkönig, der junge König und St. Jakobus d. Ä.
Unten: die seelischen Laster (Zorn, Schmähsucht, Narrheit, Bigotterie), ein Dukatenmännchen (?) und die körperlichen Laster (Schamlosigkeit, Unzucht, Freßgier).

217
Steilgiebel aus dem
Jahre 1550 in Minden,
Seidenbeutel 11. ◁

218
Bürgerhaus aus dem
Jahre 1538 in Warburg,
Josef-Kohlschein-Str. 28
▷

Altdeutsche
Wein-
und
Bierstuben
Altdeutsche
Wein-
und
Bierstuben

219
Die um 1510–1520 erbaute „Junkernschänke" in Göttingen, Barfüßerstr. 5. Die beiden Erker mit ihrem reichen Schnitzwerk ließ 1547–1549 der Bürgermeister Giselher Swanenflogel anbauen (vgl. Abb. 7, 8 und 82). ◁

220
Der Bauherr und seine Ehefrau. Darüber Medaillons von Johannes dem Täufer und Christus als Weltenrichter. Eckständer an der „Junkernschänke" in Göttingen (1547/49). ▷

221–226
Die Planetengötter Saturn, Merkur und die Sonne (Sol). Holzschnitte von Hans Burgkmair. Sie dienten den Planetenallegorien an der „Junkernschänke" in Göttingen (1547/49) als Vorbild. ◁

227
Erkerwand aus den Jahren 1547/49 an der „Junkernschänke" in Göttingen. Die Wandständer zeigen Allegorien der Planeten, die Medaillons des Schwellbalkens die Evangelisten. ▷

228
Bürgerhaus aus
dem Jahre 1550
in Bodenwerder,
Homburgstr. 50.

229
Bürgerhaus aus dem Jahre 1563 in Hessisch Oldendorf, Lange Str. 63.

Friseur
W. Nolte

230–231
Traufenhäuser
in Einbeck,
Tiedexer-
str. 6–10
und 10–16.
Nach den großen
Stadtbränden
Einbecks 1540
und 1549 wurden
diese Häuser
noch in tradi-
tioneller
spätgotischer
Geschoßbauweise
errichtet (vgl.
Textabb. 16).

232
Bürgerhaus aus dem Jahre 1566 in Northeim, Breite Str. 27. Die Utlucht wurde um 1600 hinzugefügt.

233
Haus des Wollhändlers Jürgen Hovet vom Jahre 1549 in Göttingen, Weender Str. 62 (vgl. Abb. 9–10). Neben der „Junkernschänke" (Abb. 219) stellt dieses Haus den Höhepunkt der Fachwerkkunst Göttingens dar.

234 Bürgerhaus in Einbeck, Marktstr. 10. ◁

235 Arabeskenschnitzerei an einem Bürgerhaus vom Jahre 1542 in Einbeck, Markt 6. Das breite Schnitzband geht auf Vorbilder figürlicher Ornamentstiche des 16. Jahrhunderts zurück (vgl. Abb. 236). ▷

236 Niederdeutscher Ornamentstich um 153 mit figürlicher Arabeske. ▷

237 Putten als Wappenhalter. Schnitzerei auf der Stockwerkschwelle eines Bürgerhauses vom Jahre 1558 in Einbeck, Tiedexerstr./Ecke Marktstr. ▷

238 Ackerbürgerhäuser aus den Jahren 1559–1601 in Wiedenbrück, Lange Straße. △

239 Torbogen mit Lanzenträgern aus dem Jahre 1567 in Wiedenbrück, In der Halle 2. ◁

240 Schnitzgiebel vom Jahre 1560 in Wiedenbrück, Markt 11. Charakteristisch für die Wiedenbrücker Schnitzgiebel sind die breiten ausgebuchteten Ständerstützen, auf denen sich das Drachenmotiv zum rein ornamentalen Dekor entwickelt hat. △

241–242 Ständerstützen am Schnitzgiebel vom Jahre 1560 in Wiedenbrück, Markt 11 (vgl. Abb. 376). ▷

243 Traufenhäuser aus den Jahren 1548 und 1578 mit langen Spruchbändern auf den Stockwerkschwellen in Höxter, Westerbachstr. 2 und 4. ▽

244 Blick von der Werrabrücke in Münden auf Bürgerhäuser des 16. Jahrhunderts in der Langen Straße. ▷

Kaufhaus
zur Erholung

Warlich warlich sage ich euch wen iemand mein wort wird halten Der wird den dodt nicht sehen ewiglich Johannes 8.
Also hat Godt die welt gelibt das er seine Eingebor Son gab Auff das alle die an in gleube nicht vorlor werde Sonder das ewige lebe haben

245
Bürgerhaus vom Jahre 1565 in Höxter, Nicolaistr. 10.
Typisch für Höxter sind die übergroßen, ornamental wirkenden Frakturbuchstaben der Torbogeninschrift (vgl. Abb. 330).
◁

246–248
Schnitzwand vom Jahre 1554 in Höxter, Stummrige Str. 19.
Auf den Ständern sind drei Landsknechte dargestellt, darunter ein Fahnenträger und ein Pfeifer. ▷

249
Kreuzigungsgruppe an einer Schnitzwand vom Jahre 1571 in Höxter, Stummrige Str. 27.
Sie ist die einzige Darstellung der Kreuzigung in der Fachwerkschnitzerei westlich der Weser.
▽

1·5·00

250–251 Schnitzereien an den Stockwerkbrüstungen des Gasthofes „Goldener Hahn“ vom Jahre 1566 in Lippstadt, Lange Str. 12. Links oben: Adam und Eva unter dem Paradiesesbaum. ◁

252 Schnitzgiebel des Gasthofes „Goldener Hahn“ vom Jahre 1566 in Lippstadt, Lange Str. 12. Der Bau ist das älteste Fachwerkhaus in Lippstadt. △

WER GOT VERTRAWT HAT WOL GEBAWT ANNO DOMINI 1554 BARTOLD MATTENBERG STEDT VNDE BVRG MVSSEN VERGEHN GOTTES WORT BLEIBT EWIG BESTEHN
TREFFPUNKT GRILLSTUBEN

253
Haus des Bartold Mattenberg aus dem Jahre 1554 in Münden, Lange Str. 13. An der Traufseite befindet sich ein Zwerchgiebel, an dem Lasten zur Lagerung im Dachraum hinaufgewunden werden konnten. Die meisten Traufhäuser der Mündener Altstadt haben einen Zwerchgiebel (vgl. Abb. 291). ◁

254
Das nach 1570 erbaute Pastorenhaus St. Blasii in Münden, Kirchplatz 4. An den Stockwerkbrüstungen erscheint das Arkadenmotiv, das als Schnitzornament auch an Eichenmöbeln der Renaissance (Truhen) weit verbreitet war. ▷

255
Vorhangbogen-
ornament an
einer Schnitz-
wand in Ein-
beck, Tiedexer-
str. 20 △

256
Schnitzwand
mit Neidkopf
eines Bürger-
hauses aus dem
Jahre 1543
in Einbeck,
Tiedexerstr. 16
◁

257
Schnitzwand am Hause des Cordt von Willen aus dem Jahre 1576 in Wiedenbrück, Mönchstr. 8. An der Wand erscheinen mehrere Schreckmaskenköpfe zur Dämonenabwehr.

258 Ackerbürgerhäuser aus dem Jahre 1576 in Lemgo, Breite Str. 45/47. Auch die kleinen Ackerbürgerhäuser trugen reichornamentierte Schnitzgiebel. △

259 Haus des Bartolt Volckhausen aus den Jahren 1569 und 1598 in Lemgo, Mittelstr. 27. ▷

DIE NYLON VITRINE
HEMDEN
STRÜMPFE

260
Die Ratsapotheke aus dem Jahre 1590 in Einbeck, Markt 15. ◁

261–265
Haus des Domsekretärs Philipp Werner aus dem Jahre 1606 in Hildesheim, Godehardiplatz 12. ▷
Nach der Zerstörung der Hildesheimer Altstadt im Zweiten Weltkriege ist dies das einzige erhaltene Fachwerkhaus, das eine Vorstellung von der reichentwickelten Fachwerkkunst Hildesheims vermittelt. ▷
Obere Brüstungsplatten: der Geiz (Avaritia) und die Unordnung (Perturbatio).
Untere Brüstungsplatten: die Nächstenliebe (Caritas) und die Hoffnung (Spes).

CARITAS

SPES

266–272 Figürliche Brüstungsplatten am „Eicke'schen Hause" in Einbeck, Marktstr. 13 (um 1610): das Gehör, der Geschmack, der Geruch, das Gesicht, die Geduld (Patientia), der Glaube (Fides) und die Frömmigkeit (Pietas).

273 Schnitzwand am „Eicke'schen Hause" in Einbeck (um 1610). Sie dokumentiert als Werk eines Hildesheimer Schnitzmeisters in vollendeter Weise die Abhängigkeit des Renaissancefachwerks von der künstlerischen Bauplastik der Steinarchitektur jener Zeit (vgl. Abb. 64–76). ▷

CHRIS TVS
MARCVS
LVCAS
PAX

274–280 Figürliche Brüstungsplatten am „Eicke'schen Hause" in Einbeck (um 1610).
Die Tugenden: Friede (Pax), Nächstenliebe (Caritas) und Klugheit (Prudentia).
Die freien Künste: Astrologie (Astrologia), Rhetorik (Rhetorica), Dialektik (Dialectica) und Arithmetik (Arithmetica).

281–287 Die Musen: Polyhymmnia (Gesang), Thalia (Komödie), Terpsichore (Tanz), Euterpe (Musik), Klio (Geschichte), Kalliope (Epos) und Erato (Lyrik). ▷

POLYM=

THALIA

TERPSI
CHORE

EVTERPE

CLIO

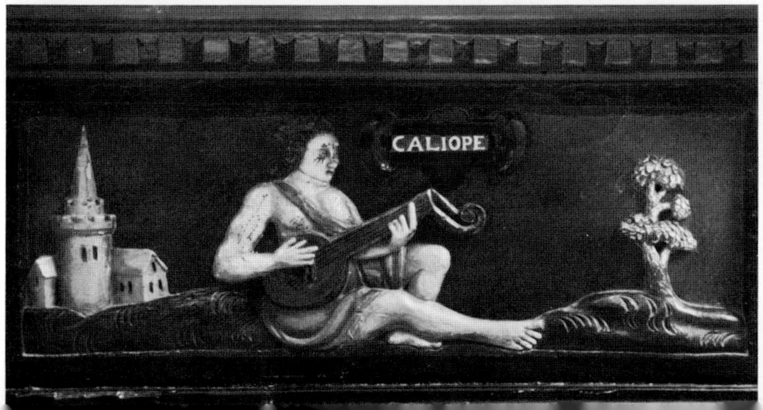
CALIOPE

ERATO

288 Haus des Jost Hundertossen aus dem Jahre 1609 in Hameln, Baustr. 7. ◁

289 Die heraldischen Sinnbilder Löwe und Greif auf Brüstungsplatten am Hause des Jost Hundertossen in Hameln. ▽

290 Bürgerhaus aus dem Jahre 1613 in Horn, Nordstr. 4. ▷

291 Bürgerhäuser des 16. und 17. Jahrhunderts in Münden, Lange Str. 21–25, mit den für die Altstadt Mündens charakteristischen Zwerchgiebeln an den Traufseiten.

292 Haus des Cyriacus Poggen aus dem Jahre 1611 in Einbeck, Neuer Markt 35, mit reich variierten Rosettenornamenten auf den Ständerstützen (vgl. Abb. 102–109). Bei diesem Hause ist im Gegensatz zum spätgotischen Geschoßbau jedes vorkragende Stockwerk mit eigenem Schwellbalken und eigenem Rähm für sich abgezimmert (vgl. Textabb. 16). ▷

Danket dem Herrn, denn er ist freundlich,
und seine Güte währet ewiglich. Psalm 106.
35

293 Bürgerhaus mit Utlucht vom Jahre 1684 in Vlotho, Nr. 136 (Foto: Hans Wagner, Vlotho). ◁

294 Schnitzgiebel mit Beschlagwerkornamenten am Hause des Pastors Johann Loofher vom Jahre 1621 in Bad Salzuflen, Lange Str. 7 (vgl. Abb. 86). Das Beschlagwerkornament der Schnitzgiebel geht auf Vorbilder der Ornamentstiche des 16. Jahrhunderts zurück (vgl. Abb. 295). ▷

295 Ornamentstich mit Beschlagwerkmuster aus dem Jahre 1596. ▷

10 km

296
Das 1619 errichtete ,,Severin-Haus" in Holzminden, Halbmondstr. 9, kennzeichnet die im 17. Jahrhundert einsetzende Beschränkung der Giebelgestaltung auf schmuckloses Balkenwerk. ◁

297
Das ,,Richter-Haus" aus dem Jahre 1701 in Nieheim, Richterplatz.
Der Bau ist in seinem schlichten Balkengefüge charakteristisch für das Fachwerk des 18. Jahrhunderts. ▷

298
Ackerbürgerhäuser des 18. Jahrhunderts in Horn, Nordstraße (1710–1731). ▽

299
Die Adolfstraße in Detmold.
Die Häuser entstanden vor 1650 entlang der Stadtmauer, auf deren Krone die vorkragenden oberen Stockwerke ruhen. ◁

300
Häuser der Berchtesgadener Emigranten am Aegidiikirchplatz in Münden. Die Stadt Münden ließ diese Häuser 1734 errichten. ▷

301
„Kleine-Leute-Häuser“ aus dem Beginn des 18. Jahrhunderts in Einbeck, Hören 1–11. ▽

302
Arten der Lehmausfachung: geflochtenes Zweigwerk, hölzerne Lehmstaken oder geflochtene Holzbänder, auf die der Lehmputz der Fache gestrichen wird (Lippisches Landesmuseum Detmold).

303
Ausfachung mit Rautenhölzern, die im südlichen Niedersachsen und in Hessen üblich sind (1549 Göttingen, Weender Str. 62; vgl. Abb. 233).

304
Ausfachung der Stockwerkbrüstung mit hölzernen Brüstungsplatten (1620 Rinteln, Brennerstr. 291; vgl. Abb. 85).

305 Ausfachung eines Bauernhausgiebels vom Jahre 1791 aus Amelunxen mit Backsteinmustern (Westfälisches Freilichtmuseum bäuerlicher Kulturdenkmale Detmold).

306–309
Knaggenschnitzerei am Küsterhaus St. Blasii aus dem Jahre 1457 in Münden, Kirchplatz 8 (vgl. Abb. 187). Die Schnitzmotive legen die Vermutung nahe, daß das Haus ursprünglich von einem Apotheker erbaut worden ist (Hand mit Pille und Rezeptbuch, Arzneipflanzen, Einhorn). △

310–311
Knaggen am Hause des Johann Hase aus dem Jahre 1559 in Wiedenbrück, Mönchstr. 10.
Es ist das älteste datierte Fachwerkhaus Wiedenbrücks. ▷

312 Taubandknaggen vom Hause Gronemann aus dem Jahre 1590 aus Schwalenberg (Lippisches Landesmuseum Detmold).

313
Figurenknaggen am Hause des Johann Hase aus dem Jahre 1559 in Wiedenbrück, Mönchstr. 10. ◁

314
Renaissancekonsolen an einem Bürgerhaus vom Jahre 1606 in Göttingen, Rote Str. 14. ▽

315
Eckkonsolen im Renaissancestil am „Eicke'schen Hause" in Einbeck, Marktstr. 13 (um 1610). ▷

SPES

316
Kopfband eines Bürgerhauses aus dem Ende des 16. Jahrhunderts in Hameln, Wendenstr. 22.

17
igurenkopfband eines Bürger-
auses des 17. Jahrhunderts
ıs Detmold, Lange Str. 47
ippisches Landesmuseum Detmold).
ie Figur trägt ein Männer-
ostüm der „spanischen Mode“.

318 Zahnschnittornamentik am Rathaus in Blomberg (1586/87). Die Schnitzerei stammt vom lippischen Meister Iggenhausen aus Voßhagen, der auch die Zahnschnittkränze am Schloß Oesterholz (Abb. 128) und am Kornhaus der Domäne Schieder (Abb. 129) geschaffen hat (vgl. Abb. 154). △

319 Sandsteinportal mit Zahnschnitt aus dem Jahre 1604 des Schlosses Thienhausen. Das weitverbreitete Zahnschnittmuster der Steinarchitektur der Weserrenaissance diente der Fachwerkschnitzerei als Vorbild. ◁

320 Rosetten aus dem Ende des 16. Jahrhunderts am „Adam-und-Eva-Haus" in Paderborn, Hathumarstr. 7 (vgl. Abb. 58–61). △

321 „Welscher Gewel" mit Muschelrosetten am Haus des Franz v. Kerssenbrock in Lemgo, Papenstr. 24 (um 1560). Die reich variierten Rosettenornamente der Fachwerkhäuser (vgl. Textabb. 24 und Abb. 88–109) beruhen auf den Vorbildern der steinernen Renaissancearchitektur. ▷

322 Schaugiebel des Schlosses Thienhausen mit Beschlagwerkornamentik (um 1610). ◁

323 Schnitzgiebel mit Beschlagwerk aus dem Jahre 1649 in Stadthagen, Markt 21. Die nach Mustern des Ornamentstiches (Abb. 295) entwickelte Beschlagwerkornamentik war in gleicher Weise in der Stein- und Holzarchitektur der Weserrenaissance verbreitet. ▽

324
Holzerker im Stil der Renaissancearchitektur am „Tilly-Haus" vom Jahre 1598 in Höxter, Westerbachstr. 33. ◁

325
Renaissanceerker aus Sandstein am Hotel Vialon in Horn, Marktplatz (um 1616). ▷

326
Utlucht am Schloß Bevern (1603–1612), die in Fachwerk den Stil der steinernen Renaissancebauten kopiert (vgl. Abb. 126).

327
Utlucht eines
Bürgerhauses
aus dem Jahre 1612
in Höxter,
Am Rathaus 5.

328 Gotischer Türsturz eines Bürgerhauses in Northeim, Am Schaupenstiel 9 (um 1500).

329 Gotischer Türsturz am ,,Arnoldi-Haus" vom Jahre 1513 in Warburg, Bernhardistr. 2 (vgl. Abb. 193).

330
Torbogen eines Bürgerhauses aus dem Jahre 1565 in Höxter, Nikolaistr. 10. Die übergroßen, ornamental wirkenden Frakturbuchstaben der Torbogeninschrift sind bezeichnend für die Inschriftenschnitzerei an den Bürgerhäusern in Höxter (vgl. Abb. 245).

331
Torbogen eines ehemaligen Burgmannshofes aus der 2. Hälfte des 16. Jahrhunderts mit Porträtmedaillons des Hausherrn und seiner Ehefrau in Bückeburg, Lange Str. 22.

EN·SONE·GAF·AVF·DAS·ALLE·DE·AN·ENNE·GELOBEN·NICHT·VERLOREN·WERDEN·SVNDER·D
GODT·BEWARE·DEISEN·INGANCK·VND·AVSGANCK·VAN·NV·AN·BES·IN·EWICHEIT·AMEN
ANNO·CHRISTI
1·6·22

332
Torbogen eines
Bürgerhauses
mit Renaissance-
ornamenten vom
Jahre 1622 in
Wiedenbrück,
Wasserstr. 19. ◁

333
Torbogen eines
Ackerbürgerhauses
aus dem Jahre 1731
in Horn,
Nordstr. 31,
mit barocker
Pflanzen-
ornamentik. ▷

334 Zweiständerhaus eines Großbauern aus Ummeln (um 1550). Es steht jetzt im Bielefelder Bauernhofmuseum (vgl. Abb. 340).

335 Zweiständerhaus eines Mittelbauern aus Sielhorst (1689) im Museumshof des Amtes Rahden (vgl. Abb. 341).

336 Vierständerhaus eines Großbauern aus dem Jahre 1844 in Diebrock (Hof Meier zu Hartum).

337 Vierständerhaus eines Mittelbauern vom Jahre 1739 aus Hüllhorst. Das Haus wurde als Heimatmuseum nach Bad Oeynhausen versetzt.

338 Deele mit Toreinfahrt im Haupthaus des Hofes Brandt-Everding aus Kleinenheerse (1673). Das Tor mußte so groß sein, daß ein voll beladener Erntewagen auf die Deele fahren konnte. Das Haus bildet jetzt den Mittelpunkt des Mindener Hofes im Westfälischen Freilichtmuseum bäuerlicher Kulturdenkmale in Detmold (vgl. Abb. 112).

339 Deele mit Blick zum Flett im Haupthaus des Hofes Führing aus Leese (1570).
In der Mitte des Fletts befindet sich die Herdstelle mit dem offenen Herdfeuer (vgl. Abb. 342).
Das Haus wurde im lippischen Meierhof des Westfälischen Freilichtmuseums
bäuerlicher Kulturdenkmale in Detmold wiedererrichtet (vgl. Textabb. 12 und Abb. 113).

341 Eßlucht im Haus des Hofes Bierenriede aus Sielhorst (1689; vgl. Abb. 335).
Die Eßlucht mit dem langen Eßtisch und dem Armlehnstuhl für den Hausherrn befindet sich an der linken Fensterseite des Fletts (Museumshof des Amtes Rahden). ▽

342 Herdstelle im Flett des Haupthauses vom Hof Führing aus Leese (1570; vgl. Abb. 113 und 339). Unter einem hölzernen Funkenschirm brannte das offene Herdfeuer ohne Schornsteinabzug. Mit dem verstellbaren eisernen Kesselhaken wurde die Wärme der Kochtöpfe geregelt (Westfälisches Freilichtmuseum bäuerlicher Kulturdenkmale Detmold). ▷

340
Waschlucht mit Sandsteintrögen und Wasserpumpe im Meierhaus aus Ummeln (um 1550; vgl. Abb. 334). Die Waschlucht befindet sich an der rechten großen Fensterwand des Fletts (Bauernhofmuseum Bielefeld). △

343 Stube im Haupthaus des Hofes Brandt-Everding in Kleinenheerse (vgl. Abb. 112 und 338).
In Hintergrund die Bettkastenwand aus dem Ende des 18. Jahrhunderts,
an der rechten Wand der eiserne Stubenofen vom Jahre 1745, der von der Deele aus beheizt wurde.
Das aus dem Jahre 1673 stammende Haus wurde im Mindener Hof des Westfälischen
Freilichtmuseums bäuerlicher Kulturdenkmale in Detmold wiedererrichtet
(Foto: Helga Schmidt-Glassner, Stuttgart).

344 Wandvertäfelung aus dem Jahre 1791 in der Wohnstube des Hofes Meier zu Müdehorst in Nieder-Dornberg. Das eine Tafelbild zeigt einen Vogel, der sein Brustgesicht an der Nase zupft, als Versinnbildlichung des Sprichwortes: „Zupf dich selbst an deiner Nasen!“
Das Motiv wurde aus der Karikaturengraphik des Barock übernommen, taucht aber bereits auf Gemmen der Antike auf.

345
Bleichhütte aus Rahden-Steinmasch im Rahdener Museumshof. Die Bleichhütte beherbergte das Bleichgerät und die notwendige Wache über die ausgebreiteten Leinenbahnen auf der Bleiche.

346
Bokemühle (um 1860) aus Tonnenheide-Hahnekamp im Museumshof des Amtes Rahden. In der von einem Pferdegöpel betriebenen Bokemühle wurden mit einem Hammerwerk die gerösteten Flachsstengel mürbe geklopft.

347
Schafstall vom Jahre 1786 aus Varl mit Schäferkarren im Museumshof des Amtes Rahden.

348
Wagenschuppen vom Jahre 1840 aus Preußisch Ströhen im Museumshof des Amtes Rahden.

349 Backhaus vom Jahre 1617 aus Frotheim auf dem Mindener Hof des Westfälischen Freilichtmuseums bäuerlicher Kulturdenkmale in Detmold (vgl. Abb. 112). An die Rückseite des Fachwerkbaues ist der schornsteinlose Backofen angebaut. ◁

350–351 Backhaus (um 1600) aus Rahden-Stelle im Museumshof des Amtes Rahden. ◁

352 Speicher aus dem Jahre 1554 aus Brosen auf dem lippischen Meierhof des Westfälischen Freilichtmuseums bäuerlicher Kulturdenkmale in Detmold (vgl. Abb. 113). △

353 Speicher aus dem Jahre 1589 in Scharmede, Hof Alpmann. Da die Speicher den wertvollen Kornertrag der Ernte bargen, wurden sie mit besonderem Aufwand gebaut, der in der reichen Ornamentierung der Fachwerkschnitzerei zum Ausdruck kommt (vgl. Abb. 110). △

354 Speicher vom Jahre 1795 aus Avenwedde im Bauernhofmuseum in Bielefeld mit den für das 18. Jahrhundert charakteristischen langen Inschriften. ▷

355
Speicher aus Winkhausen (2. Hälfte des 16. Jahrhunderts) im Paderborner Dorf des Freilichtmuseums bäuerlicher Kulturdenkmale in Detmold.

ORTSVERZEICHNIS DER FACHWERKBAUTEN

Den historischen Ortsnamen sind in Klammern die neuen Gemeindebezeichnungen hinzugefügt.

ALFELD Kr. Hildesheim
Lateinschule (1610)
Abb. 62. 63. 163–184. 378. Textabb. 28. Einleitung S. 112. 127. 132. 137–140.

Im Zuge der Reformation wurde 1610 das Unterrichtsgebäude der Lateinschule errichtet, dessen reiches Schnitzwerk vom Hildesheimer Meister Andreas Steiger stammt. Im 19. Jahrhundert (1813–1855) befand sich in dem Gebäude das Lehrerseminar.

Inschriften: GEN. 28. CAP. VIDIT ISAACIDES PRORECTAM AD SIDERA SCALEM [Isaaks Sohn sah eine zu den Sternen errichtete Leiter]. (Schwellbalken Nordseite). – PERQUE HANC ANGELICOS IRE REDIRE CHORAS: ECCE TYPUM. QUID ENIM SCHOLA? QUID? NISI MYSTICA SCALA: CUIUS APEX SALVA AT RELLIGIO ET REGIO EST: ORDO MAGISTRORUM [Und auf ihr gingen die Engelchöre auf und nieder. Siehe, welche Stellung hat die Schule? Was? Wenn nicht eine mystische Leiter. Deren Spitze ist die heilige Religion und der heilige Raum: der Stand der Lehrer]. (Schwellbalken Westseite). – HIC DESCENDIT, CAPTUI ADAPTANS DOGMATA UT ASCENDAT CARA IUVENTA GRADUS: CUR? [Hier steigt er hinab, damit die liebe Jugend die Stufen aufsteigen und zugleich die Lehrsätze der geistigen Fähigkeit erfassen möge]. (Schwellbalken Südseite). – AIS EUSEBIE UT VIGEAT THEMIS UTQUE THRIUMPHET SCEPTRA FORIS TENEAT PAX, HYGIEA DOMI. HINC SUADENTE MINI (STERIO PLAUDENTE SENATU SUMPTIBUS) HAEC CONDITA FUIT SUMME DEUS, DILECTE [... Hierauf ist sie auf Rat der Geistlichen und mit Zustimmung des Rates mit Kosten gegründet worden]. (Schwellbalken Ostseite). – PARENS, FAC, DIVITE FRUCTO, SCALAM, URBEM, ET POPULUM HUNC SOSPITET ALMA SALUS 1610 [Vater, mach, daß ein gütiges Heil mit reicher Frucht Schule, Staat und dieses Volk beschenke. 1610]. (Schwellbalken Nordseite).

Lit.: M. Sonnen, Holzbauten östlich der Weser (Münster 1926), XXII–XXIII. Tafel 189–200; O. Kiecker und P. Graff, Die Kunstdenkmäler des Kreises Alfeld (Hannover 1929), 72–76 (Aufmaß); Kiesow, Bremen/Niedersachsen (Dehio, Handbuch der deutschen Kunstdenkmäler) München 1977, 67.

Seminarstr. 3 (1490)
Abb. 81. Einleitung S. 119.

Lit.: O. Kiecker und P. Graff, Die Kunstdenkmäler des Kreises Alfeld (Hannover 1929), 83–86 (Aufmaß).

AMELUNXEN Kr. Höxter
Nr. 44 Hof Wüllner: Haupthaus (1767)
Abb. 305.
Inschriften: AN GOTTES SEGEN IST ALLES GELEGEN. WER GOT VERTRAUT HAT WOL GEBAUT. IM HIMMEL UND AUF ERDEN WER SICH VERLÄST AUF IESUM CHRIST DEN MUS DER HIMMEL WERDEN. JOHANN HENRICH GOLUKEN ANNA CATRINA SCHECHT ANNO 1767 DEN 15 APR. (Torbogen). – SO SEGNET GOT DEN SELBEN MAN DER IHN DEN SEGEN BRINGET AN. ALLES IST AN GOTTES SEGEN UND SEINER HULD GELEGEN. ÜBER ALLES GELD UND GUT WER AUF GOT SEIN HOFFNUNG SETZET DER BEHÄLT GANZ UNVERLETZTET EINNEN FREIN HELLEN MUHT. (Schwellbalken). – DER MICH BIES HIEHER ERNEHRET UND MIR MANCHES GLÜCK BESCHERET IST UND BLEIBET MEIN WIRD AUCH FORT DER HELFER SEIN. (Riegel).

Lit.: Die Hausinschriften des Fürstentums Corvey. Hrsg. vom Amt Corvey-Land (Höxter 1931), 16; J. Schepers, Haus und Hof westfälischer Bauern. 3. Aufl. (Münster 1976), 167. 401 (Aufmaß).

ATTELN (Lichtenau) Kr. Paderborn
Voigtshaus: Speicher (1588)
Abb. 110. Einleitung S. 106.
Der 1588 errichtete Speicher wurde im 18. Jahrhundert zum Wohnhaus umgebaut. Nach Veränderungen im 19. Jahrhundert wurde das Fachwerkhaus 1935 in seinem Äußeren wiederhergestellt.
Inschriften: WAT HE SYLVEST HAIT BEDREVEN HE WORDE SYCH VAKEN BEDENCKEN EHR HE MANCHEN DEDE SYN EHR KRE[N]KEN. HINRICH SCHULTE KATARINA VXOR EIVS. (Schwellbalken). – DEITHART REISEN VND GEIRDRVT SEIN EHEFROVWE DE DAIR GODT VORTRVWEN HAVEN DVSEN SPIKER LATEN BVWEN. ANNO 1588 (Schwellbalken).

Lit.: J. Körner, Die Bau- und Kunstdenkmäler des Kreises Büren (Münster 1926), 15; J. Schepers, Haus und Hof westfälischer Bauern. 3. Aufl. (Münster 1976), 430–431 (Aufmaß); F. Kaspar, Fachwerkbauten in Westfalen vor 1600 (Münster 1978), 66.

AVENWEDDE (Gütersloh) Kr. Gütersloh
Hof Markkötter: Speicher (1795)
Abb. 354.
Der aus dem Jahre 1795 stammende Speicher des Hofes Markkötter wurde 1937 im Bielefelder Bauernhofmuseum wiederrichtet.

Inschriften: HENRICH ADOLPH MARKKÖTTER UND ANNA MARGARETHA DIECKMANNS HABEN DIESEN SPIKER BAUEN LASSEN. HERR SCHENKE UNS AUS GNADEN DEINEN GEIST. WEN WIR EIN UND AUSGEHEN SOLTE DEN GLEICH CREUTZ UND TRUEBSAHL BRECHE HEREIN DAS WIR ALLE ZEIT DEN SPRUCH UNS ZUM TROSTE NEHMEN AUS JACOBI. IV. SELIG. (Schwellbalken). – HERR SCHENKE UNS DEINEN SEGEN DAS WIRS DOCH NICHT UMSONST BAUEN LASSEN SONDERN ZU UNSERM NUTZEN UND VERGNÜGEN GEBRAUCHEN MÖGEN. EC. ANNO 1795 (Türsturz).

Lit.: J. Schepers, Führer durch das Bauernhofmuseum Bielefeld (Bielefeld 1967), 10. 24. 25.

BAD SALZUFLEN Kr. Lippe

Lange Str. 7 (1621)

Abb. 86. 294.

Das Haus wurde 1621 von Johann Loofher erbaut, der 1615–1657 als Pastor und Superintendent an der reformierten Gemeinde in Salzuflen wirkte.

Inschriften: SIT LARIBUS NOSTRIS, OPTO CONCORDIA CONSTANS NOSTER ET ASSIDVO LUCEAT IGNE FOCUS. DOMINUS PROVIDEBIT. [Dauernde Eintracht sei, ich wünsche es, dem Haus, und mit beständigem Feuer leuchte der Herd. Der Herr wird sorgen]. (Schwellbalken). – Den was mir Got gunt, das mus geraden. (Türsturz).

Lit.: M. Sonnen, Die Weserrenaissance (Münster 1923), XIII. Abb. 7; W. Pölert, Alt-Salzuflen (Detmold 1931), 44–46; Bad Salzuflen Einst und jetzt (Lemgo 1951), 60–61; O. Gaul, Zierschnitzereien der Renaissance an lippischen Fachwerkbauten. In: Lippische Mitteilungen aus Geschichte und Landeskunde 27 (1958), 74. 85. 100.

Lange Str. 33 (1612)

Abb. 80. 186. Textabb. 15. 24. Einleitung S. 113. 120.

Haus des Bürgers und Kaufmanns Arendt Bade und seiner Ehefrau Marie Jürgens. Um 1700 befand sich im Hause eine Weinschenke, im 19. Jahrhundert wurde es von einer Bäckerfamilie bewohnt. Im Jahre 1954 erfolgte im Erdgeschoß ein Ladeneinbau; das Schnitzwerk der Giebelfront blieb erhalten. Ein Gerüstmodell des Hauses ist im Lippischen Landesmuseum ausgestellt.

Inschrift: DE SEGEN DES HEEREN DIN GUDT TUT MEREN. SO DU DICH MIT EHREN TUEST ERNEREN. UNGUNST DER LUDTE WIRT DIR NICHT SCHADEN WAT GODT HUET GIFFT, WIRD WOHL GERADEN. (Torbogen).

Lit.: W. Pölert, Alt-Salzuflen (Detmold 1931), 13. 68–69; Bad Salzuflen. Einst und jetzt (Lemgo 1951), 54. 62; O. Gaul, Zierschnitzereien der Renaissance an lippischen Fachwerkbauten. In: Lippische Mitteilungen aus Geschichte und Landeskunde 27 (1958), 73–74. 93; Westfalen. Bürgerhausaufmaße. Hrsg. vom Landesamt für Baupflege im Landschaftsverband Westfalen-Lippe (Münster 1966), Bl. 19. 20; W. Hansen, Fachwerkbau im Oberweserraum. In: Kunst und Kultur im Oberweserraum 800–1600 (Münster 1966), 302 (Aufmaß). 308. 695. Abb. 262; W. Hansen, Das Lippische Landesmuseum (Detmold 1972), 76. 176; K. Klöckner, Alte Fachwerkbauten (München 1978), 138.

Lange Str. 35 (1618)

Abb. 77–79.

Inschrift: WOL DEM, DER SEINE HOFFNUNG SETZET AUF DEN HERREN UND SICH NICHT WENDET ZU DEN HOFFERTIGEN UND DIE MIT LÜGEN UMGEHEN. (Schwellbalken).

Lit.: W. Pölert, Alt-Salzuflen (Detmold 1931), 70; Bad Salzuflen. Einst und jetzt (Lemgo 1951), 54. 62; O. Gaul, Zierschnitzereien der Renaissance an lippischen Fachwerkbauten. In: Lippische Mitteilungen aus Geschichte und Landeskunde 27 (1958), 74. 83–84.

Obere Mühlenstr. 1 (1632)

Abb. 139. Einleitung S. 100. 120. 124.

Haus des Hermann von Exter und seiner Ehefrau Ilse van Senden, der einzige Adelshof in Bad Salzuflen, der jedoch nur kurze Zeit von der Familie von Exter bewohnt wurde und bald in bürgerlichen Besitz überging. Der Stammsitz der Familie von Exter lag im benachbarten Ahmsen.

Inschriften: ANNO 1632 DEN 24 JULII HADT HERMANN VON EXTER UND ILSE VAN SENDEN DUT HAUS IN DEM NAMEN DER HEILIGEN DREIEINIGKEIT BOWEN LATEN. AN GOTTES SEGEN IST ALLES GELEGEN. V[ERBUM] D[OMINI] I[N] AE[TERNUM] [Das Wort des Herrn in Ewigkeit]. WOL GADE IN RECHTEN GELOWEN VORTRUWET, NICHT OP D... (Schwellbalken).

Lit.: M. Sonnen, Die Weserrenaissance (Münster 1923), XVIII. Abb. 19; W. Pölert, Alt-Salzuflen (Detmold 1931), 82; Bad Salzuflen. Einst und jetzt (Lemgo 1951), 56. 64; O. Gaul, Zierschnitzereien der Renaissance an lippischen Fachwerkbauten. In: Lippische Mitteilungen aus Geschichte und Landeskunde 27 (1958), 74.

BATENHORST (Rheda-Wiedenbrück) Kr. Gütersloh

Haus Außel (1580)

Abb. 133–136. Einleitung S. 100. 103. 126. 127. 128. 135–136.

Das ursprünglich von einer Gräfte umgebene Haus war seit Mitte des 16. Jahrhunderts Sitz des Ministerialengeschlechtes von Amelunxen. Im Jahre 1580 wurde der Bau von Robert oder seinem Sohn Moritz von Amelunxen errichtet. Nach 1830 ging er in bäuerlichen Besitz über. Inschrift: SI DEUS PRO NOBIS QUIS CONTRA NOS. ANNO 1580 [Wenn Gott mit uns, wer gegen uns?]. (Schwellbalken).

Lit.: A. Ludorff, Die Bau- und Kunstdenkmäler des Kreises Wiedenbrück (Münster 1901), 77–78. 88. Tafel 57. 58; J. Schepers, Gräftenhaus Außel bei Wiedenbrück. In: Schepers, Vier Jahrzehnte Hausforschung (Sennestadt 1973), 118–120; Kluge-Hansmann, Westfalen (Dehio, Handbuch der deutschen Kunstdenkmäler) München 1969, 36; F. Kaspar, Fachwerkbauten in Westfalen vor 1600 (Münster 1978), 79.

BELLE (Horn-Bad Meinberg) Kr. Lippe
Kapelle (1741)
Abb. 151. Einleitung S. 105.
Die Fachwerkkapelle wurde 1741 erbaut. Graf Albrecht Wolfgang zu Bückeburg gab zu ihrer Erbauung 100 Taler, das Übrige brachte die Dorfschaft auf.
Inschrift: Ausspiciis Alberti Wolfgang D. g. com. Schauenburg com. et nob. dom. Lippiae aedem Dom. sacram vetustate collapsam refici curavit ruinis superstes Bellensium religio. A[nno] R[eparatae] S[alutis] 1741 [Unter der Regierung Albert Wolfgangs, von Gottes Gnaden Grafen von Schaumburg und Edelherren zur Lippe, ließ das durch Alter zusammengestürzte Gotteshaus die überlebende Gemeinschaft der Beller aus den Trümmern neu errichten. Im Jahre des wiederhergestellten Heils 1741].

Lit.: O. Preuß, Die baulichen Alterthümer des Lippischen Landes. 2. Aufl. (Detmold 1881), 169; A. Drewes, Die Kapelle in Belle. In: Drewes, Geschichte der Kirchen des Lippischen Landes (Lemgo 1881), 432–433; Belle. In: Kulturgeschichte der Kirchengemeinden der Klasse Blomberg (Detmold 1950), 64–65; Kluge-Hansmann, Westfalen (Dehio, Handbuch der deutschen Kunstdenkmäler) München 1969, 40.

Nr. 130 Hof Johann Friedrich Schöning: Leibzucht (1823)
Textabb. 6
Der Bau, ein Hallenhaus kleinsten Ausmaßes von fünf Gebinden mit einer Längswand von nur vier Fachen, wurde nach dem Zweiten Weltkrieg abgebrochen.

BEVERN Kr. Holzminden
Schloß (1603–1612)
Abb. 126. 326. Einleitung S. 104. 118.
Der Bau wurde 1603–1612 für Statius von Münchhausen errichtet, der Bevern 1590 erworben hatte, es aber infolge seiner Verschuldung bereits 1619 an die braunschweigischen Herzöge abgeben mußte. Baumeister war in den Jahren 1603–1606 der Hamelner Johann Hundertossen. Nach seinem Tode übernahmen dann Herforder, Holzmindener, Einbecker und Alfelder Handwerker die Bauarbeiten. Bis 1773 war das Schloß herrschaftlicher Wohnsitz der Seitenlinie Braunschweig-Bevern.

Lit.: A. Ortwein, Deutsche Renaissance Abt. IV (Leipzig 1871–1875), Bl. 1–12 (Aufmaß); K. Steinacker, Die Bau- und Kunstdenkmäler des Kreises Holzminden (Wolfenbüttel 1907), 13–26; A. Neukirch, Hamelner Renaissance. Vom Schicksal einer niedersächsischen Stadtkultur (Hameln 1950), 101 ff.; Kreft-Soenke, Die Weserrenaissance. 4. Aufl. (Hameln 1975), 235–236. Abb. 159–162; Kiesow, Bremen/Niedersachsen (Dehio, Handbuch der deutschen Kunstdenkmäler) München 1977, 143; K. Klöckner, Alte Fachwerkbauten (München 1978), 149.

Hof Deppe: Haupthaus (1551)
Textabb. 14

Lit. J. Schepers, Haus und Hof westfälischer Bauern. 3. Aufl. (Münster 1976), 59. 399 (Aufmaß).

BIELEFELD
Dornberger Str. 82: Bauernhofmuseum
Abb. 334. 340. 354.
s.: Avenwedde (Speicher 1795); Ummeln (Haupthaus um 1550).

Lit.: J. Schepers, Führer durch das Bauernhofmuseum Bielefeld (Bielefeld 1967); Westfälische Museen. Führer durch die Museen in Westfalen und Lippe (Münster 1971), 23–24.

BLOMBERG Kr. Lippe
Amtshaus (1572)
Abb. 38–42. 83. Einleitung S. 113. 122.
Ursprünglich als Pfortenhaus der Burg erbaut. Der seitliche Anbau entstand um 1700. Die Schnitzereien stammen von Meister Bartold Sander aus Horn, der auch das Schnitzwerk am Ostgiebel der Blomberger Burg geschaffen hat. Im Jahre 1914 wurden die Schnitzereien restauriert.
Inschrift: VON GOTTES GNAD SIMON GRAFFE UND EDDELE HERR ZUR LIPPE ANNO DOMINI 1572. (Schwellbalken).

Lit.: O. Gaul, Zierschnitzereien der Renaissance an lippischen Fachwerkbauten. In: Lippische Mitteilungen aus Geschichte und Landeskunde 27 (1958), 68–69. 93. 94; Kluge-Hansmann, Westfalen (Dehio, Handbuch der deutschen Kunstdenkmäler) München 1969, 58; F. Kaspar, Fachwerkbauten in Westfalen vor 1600 (Münster 1978), 20.

Burg: Ostflügel (1569)
Abb. 36. 37. Einleitung S. 104. 113. 120.
Die Burg Blomberg war im 14. und 15. Jahrhundert Sitz der Edelherren zur Lippe. In den Jahren 1560/61 wurde vom Maurermeister Hans Rade der Ostflügel als „neuer Saalbau" begonnen, den im oberen Fachwerkgeschoß der „Schattilier" Bartold Sander aus Horn mit reichem Schnitzwerk ausstattete.

Lit.: O. Preuß, Die baulichen Alterthümer des Lippischen Landes. 2. Auf. (Detmold 1881), 82–83; M. Sonnen, Die Weserrenaissance (Münster 1923), XIII–XIV. Abb. 8–10; O. Gaul, Zierschnitzereien der Renaissance an lippischen Fachwerkbauten. In: Lippische Mitteilungen aus Geschichte und Landeskunde 27 (1958), 67–68. 94; A. Bünte, Die Geschichte der Blomberger Burg. In: Heimatland Lippe 55 (1962), 111–117; O. Gaul, Die Burg Blomberg. In: Unsere lippische Heimat. Heimatbeilage der Lippischen Rundschau Nr. 34 vom August 1964; E. Kittel Lippe vor 1800. Ansichten aus drei Jahrhunderten (Detmold 1964), 29. Tafel 14; E. Thelemann, Chronik der Stadt Blomberg (Blomberg 1969), 13–20; Kluge-Hansmann, Westfalen (Dehio, Handbuch der deutschen Kunstdenkmäler) München 1969, 58; G. Angermann, Die Anfänge der Weserrenaissance. In: Ostwestfälisch-weserländische Forschungen zur geschichtlichen Landeskunde (Münster 1970), 199; H. Sauer, Die Burg Blomberg. In: Heimatland Lippe 67 (1974), 139–144; Kreft-Soenke, Die Weserrenaissance. 4. Aufl. (Hameln 1975), 236. Abb. 59; F. Kaspar, Fachwerkbauten in Westfalen vor 1600 (Münster 1978), 20.

Rathaus (1586/87)
Abb. 154. 318. Einleitung S. 105. 113. 122.
Inschriften: GESCHENKE UNDE GAVE VORBLENDEN DE WYSEN UNDE DON EN EINEN THOOM IN DEN MUNDT,

DAT SE NICH STRAFEN KONNEN. (Schwellbalken). – MENGE DY NICHT IN FROMDE SAKE UNDE SITTE NICHT BEIM UNRECHTE ORDEL. (Schwellbalken). – EIN IEDER MAN SY UNDERDANICH DER UVERICHKEIT, DE MACHT AVER EN HAT. WENTE DA IS KEIN UVERICHKEIT, DAN ALLEINE VAN GADE. WOL SICK DER WEDERSETTET, DE WEDERSTREBET GADES ORDENUNG. (Schwellbalken).

Lit.: C. Lachner, Geschichte der Holzbaukunst in Deutschland (Leipzig 1887), 123; K. Henrici, Reiseaufnahmen aus Westfalen und dem Fürstenthum Lippe (Aachen 1892), Bl. 36; M. Sonnen, Die Weserrenaissance (Münster 1923), XV–XVII. Abb. 11; O. Gaul, Zierschnitzereien der Renaissance an lippischen Fachwerkbauten. In: Lippische Mitteilungen aus Geschichte und Landeskunde 27 (1958), 87–88; E. Thelemann, Chronik der Stadt Blomberg (Blomberg 1969), 33–35; Kreft-Soenke, Die Weserrenaissance. 4. Aufl. (Hameln 1975), 237. Abb. 167; F. Kaspar, Fachwerkbauten in Westfalen vor 1600 (Münster 1978), 20.

BODENWERDER Kr. Holzminden
Homburgstr. 50 (1550)
Abb. 228.
Inschrift: Ora et labora [Bete und arbeite]. Sir: 19. Geringe klocheit mit gott furcht: ißt beter den grote wisheit Mit gots verach (Schwellbalken).

Lit.: H. Braun und J. Bühring, Die Kunstdenkmäler der Stadt Bodenwerder und der Gemeinde Pegestorf (Hannover 1976), 37 (Aufmaß).

BOHNHORST (Warmsen) Kr. Nienburg
Nr. 15 Hof Rieke: Scheune (1671)
Abb. 112.
Die Scheune des Hofes Rieke vom Jahre 1671 wurde 1968/69 in der Mindener Gehöftgruppe des Westfälischen Freilichtmuseums bäuerlicher Kulturdenkmale in Detmold wiedererrichtet.
Inschrift: Wer nicht lernt lesen und schreiben, der muß Ochsen und Esel treiben.

Lit.: St. Baumeier, Hinweise für den Rundweg [durch das Westfälische Freilichtmuseum bäuerlicher Kulturdenkmale] Detmold 1972, 13.

BROKHAUSEN (Detmold) Kr. Lippe
Nr. 9 Hof Heinrich Meier: Haupthaus (1577)
Textabb. 6
Das Haus wurde zur Wiedererrichtung im Westfälischen Freilichtmuseum bäuerlicher Kulturdenkmale (Detmold) abgebaut. Eine Replik der Herdstelle mit Küchenunterschlag befindet sich im Lippischen Landesmuseum in Detmold. Ein Gerüstmodell des Hauses ist im Lippischen Landesmuseum ausgestellt.
Inschrift: ANNO DOM[INI] 1577 MES[CH] HANS. (Torbogen).

Lit.: W. Hansen, Das Lippische Landesmuseum (Detmold 1972), 23 (Aufmaß). 84. 87; Westfalen. Bauernhofaufmaße. Bearb. im Landesamt für Baupflege des Landschaftsverbandes Westfalen-Lippe (Münster 1972), Bl. 9. 10; F. Kaspar, Fachwerkbauten in Westfalen vor 1600 (Münster 1978), 26.

BROSEN (Kalletal) Kr. Lippe
Hof Krüger: Speicher (1554)
Abb. 352.
Der Speicher des Hofes Krüger wurde 1971/72 auf dem lippischen Meierhof des Westfälischen Freilichtmuseums bäuerlicher Kulturdenkmale in Detmold wiedererrichtet. Ein Gerüstmodell des Speichers befindet sich im Lippischen Landesmuseum (Detmold).

Lit.: St. Baumeier, Hinweis für den Rundweg [durch das Westfälische Freilichtmuseum bäuerlicher Kulturdenkmale] Detmold 1972, 11; J. Schepers, Rundweg durch das Westfälische Freilichtmuseum bäuerlicher Kulturdenkmale (Detmold 1978), 23; J. Schepers, Der lippische Meierhof im Westfälischen Freilichtmuseum bäuerlicher Kulturdenkmale in Detmold. In: Museum und Kulturgeschichte. Festschrift für Wilhelm Hansen (Detmold 1978), 58 (Aufmaß). 63–64. 72. Abb. 24. 35; F. Kaspar, Fachwerkbauten in Westfalen vor 1600 (Münster 1978), 52.

BRUCHHAUSEN (Höxter) Kr. Höxter
Hof Bremer: Haupthaus (1651)
Textabb. 10
Durchgangsdeelenhaus mit mittlerer Küchennische und Stube am Straßengiebel.
Inschrift: PETTER MOVEN CATHARINA TRVTTEN ANNO 1651 (Torbogen).

Lit.: J. Schepers, Haus und Hof westfälischer Bauern. 3. Aufl. (Münster 1976), 166 (Aufmaß). 400 (Aufmaß).

BRÜNTRUP (Blomberg) Kr. Lippe
Obermeierhof: Türsturz des Speichers (1790)
Textabb. 19
Der Speicher, der einen Schweinestall und einen Werkraum enthält, wurde in den Jahren 1971/72 im lippischen Meierhof des Westfälischen Freilichtmuseums bäuerlicher Kulturdenkmale (Detmold) wiedererrichtet.
Inschrift: WOHL DEM DER SICH DES DURFTIGEN ANNIMT DEN WIRD DER HERR ERRETTEN ZUR BOSEN ZEIT. PS 54. DER BAUMEISTER H.C. MEIER (Türsturz).

Lit.: St. Baumeier, Hinweise für den Rundweg [durch das Westfälische Freilichtmuseum bäuerlicher Kulturdenkmale] (Detmold 1972, 11; J. Schepers, Der lippische Meierhof im Westfälischen Freilichtmuseum bäuerlicher Kulturdenkmale in Detmold. In: Museum und Kulturgeschichte. Festschrift für Wilhelm Hansen (Münster 1978), 60 (Aufmaß), 61 (Abb.), 68–69.

BUCHHOLZ Kr. Schaumburg

Nr. 42 Hof Aumann: Schweinehaus (Um 1600)

Abb. 112.

Das Schweinehaus des Hofes Aumann wurde 1968/69 im Mindener Gehöft des Westfälischen Freilichtmuseums bäuerlicher Kulturdenkmale in Detmold wiedererrichtet.

Lit.: St. Baumeier, Hinweise für den Rundweg [durch das Westfälische Freilichtmuseum bäuerlicher Kulturdenkmale] Detmold 1972, 13.

BÜCKEBURG Kr. Schaumburg

Lange Str. 22 (2. Hälfte 16. Jh.)

Abb. 331.

Das Fachwerk dieses ehemaligen Burgmannshofes stammt vermutlich aus der 2. Hälfte des 16. Jahrhunderts. Die steinerne Utlucht ist jüngeren Datums. Seitlich schließt sich an das Haus eine massive doppelte Rundbogendurchfahrt an, über deren kleinerem Tor sich ein Wappentabernakel befindet.

Lit.: G. Schönermark, Beschreibende Darstellung der älteren Bau- und Kunstdenkmäler des Fürstenthums Schaumburg-Lippe (Berlin 1897), 35; Kiesow, Bremen/Niedersachsen (Dehio, Handbuch der deutschen Kunstdenkmäler) München 1977, 212.

CELLE Kr. Celle

Poststr. 8: Hoppener-Haus (1532)

Abb. 2–4. 374. Einleitung S. 105. 112. 119.

Das Haus wurde 1532 im Auftrage von Herzog Ernst dem Bekenner für seinen Amtsrentmeister Simon Hoppener errichtet. Die reiche Schnitzerei ist ein Werk des Meisters Simon Stappen, von dem in gleicher Stilform die Schnitzereien am Brusttuch in Goslar (Hoher Weg 1 1526) und am Huneborstelschen Hause in Braunschweig (Burgpl. 2a 1536) stammen. Im Jahre 1932 wurde das Haus in seinem Inneren durch Brand völlig zerstört, konnte jedoch in der Außenfront wiederhergestellt werden.

Lit.: H. W. Mithoff, Kunstdenkmale und Alterthümer im Hannoverschen 4 (Hannover 1877), 34–35; H. Siebern, Stadt Celle (Die Kunstdenkmäler der Provinz Hannover III, 5). Hannover 1937, 177–180. Tafel 85–86; E. E. Reimerders, Das Hoppener Haus wird 400 Jahre alt. In: Celler Heimatkalender auf das Jahr 1939, 32–63; R. Busch, Die Fachwerkbauten der Celler Altstadt (Celle 1965), 82–83; G. Angermann, Die Anfänge der Weserrenaissance. In: Ostwestfälisch-weserländische Forschungen zur geschichtlichen Landeskunde (Münster 1970), 193; Kiesow, Bremen/Niedersachsen (Dehio, Handbuch der deutschen Kunstdenkmäler) München 1977, 241.

DEHLENTRUP (Detmold) Kr. Lippe

Nr. 5 Hof Brede: Haupthaus (1754)

Textabb. 6. 8.

Vierständerbau mit Flettdeele und Kammerfach.

Lit. O. Gaul, Kreis Detmold (Kunstführer des Westfälischen Heimatbundes 25). Münster 1947, 8. 9. 12; J. Schepers, Haus und Hof westfälischer Bauern. 3. Aufl. (Münster 1976), 164. 388–389 (Aufmaß).

Nr. 5 Hof Brede: Türsturz des Backhauses (1790)

Textabb. 19

Das Backhaus steht jetzt im Lippischen Meierhof des Westfälischen Freilichtmuseums bäuerlicher Kulturdenkmale in Detmold.

Inschrift: ICH WIL DEN HERRN LOBEN SO LANGE ICH LEBE UND MEINEM GOTT LOBSINGEN WEIL ICH HIE BIN. PS 146. JOHANN FRIEDRICH WOLF UND ANNA CATHRINA ELISAB. OTTEN HABEN D[IESES] H[AUS] L[ASSEN] B[AUEN] D. 30 APR[IL] 1790 (Türsturz).

Lit.: St. Baumeier, Hinweise für den Rundweg [durch das Westfälische Freilichtmuseum bäuerlicher Kulturdenkmale]. Detmold 1972, 11; J. Schepers, Haus und Hof westfälischer Bauern. 3. Aufl. (Münster 1976), 391 (Aufmaß); J. Schepers, Der lippische Meierhof im Westfälischen Freilichtmuseum bäuerlicher Kulturdenkmale in Detmold. In: Museum und Kulturgeschichte. Festschrift für Wilhelm Hansen (Münster 1976), 57 (Aufmaß). 61. 69.

DELBRÜCK Kr. Paderborn

Dorfbauerschaft: Valepagenhof (1577)

Abb. 114–118. Textabb. 17. Einleitung S. 106. 135.

Der Vierständerbau, dessen Wohnteil im 19. Jahrhundert erneuert worden ist, wurde mit seinem ungewöhnlich reichen Schnitzgiebel 1977/78 im Paderborner Dorf des Westfälischen Freilichtmuseums bäuerlicher Kulturdenkmale wiedererrichtet.

Inschrift: Dis haus steit in Gots hant. Joist Valepage ists genannt. Der hats lassen bawen. Und auf Got gesetz sein vertrawe. Anno Domini 1577. (Torbogen).

Lit.: A. Ludorff, Die Bau- und Kunstdenkmäler des Kreises Paderborn (Münster 1899), 18. Tafel 3; Das Bauernhaus im Deutschen Reich und seinen Grenzgebieten (Dresden 1906), 70. Tafel Westfalen 3,5; F. Walter, Das westfälische Bauernhaus (Dortmund 1936), 52; H. F. v. Hülst, Der Valepagenhof im Delbrücker Land. Eine Studie zur Hof- und Baugeschichte. In: Die Warte 31 (1970), 136 bis 139; J. Schepers, Haus und Hof westfälischer Bauern. 3. Aufl. (Münster 1976), 59 (Aufmaß). 165. 411 (Aufmaß); F. Kaspar, Fachwerkbauten in Westfalen vor 1600 (Münster 1978), 24.

DETMOLD Kr. Lippe

Adolfstraße (Vor 1650)

Abb. 299.

Die Häuser entstanden vor 1650 entlang der Detmolder Stadtmauer. Ihre Rückwand wird von der Stadtmauer gebildet, auf deren Krone das vorkragende obere Stockwerk ruht. In den Jahren 1968–1971 wurde die eine Hälfte der Adolfstraße (Nr. 11, 13, 15) wegen Baufälligkeit abgebrochen und nach alten Vorlagen durch neue Fachwerkbauten ersetzt. Das hier wiedergegebene Lichtbild zeigt noch den Altzustand.

Lit.: O. Gaul, Stadt Detmold (Bau- und Kunstdenkmäler von Westfalen 48/I) Münster 1968, 384–385; L. Wormuth, Die Erneuerung von Fachwerkhäusern in der Detmolder Adolfstraße. In: Heimatland Lippe 67 (1974), 67–74; Einzelberichte zur Denkmalpflege für die Jahre 1967–1973. In: Westfalen 53 (1975), 398. Abb. 282.

Ameide 4: Lippisches Landesmuseum

Abb. 84. 129–132. 141. 142. 312. 317. 357. Textabb. 4. 18. 19. 20. 21.

s.: Brokhausen Kr. Lippe (Haupthaus 1577); Detmold, Lange Str. 47 (Kopfband 17. Jh.); Sabbenhausen Kr. Lippe (Zehntscheune 1555); Schieder Kr. Lippe (Kornhaus um 1590); Schwalenberg Kr. Lippe (Schnitzgiebel 1590).

Lit.: W. Hansen, Die Heimathäuser des Lippischen Landesmuseums. In: Lippische Heimat. 31. Jahrbuch des Lippischen Heimatbundes für das Jahr 1954, 33–50; W. Hansen, Der Wiederaufbau des Kornhauses aus Schieder als Heimathaus des Lippischen Landesmuseums. In: Lippische Heimat. 32. Jahrbuch des Lippischen Heimatbundes für die Jahre 1956/57, 25–52; P. Pieper, Das lippische Heimathaus. Eines der schönsten Museen in Deutschland. In: Westfalen-Spiegel 1959, Heft 9, 20–23; Westfälische Museen. Führer durch die Museen in Westfalen und Lippe (Münster 1971), 38–40; W. Hansen, Das Lippische Landesmuseum (Detmold 1972); W. Hansen, Das Detmolder Museumszentrum. Die historischen Bauten des Lippischen Landesmuseums als städtebaulicher Beitrag zur Denkmalpflege. In: Heimatland Lippe 69 (1976), 2–20.

Krumme Str. 44 (1547)

Abb. 358. 359.

Zweitältester erhaltener Fachwerkbau Detmolds, der nach dem Stadtbrande im Jahre 1547 errichtet wurde.

Lit.: O. Gaul, Stadt Detmold (Bau- und Kunstdenkmäler von Westfalen 48/I) Münster 1968, 405; F. Kaspar, Fachwerkbauten in Westfalen vor 1600 (Münster 1978), 25.

Krummes Haus: Westfälisches Freilichtmuseum bäuerlicher Kulturdenkmale

Abb. 112. 113. 114–118. 305. 338. 339. 342. 343. 349. 352. 355. Textabb. 11. 12. 17. 19.

s.: Amelunxen Kr. Höxter (Haupthaus 1767); Bohnhorst Kr. Nienburg (Scheune 1671); Brokhausen Kr. Lippe (Haupthaus 1577); Brosen Kr. Lippe (Speicher 1554); Buchholz Kr. Schaumburg (Schweinehaus um 1600); Delbrück Kr. Paderborn (Valepagenhof 1577); Frotheim Kr. Minden-Lübbecke (Backhaus 1617); Kleinenheerse Kr. Nienburg (Haupthaus 1673); Leese Kr. Lippe (Haupthaus 1570); Oettern-Bremke Kr. Lippe (Leibzucht 1619); Winkhausen Kr. Paderborn (Speicher 2. Hälfte 16. Jh.); Wülfer-Bexten Kr. Lippe (Scheune 1599).

Lit.: Das Freilichtmuseum bäuerlicher Kulturdenkmale in Detmold. Heimatland Lippe. 1. Sonderheft (Detmold 1964); Westfälische Museen. Führer durch die Museen in Westfalen und Lippe (Münster 1971), 41–42; St. Baumeier, Hinweise für den Rundweg [durch das Westfälische Freilichtmuseum bäuerlicher Kulturdenkmale] (Detmold 1972); Westfalen. Bauernhofaufmaße. Bearb. im Landesamt für Baupflege des Landschaftsverbandes Westfalen-Lippe (Münster 1972); A. Zippelius, Handbuch der europäischen Freilichtmuseen (Köln 1974), 65–68; J. Schepers, Rundweg durch das Westfälische Freilichtmuseum bäuerlicher Kulturdenkmale Detmold (Detmold 1978); J. Schepers, Das Westfälische Freilichtmuseum bäuerlicher Kulturdenkmale des Landschaftsverbandes Westfalen-Lippe. In: Schepers, Haus und Hof westfälischer Bauern. 3. Aufl. (Münster 1976), 521–527; J. Schepers, Der lippische Meierhof im Westfälischen Freilichtmuseum bäuerlicher Kulturdenkmale. Geschichte seiner Einzelbauten und dokumentarischer Wert der musealen Baugruppe. In: Museum und Kulturgeschichte. Festschrift für Wilhelm Hansen (Münster 1978), 47–72.

Lange Str. 47: Kopfband (17. Jh.)

Abb. 317. Einleitung S. 135.

Das Kopfband, das einen Mann in der Kleidung der Spanischen Mode zeigt, stammt aus einem abgebrochenen Hause des 17. Jahrhunderts und befindet sich im Lippischen Landesmuseum Detmold.

Lit.: O. Gaul, Stadt Detmold (Bau- und Kunstdenkmäler von Westfalen 48/I) Münster 1968, 412; W. Hansen, Das Lippische Landesmuseum (Detmold 1972), 111.

DIEBROCK (Herford) Kr. Herford

Nr. 239 Meyer zu Hartum: Haupthaus (1844)

Abb. 121. 336.

Inschrift: Im Jahr 1844 haben Johann Heinrich Christoph Meyer zu Hartum Anna Catrina Ilsabet Meyer zu Hartum geborne Euscher No 3 zu Elferdissen und die Mutter-Wittwe Anna Ilsabein Euschern zu Elferdissen geborne Meyer Heinrich zu Laar Diesen bau aus den Mitteln die Jetz in verbindung stehn beider Colonathe Durch Gottes Hülf und segen Erbauet und den 10ten Juli aufrichten lassen. Der Meister Rottmann. In Lehr und leben Herr gib mir Daß ich unstraflich sei bei dir zu wandern hier nach deinen wort. Das ich mag Ewig leben dort Den durch gebät und flehn werd ich zu Jesu gehn. (Torbogen)

Lit.: G. Angermann, Engel an Ravensbergischen Bauernhäusern. Ein Beitrag zum Wandel des Dekors vom 18. bis 20. Jahrhundert (Münster 1974), 38–39. 70–71.

EIMEN Kr. Holzminden

Ev. Kapelle St. Georg (Um 1564)

Abb. 148. Einleitung S. 105.

Das Obergeschoß der um 1564 errichteten Fachwerkkapelle diente als Kornboden für die Kirchen- und Pfarreinkünfte.

Lit.: K. Steinacker, Die Bau- und Kunstdenkmäler des Kreises Holzminden (Wolfenbüttel 1907), 163–165 (Aufmaß); Kiesow Bremen/Niedersachsen (Dehio, Handbuch der Kunstdenkmäler) München 1977, 291.

EINBECK Kr. Northeim

Hören 1–11 (Um 1730)

Abb. 301.

Markt 6 (1542)

Abb. 235.

Lit.: R. Scheibner, Das städtische Bürgerhaus Niedersachsens (Dresden 1910), 109. 116. Abb. 102; M. Sonnen, Holzbauten östlich der Weser (Münster 1926), Tafel 75.

Markt 13: „Brodhaus" (1552)
Abb. 161. Einleitung S. 106.
Das „Brodhaus" der Bäcker ist das einzige erhaltene Gildehaus Einbecks, das bereits als solches 1444 urkundlich erwähnt wird. Der jetzige Bau stammt vom Jahre 1552.

Lit.: Kiesow, Bremen/Niedersachsen (Dehio, Handbuch der deutschen Kunstdenkmäler) München 1977, 295.

Markt 15: Ratsapotheke (1590)
Abb. 260.

Markt 17 (1542)
Abb. 5. 362. Einleitung S. 110. 128. 137.

Marktstr. 10
Abb. 234.

Lit.: M. Sonnen, Holzbauten östlich der Weser (Münster 1926), Tafel 51.

Marktstr. 13: Eickesches Haus (Nach 1610)
Abb. 64–76. 266–287. 315. Einleitung S. 119. 132. 137. 140–141.
Im Jahre 1826 mußten nach einem Stadtbrande auf Anordnung des Magistrats sämtliche Hausfronten mit Holzschnitzereien zur Feuersicherung überputzt werden. Dabei wurde an dem nach 1610 entstandenen Eickeschen Hause das Schnitzwerk teilweise beschädigt. Erst 1890 wurde es wieder freigelegt. Die beschädigten Schnitzereien ergänzte ein Einbecker Tischlermeister nach Vorbildern der nicht überputzten Giebelfront.
Inschriften: Salomonis 11. das gerechte ist köstliche den[n] groß reichtumb und Gunst besser denn silber und golt. (Brüstungsplatte). – Reiche und arme müssen unter einander sein, der Her hat si alle gemacht. (Brüstungsplatte) – Hoffe auf den Heren und du das gute, blif im lande und ernerdt redli[ch]. (Brüstungsplatte) – Habe deine lust am heren, der wurt dir geben, was din herz wunschet. bewel dem herren dein wege und hoffe auf ihn, er wirt wol make. (Brüstungsplatte).

Lit.: J. W. Mithoff, Kunstdenkmale und Alterthümer im Hannoverschen 2 (Hannover 1873), 50–51; R. Scheibner, Das städtische Bürgerhaus Niedersachsens (Dresden 1910), 126. 129–132. 140–142; E. Plümer, Das Eickesche Haus in Einbeck. In: Südhannoverscher Heimatkalender 1962, 67–70; Kiesow, Bremen/Niedersachsen (Dehio, Handbuch der deutschen Kunstdenkmäler) München 1977, 295; K. Klöckner, Alte Fachwerkbauten (München 1978), 143.

Marktstr. 26 (1552)
Abb. 25.
Haus des Henning Blanken aus dem Jahre 1552.

Lit.: R. Scheibner, Das Städtische Bürgerhaus Niedersachsens (Dresden 1910), 105. 106. 108. Abb. 100; M. Sonnen, Holzbauten östlich der Weser (Münster 1926), Tafel 52.

Neuer Markt 35 (1611)
Abb. 102–109. 292.
Haus des Cyriacus Poggen aus dem Jahre 1611.

Lit.: R. Scheibner, Das städtische Bürgerhaus Niedersachsens (Dresden 1910), 125. Abb. 114.

Rathaus (1550–1553. 1593)
Abb. 152. Einleitung S. 105.
Nach dem ersten großen Stadtbrand von 1540 wurde das Rathaus in den Jahren 1550–1553 mit einem Obergeschoß aus Fachwerk wiedererrichtet. Die Fachwerkvorbauten mit den Spitzhelmen stammen aus dem Jahre 1593.

Lit.: H. W. Mithoff, Kunstdenkmale und Alterthümer im Hannoverschen 2 (Hannover 1873), 48–49. Tafel III; M. Sonnen, Holzbauten östlich der Weser (Münster 1926), XI. Tafel 33. 34; E. Plümer, Das Rathaus in Einbeck. Hrsg. von der Stadt Einbeck. Einbeck 1965; Kiesow, Bremen/Niedersachsen (Dehio, Handbuch der deutschen Kunstdenkmäler) München 1977, 295.

Ratswaage (1565)
Abb. 26. 88–90. Einleitung S. 122.

Lit.: M. Sonnen, Holzbauten östlich der Weser (Münster 1926), XIII. Tafel 49; Kiesow, Bremen/Niedersachsen (Dehio, Handbuch der deutschen Kunstdenkmäler) München 1977, 295.

Tiedexerstr. Ecke Marktstr. (1558)
Abb. 237.

Tiedexerstr. 6–10. 10–16 (2. Hälfte 16. Jh.)
Abb. 230. 231.
Nach den großen Stadtbränden von 1540 und 1549 entstand in Einbeck dieser Straßenzug von einmaliger architektonischer Geschlossenheit in spätgotischem Geschoßbau.

Tiedexerstr. 16 (1543)
Abb. 256. Einleitung S. 120.

Lit.: E. Plümer, Einbecker Bürgerhäuser (Kleine Kunstführer für Niedersachsen 16) Göttingen 1956, 3.

Tiedexerstr. 20
Abb. 255.

FALKENHAGEN (LÜGDE) Kr. Lippe
Ev. Pfarrhaus (1509)
Abb. 140. Einleitung S. 104.
Das evangelische Pfarrhaus ist das ehemalige Dormitorium des Klosters Falkenhagen, das als Zisterzienserinnenkloster um 1230 vom Grafen Volkwin von Schwalenberg gegründet,

1432 vom Orden der Kreuzbrüder übernommen und 1596 aufgelöst wurde. Der 1509 entstandene Bau ist das älteste Fachwerkhaus Lippes.

Lit.: W. Hunecke, Das Kloster Lilienthal und die Gemeinde Falkenhagen (Falkenhagen 1896), 21; K. Vollpracht, Das Pfarrhaus der ref. Kirchengemeinde Falkenhagen, das älteste Fachwerkhaus in Lippe. In: Jahresbericht des Lippischen Bundes für Heimatschutz 27 (1934), 19 bis 21; E. Kittel, Lippe vor 1800. Ansichten aus drei Jahrhunderten (Detmold 1964), 31f. Tafel 21; F. Kaspar, Fachwerkbauten in Westfalen vor 1600 (Münster 1978), 67.

FRILLE (Petershagen) Kr. Minden-Lübbecke
Hof Volkening: Haupthaus (1661)
Textabb. 8
Zweiständerbau mit Flettdeele ohne Kammerfach.

Lit.: J. Schepers, Haus und Hof westfälischer Bauern. 3. Aufl. (Münster 1976), 320 (Aufmaß).

FROTHEIM (Espelkamp) Kr. Minden-Lübbecke
Stellerrieger Str. 28 Hof Brammeyer: Backhaus (1617)
Abb. 349.
Das schornsteinlose Backhaus des Hofes Brammeyer wurde 1968/69 im Mindener Gehöft des Westfälischen Freilichtmuseums bäuerlicher Kulturdenkmale in Detmold wiedererrichtet.

Lit.: St. Baumeier, Hinweise für den Rundweg [durch das Westfälische Freilichtmuseum bäuerlicher Kulturdenkmale] (Detmold 1972), 13.

FÜRSTENBERG Kr. Holzminden
Manufakturgebäude: Torbau
Abb. 127
Im inneren Hofraum des Torbaues wurde im 18. Jahrhundert ein hölzernes Treppenhaus mit interessanter Sprengwerkkonstruktion eingebaut.

Lit.: Kiesow, Bremen/Niedersachsen (Dehio, Handbuch der deutschen Kunstdenkmäler) München 1977, 327–328.

GÖTTINGEN Kr. Göttingen
Barfüßerstr. 5: Junkernschänke (1547/49)
Abb. 7. 8. 82. 219–227. Einleitung S. 102. 126. 127. 132. 133–134.
Im Jahre 1541 erwarb Giselher Swanenflogel, Ratsherr und Bürgermeister von Göttingen, das um 1510–1520 erbaute spätgotische Haus von der Witwe des Bartold Kastrop, der gemeinsam mit Heinrich Heisen 1524 den Altar der Göttinger Marienkirche geschaffen hat. Dem spätgotischen Hause wurde 1547/49 der Renaissanceerker angefügt, dessen Schnitzwerk vermutlich von Meistern der Werkstatt Kastrops stammt. Im Jahre 1580 verkaufte die Familie Swanenflogels das Haus an die von Mandelsloh. Seit 1930 ist es im Besitz der Stadt Göttingen.
Inschrift: Seyt dat ist dat lam godes das der Weld synd drecht (Eckknagge mit Medaillons von Johannes dem Täufer und Christus als Weltenrichter).

Lit.: J. W. Mithoff, Kunstdenkmale und Alterthümer im Hannoverschen 2 (Hannover 1873), 87–88, Tafel VIII. IX; O. Behrendsen, Geschichte und Beschreibung des Junkernhauses. In: Göttinger Blätter für Geschichte und Heimatkunde 1917, 1–11; O. Behrendsen, Darstellungen von Planetengottheiten an und in deutschen Bauten (Straßburg 1926), 32f. Tafel 21; Wollens, Die biblischen Bilder am Junkernhaus. In: Monatsblatt für die Katholiken Göttingens 1931, Nr. 10; A. Saathoff, Geschichte der Stadt Göttingen bis zur Gründung der Universität Göttingen (Göttingen 1937), 220–224; O. Fahlbusch, Das Junkernhaus in Göttingen. In: Gabe des Geschichtsvereins für Göttingen 3 (1940), 22–32; O. Fahlbusch, Göttingen im Wandel der Zeiten (Göttingen 1952), 37–39; Das Junkernhaus in Göttingen. In: Südhannoverscher Heimatkalender 1962, 65–66; Th. Weinobst, Romantisches Göttingen. Bürgerhäuser aus dem 16. Jahrhundert (Göttingen 1975), 20–25.

Rote Str. 14 (1606)
Abb. 314.

Weender Str. 62 (1549)
Abb. 9. 10. 233. 303. Einleitung S. 102. 137.
Das Haus baute 1549 Jürgen Hovet, Kämmerer der Stadt Göttingen. Sein Reichtum erlaubte es ihm, der Stadt Göttingen, den Herren von Plessen und dem Deutschen Orden Darlehen zu gewähren. Von Beruf Wollhändler, war sein Haus lange das Gildehaus der Göttinger Tuchmacher. Am Torbogen zeugen die Webschiffchen und die Korde, ein Gerät zum Glätten der Kettenfäden am Webstuhl, noch davon. Kurz vor der Wirtschaftskrise Göttingens in der 2. Hälfte des 16. Jahrhunderts ist diese reich ornamentierte Hausfront entstanden, an deren Erkerständern der Hausherr mit seinen drei Ehefrauen zu sehen ist. Seit dem 18. Jahrhundert war das Haus völlig verputzt. Es wurde erst 1883 in seinem Schnitzwerk wieder freigelegt.
Inschrift: To... godes des heren... vnde ende steit in godes henden. Gode to lobe... Heft Jurgen hoevet dvt hvs geb[a]wt. (Brüstungsplatte)

Lit.: J. W. Mithoff, Kunstdenkmale und Alterthümer im Hannoverschen 2 (Hannover 1873), 88. Tafel VIII; A. Saathoff, Geschichte der Stadt Göttingen bis zur Gründung der Universität Göttingen (Göttingen 1937), 215. 220; O. Fahlbusch, Göttingen im Wandel der Zeiten (Göttingen 1952), 38; Th. Weinobst, Romantisches Göttingen. Bürgerhäuser aus dem 16. Jahrhundert (Göttingen 1975), 26–29.

GOSLAR
Hoher Weg 1: Brusttuch (1526)
Abb. 368. 369. 373. 375. 377. Einleitung S. 112. 119. 120. 127. 129.

Das Haus wurde für den Berg- und Hüttenherrn Magister Johannes Thalling errichtet. Das massive Unter- und Zwischengeschoß stammt aus dem Jahre 1521. Das Fachwerk-

356 Ladeneinbau in ein Detmolder Fachwerkhaus (Bruchstr. 19) unter Wahrung der alten Ständerkonstruktion.

FACHWERK IN UNSERER ZEIT

In den Altstädten des Weserraumes zählen die Fachwerkhäuser zum vertrauten Stadtbild. Ihr Bestand ist heute in hohem Maß gefährdet. Sie können nur noch erhalten werden, wenn sie eine sinnvolle Aufgabe erfüllen. Voraussetzung hierfür ist ihre Sanierung und ein meist zweckbedingter Umbau. Daß dies ohne Gefährdung der wesentlichen historischen Bausubstanz geschehen kann, zeigen die nachstehenden Beispiele umgestalteter Fachwerkhäuser.

357
Umgestaltung des ehemaligen Kornhauses aus Schieder zum Museum (Lippisches Landesmuseum Detmold). Die alten Fachwerkwände eignen sich vorzüglich als Vitrinenwände der musealen Schausammlungen (vgl. Abb. 130–132). ◁

358–359
Das älteste Fachwerkhaus Detmolds (Krumme Str. 44) aus dem Jahre 1547 ist in vorbildlicher Weise zu einer Gaststätte umgestaltet worden. Im völlig verbauten Inneren konnte sogar die ursprüngliche Balkenkonstruktion wiederhergestellt werden.

360–361
Aus einem bäuerlichen Deelenhaus in Friedewalde bei Petershagen wurde ein Wohnhaus mit modernen Ansprüchen und großzüger Raumgestaltung.

obergeschoß entstand 1526. Die reichen Schnitzereien sind ein Werk des Braunschweiger Meisters Simon Stappen, der die stilistisch ähnlichen Schnitzereien am Hoppener-Haus in Celle (Poststr. 8 1532) und am Huneborstelschen Haus in Braunschweig (Burgpl. 2a um 1536) geschaffen hat.

Lit.: G. Wolff, Stadt Goslar (Die Kunstdenkmäler der Provinz Hannover II, 1/2) Hannover 1901, 366–371 (Aufmaß); H. G. Griep, Goslar (Das deutsche Bürgerhaus) Tübingen 1959, 152–153. Tafel 16–18.

GREBENSTEIN Kr. Hofgeismar
Obere Str. 257: Leckscbes Haus (Um 1480)
Abb. 189. 190. Einleitung S. 95. 126.
Der ornamentierte Torbogen und die Galerie in der Deele stammen aus dem Jahre 1606. In dem Hause befindet sich jetzt das Heimatmuseum.

Lit.: L. Müller, Das Bauernhaus im Kreise Hofgeismar (Münster 1940), 12. Abb. 1. 2; Beiträge zur Volkskunde und Baugeschichte (Der Raum Westfalen IV/2) Münster 1965, 282 (Aufmaß); R. Helm, Das Bürgerhaus in Nordhessen (Tübingen 1967), 133–138 (Aufmaß). Tafel 120.

GREVENBURG (Nieheim) Kr. Höxter
Schloß: Südflügel (1566)
Abb. 94–101. 125. Einleitung S. 104.
Das Schloß entstand 1566–1579 auf einem Vorwerk, das Arndt von Oeynhausen 1536 errichtet hatte. Der Südflügel in Fachwerk mit Schnitzornamenten wurde 1566 erbaut.

Lit.: A. Ludorff, Die Bau- und Kunstdenkmäler des Kreises Höxter (Münster 1914), 203. 204. 207. Tafel 107–109; Kluge-Hansmann, Westfalen (Dehio, Handbuch der deutschen Kunstdenkmäler) München 1969, 544; Kreft-Soenke, Die Weserrenaissance. 4. Aufl. (Hameln 1975), 253. Abb. 220. 257; F. Kaspar, Fachwerkbauten in Westfalen vor 1600 (Münster 1978), 74.

HAARBRÜCK (Beverungen) Kr. Höxter
Hof Nr. 17: Haupthaus (1772)
Textabb. 10

Lit.: J. Schepers, Haus und Hof westfälischer Bauern. 3. Aufl. (Münster 1976), 403 (Aufmaß).

HAMELN Kr. Hameln-Pyrmont
Alte Marktstr. 20–21: Kurie Jerusalem (Anfang 16. Jh.)
Abb. 143. Einleitung S. 104.
Der dreigeschossige Fachwerkbau aus dem Anfang des 16. Jahrhunderts diente der ehemaligen Kurie Jerusalem als Speicher ihrer Naturaleinkünfte (Kornabgaben). Er wurde nach dem Zweiten Weltkriege von der Stadt Hameln zum Jugendkulturzentrum umgebaut.

Lit.: H. Spanuth, Führer durch die Rattenfängerstadt Hameln. 3. Aufl. (Hameln 1961), 50f.

Bäckerstr. 44 (1542)
Abb. 371. Einleitung S. 129.
Das Haus wurde im Auftrage des Herzogs Ernst von Calenberg für seinen Rentmeister Arnold Solimann 1542 erbaut und nach 1566 von Friedrich Poppendieck, dem Bauherrn des Stiftsherrenhauses, übernommen.

Lit.: H. Spanuth, Führer durch die Rattenfängerstadt Hameln. 3. Aufl. (Hameln 1961), 30f.

Baustr. 7 (1609)
Abb. 288. 289.
Das Haus wurde 1609 für Jost Hundertossen und seine Ehefrau Ilsa Postborner erbaut. Jost Hundertossen war der Neffe von Johann Hundertossen, einem der bedeutenden Baumeister der Weserrenaissance (Schloß Bevern, Münchhausen-Haus in Bodenwerder, Schloß Hämelschenburg).

Lit.: H. Ebinghaus, Das Ackerbürgerhaus der Städte Westfalens und des Wesertales (Dresden 1912), 77. 80 (Aufmaß); H. Spanuth, Führer durch die Rattenfängerstadt Hameln. 3. Aufl. (Hameln 1961), 53.

Osterstr. 8: Stiftsherrenhaus (1558)
Abb. 13–24. Einleitung S. 99f. 113. 126. 127. 129. 132. 134.
Die volkstümliche Bezeichnung „Stiftsherrenhaus" ist unzutreffend. Das Haus ist niemals Sitz einer Kurie gewesen, wie man früher aufgrund der zahlreichen Heiligendarstellungen auf den Figurenknaggen vermutete. Bauherr des Hauses war 1556–1558 der Ratsherr und Bürgermeister Friedrich Poppendieck, der durch Kornhandel und Grundstücksspekulationen es zu großem Wohlstand gebracht hatte. Das Haus war ursprünglich in vier Stockwerken errichtet. Die heutige Reihenfolge der Figurenknaggen entspricht nicht mehr der alten Anordnung.

Lit.: W. Rothert, Aus Hameln in alter Zeit (Hameln 1870); A. Ortwein, Deutsche Renaissance Abt. 12 (Leipzig 1871–1875), Bl. 6; A. Neukirch, Hamelner Renaissance. Vom Schicksal einer niedersächsischen Stadtkultur (Hameln 1950), 60–61; H. Spanuth, 400 Jahre Stiftsherrnhaus (Hameln 1958); G. Angermann, Die Anfänge der Weserrenaissance. In: Ostwestfälisch-weserländische Forschungen zur geschichtlichen Landeskunde (Münster 1970), 194; Kreft-Soenke, Die Weserrenaissance. 4. Aufl. (Hameln 1975), 255. Abb. 88. 93; Kiesow, Bremen/Niedersachsen (Dehio, Handbuch der deutschen Kunstdenkmäler) München 1977, 398f.

Wendenstr. 22: Kopfband (Ende 16. Jh.)
Abb. 316.

HAMELN-WANGELIST Kr. Hameln-Pyrmont
Leprosenkapelle (1469)
Abb. 146.
Die zu einem Siechenhaus gehörende Leprosenkapelle wurde 1469 von Johannes Kreyenberg, Pfarrherr in Aerzen,

gestiftet und von den Schuhmachern und Bäckern Hamelns verwaltet. Sie verfügt über eine reiche Innenausstattung mit einem Flügelaltar aus der Mitte des 15. Jahrhunderts und spätgotischen Holzplastiken um 1500.

Lit.: A. Neukirch, Hamelner Renaissance. Vom Schicksal einer niedersächsischen Stadtkultur (Hameln 1950), 30; H. Spanuth, Führer durch die Rattenfängerstadt Hameln. 3. Aufl. (Hameln 1961), 56–57; Kiesow, Bremen/Niedersachsen (Dehio, Handbuch der deutschen Kunstdenkmäler) München 1977, 402–403; H. Weber, Die Kapelle des Stiftes Wangelist in Hameln (Hameln o. J.).

HEIDELBECK (Kalletal) Kr. Lippe
Schloßmühle (1587)
Abb. 111. Einleitung S. 106.
Die ehemalige Schloßmühle wurde 1587 von dem Herrn von Westphalen, Gutsherr von Heidelbeck, erbaut. Später erfolgte ihr Umbau als Forsthaus.

Lit.: H. Haxel, Lippe vor 100 Jahren (Detmold 1961), Tafel 35. Anh. S. 48; Einzelberichte zur Denkmalpflege für die Jahre 1962–1966. In: Westfalen 46 (1968), 309; F. Kaspar, Fachwerkbauten in Westfalen vor 1600 (Münster 1978), 53.

HERFORD Kr. Herford
Brüderstr. 26: Remensnider-Haus (1521)
Abb. 185. 196–216. 366. 370. Textabb. 27. Einleitung S. 113. 126. 129–133. 136. 139.
Das Haus wurde von Hinrick Aldach genannt Remensnider 1521 erbaut. Mit seinen 21 Figurenknaggen ist es unter den spätgotischen Fachwerkbauten Westfalens der künstlerisch bedeutendste, der nach den Kriegszerstörungen der entsprechenden Fachwerkhäuser in Hildesheim und Braunschweig als Baudenkmal eine einzigartige Stellung in Norddeutschland einnimmt. Der Giebel wurde 1960/61 restauriert, wobei eine Ergänzung fehlender Knaggen nach vorhandenen Mustern erfolgte.
Inschrift: Auxilio has Edes fido difendite divi Que frontispicio stemmata vestra gerunt [Verteidigt dieses Haus mit der treuen Hilfe Gottes, das Euren Stammbaum in dem Giebel trägt]. (Schwellbalken) Oberhalb der Inschrift befinden sich die Wappen der Landesherren von Braunschweig, Ravensberg, Lippe, Schaumburg, Waldeck, Osnabrück und Köln.

Lit.: C. Lachner, Geschichte der Holzbaukunst in Deutschland (Leipzig 1887), 53. Fig. 69; Windel, Wiederherstellung alter Häuser in Herford und Bielefeld. In: Ravensberger Blätter 1 (1901), 59; A. Ludorff, Die Bau- und Kunstdenkmäler des Kreises Herford (Münster 1908) 51. 52. Tafel 53; H. Mund, Das Riemenschneiderhaus. In: Der Minden-Ravensberger 34 (1962), 60–61; Einzelberichte zur Denkmalpflege für die Jahre 1953–1961. In: Westfalen 41 (1963), 114; O. Gaul, Herforder Fachwerkbauten. In: Herforder Jahrbuch 7 (1966), 52–55; F. Kaspar, Fachwerkbauten in Westfalen vor 1600 (Münster 1978), 35.

Johannisstr. 13: Torbogen (1559)
Abb. 365. Einleitung S. 128. 136.
Der 1559 datierte Torbogen stammt vom Haus Johannisstr. 13 und wurde nach Abbruch des Hauses im Jahre 1937 vom Städtischen Museum übernommen. Über dem Torbogen befand sich ein Schwellbalken mit einem Landsknecht, der eine Kanone auf eine von einer Sirene gehaltenen Schießscheibe abfeuern will. Zwischen beiden Figuren steht mit dem Herforder Balkenwappen die Inschrift: Got sy my[n] anfanck vnde ende Vnde myss all my[n] [thun?] tho[m] besten wend[e]n. 1559.

Lit.: O. Gaul, Zierschnitzereien der Renaissance an lippischen Fachwerkbauten. In: Lippische Mitteilungen aus Geschichte und Landeskunde 27 (1958), 89; O. Gaul, Herforder Fachwerkbauten. In: Herforder Jahrbuch 7 (1966), 60; F. Kaspar, Fachwerkbauten in Westfalen vor 1600 (Münster 1978), 36.

HESSISCH OLDENDORF Kr. Hameln-Pyrmont
Lange Str. 63 (1563)
Abb. 229.

Lit.: H. Ebinghaus, Das Ackerbürgerhaus der Städte Westfalens und des Wesertales (Dresden 1912), 45–47 (Aufmaß).

HILDESHEIM
Godehardipl. 12 (1606)
Abb. 261–265.
Das Haus wurde 1606 vom Domsekretär Philipp Werner erbaut. Mit seinen 22 figürlichen Brüstungsplatten vermittelt es heute als einziges Baudenkmal eine Vorstellung von den im Zweiten Weltkriege zerstörten Hildesheimer Holzarchitekturen mit ihrem reichhaltigen figürlichen Schnitzwerk.
Inschriften: ANNO 1606 HOC AEDIFICIVM PER PHILIPPVUM WERNERVM SECRETARIVM SVIS SVMPTIBVS EST EXTRVCTVM [Im Jahre 1606 ist dieses Gebäude vom Sekretär Philipp Werner auf seine Kosten errichtet worden]. (Schwellbalken) – Dv redest hir van was dir gefelt. Kostet mir aber meine gelt. Habe ich geirt, so hvte dv dich. Bins nicht allein, dem Witze gebricht. (Schwellbalken).

Lit.: A. Zeller, Stadt Hildesheim. Bürgerliche Bauten (Die Kunstdenkmäler der Provinz Hannover II, 4) Hannover 1912, 345–347 (Aufmaß). Tafel 42. 43.; K. Klöckner, Alte Fachwerkbauten (München 1978), 139.

HÖXTER Kr. Höxter
Marktstr. 13 (1565)
Abb. 35.
Das Haus wurde im Jahre 1930 abgebaut und unter Verwendung des alten Balkengefüges neu errichtet.
Inschriften: Giff gerne so werstu wedder entfangen vnde hillige dine sele. wenten wen du dodt bist So heffstu vthgetheret. Sir. 24. (Schwellbalken). – [Es] is genoch tho dessem leüende wol water vnde brodt. kleder vnde huss hefft. Dar he sine nodtorfft mede bedecken kan. Si. 2 (Schwellbalken). – Godts wordt blift in Ewicheit. (Riegel). Jost Sperüer. Anno 1565. (Torbogen).

Lit.: A. Ludorff, Die Bau- und Kunstdenkmäler des Kreises Höxter (Münster 1914), 129. Tafel 74; Die Hausinschriften des Fürstentums

Corvey. Hrsg. vom Amt Corvey-Land (Höxter 1931), 76; H. Weiskamp, Höxters Fachwerkbauten. Baugeschichte und Stadtbaukunst. Diss. Braunschweig 1954 (Masch. Schr.), 24, 53. 54. 129; G. Kempkes, Die Baugeschichte der Stadt Höxter vom Beginn des 16. Jahrhunderts bis zum Jahre 1973. Diss. Berlin 1975, 86; K. Klöckner, Alte Fachwerkbauten (München 1978), 134; F. Kaspar, Fachwerkbauten in Westfalen vor 1600 (Münster 1978), 39.

Marktstr. 21: Dechanei (1561)

Abb. 34. Einleitung S. 96. 103. 113. 120. 122.

Im Jahre 1293 wurde der Besitz dem corveyischen Ministerialen Albert von Amelunxen als Lehnhof übergeben. Nach bewegten Besitz- und Pfandverhältnissen wurde er Mitte des 16. Jahrhunderts wieder von der Familie eingelöst. Im Auftrage von Christoph von Amelunxen und seiner Ehefrau Lucretia von Donop wurde 1561 der vielgestaltige Fachwerkbau von dem höxterschen Bürger Cord Hildebrand errichtet. Die Ornamentik des Giebels zeigt die frühesten Beispiele von Rosetten und Taubändern in Westfalen. Nachdem das Haus 1677 in bürgerlichen Besitz übergegangen war, gehörte es seit 1796 der katholischen Kirchengemeinde, die es als Pfarrhaus einrichtete. Im Jahre 1957 erfolgte der Einbau eines Jugendheimes.

Lit.: A. Ortwein, Deutsche Renaissance Abt. 5 (Leipzig 1872), Bl. 7. 8; A. Ludorff, Die Bau- und Kunstdenkmäler des Kreises Höxter (Münster 1914), 125 (Aufmaß). Tafel 65. 66; M. Sonnen, Holzbauten östlich der Weser (Münster 1926), Tafel 108. 109; W. Leesch, Adels- und Klosterhöfe zu Höxter. In: Höxtersches Jahrbuch III/IV (1952), 36–39; H. Weißkamp, Höxters Fachwerkbauten. Baugeschichte und Stadtbaukunst. Diss. Braunschweig 1954 (Masch. Schr.), 24. 47. 49. 52. 81. 83. 84. 111; Kluge-Hansmann, Westfalen (Dehio, Handbuch der deutschen Kunstdenkmäler) München 1969, 241f., G. Angermann, Die Anfänge der Weserrenaissance. In: Ostwestfälisch-weserländische Forschungen zur geschichtlichen Landeskunde (Münster 1970), 195; G. Kempkes, Die Baugeschichte Höxters vom Beginn des 16. Jahrhunderts bis zum Jahre 1973. Diss. Berlin 1975, 75–82; K. Klöckner, Alte Fachwerkbauten (München 1978), 135; F. Kaspar, Fachwerkbauten in Westfalen vor 1600 (Münster 1978), 40.

Nicolaistr. 10 (1565)

Abb. 249. 330.

Bei der Renovierung des Hauses im Jahre 1912 wurden Schnitzereien teilweise erneuert.

Inschriften: Warlich warlich sage ich euch wen iemand mein wort wird halten Der wird den dodt nich sehen ewiglich. Johannes 8. (Schwellbalken). – Also hat Godt die Welt gelibt das er seine Eingebor[n] Son gab. Auff das alle die an in gleube nich verlor[n] werde. Sonder das ewige lebe haben. (Schwellbalken). – Ick bin de opstandige vnd dat leve[n]t wol an mi louet de wert leuen wen he ock rede storue vnde dar leuet vnd louet an mi. de wert nimmer mehr steruen. Jo. 11. Jacob luleues. 1565. (Torbogen).

Lit.: A. Ortwein, Deutsche Renaissance Abt. 5 (Leipzig 1872), Bl. 1. 2. 10; C. Lachner, Geschichte der Holzbaukunst in Deutschland (Leipzig 1887), 84. Tafel 106; A. Ludorff, Die Bau- und Kunstdenkmäler des Kreises Höxter (Münster 1914), 129. Tafel 75; M. Sonnen, Holzbauten östlich der Weser (Münster 1926), Tafel 107; Die Hausinschriften des Fürstentums Corvey. Hrsg. vom Amt Corvey-Land (Höxter 1931), 81; H. Weißkamp, Höxters Fachwerkbauten. Baugeschichte und Stadtbaukunst. Diss. Braunschweig 1954 (Masch. Schr.), 24. 49. 51. 81. 96. 110. 111; G. Kempkes, Die Baugeschichte der Stadt Höxter vom Beginn des 16. Jahrhunderts bis zum Jahre 1973 unter besonderer Berücksichtigung der Profanbaukunst. Diss. Berlin 1975, 84–85; F. Kaspar, Fachwerkbauten in Westfalen vor 1600 (Münster 1978), 41.

Rathaus (Um 1610)

Abb. 158. Einleitung S. 105. 118.

Der Erker am Rathausgiebel, der dem Erker am Tilly-Haus (Westerbachstr. 33) baulich verwandt ist, trägt die Jahreszahl 1604. Als das Rathaus in den Jahren 1899–1900 renoviert wurde, erschien es im Hinblick auf den Baubefund fraglich, ob der Rathauserker mit dem Bau entstanden oder – anderswo herstammend – dem Rathause später angefügt worden ist. Am Portal zum Treppenturm steht die Jahreszahl 1613.

Lit.: A. Ludorff, Die Bau- und Kunstdenkmäler des Kreises Höxter (Münster 1914), 127f. Tafel 71. 72; M. Sonnen, Die Weserrenaissance (Münster 1923), XVI–XVII. Abb. 13–16; Kluge-Hansmann, Westfalen (Dehio, Handbuch der deutschen Kunstdenkmäler) München 1969, 241; Kreft-Soenke, Die Weserrenaissance. 4. Aufl. (Hameln 1975), 265f. Abb. 165. 166. 228.

Am Rathaus 5 (1612)

Abb. 327.

Lit.: A. Ludorff, Die Bau- und Kunstdenkmäler des Kreises Höxter (Münster 1914), 130. Tafel 77.

Stummrigestr. 19 (1554)

Abb. 246–248. Einleitung S. 137.

Lit.: A. Ludorff, Die Bau- und Kunstdenkmäler des Kreises Höxter (Münster 1914), 129. Tafel 74; H. Weißkamp, Höxters Fachwerkbauten. Baugeschichte und Stadtbaukunst. Diss. Braunschweig 1954 (Masch. Schr.), 24. 42. 44–46. 95. 100. 104. 105. 107; G. Kempkes, Die Baugeschichte der Stadt Höxter vom Beginn des 16. Jahrhunderts bis zum Jahre 1973. Diss. Berlin 1975, 74; F. Kaspar, Fachwerkbauten in Westfalen vor 1600 (Münster 1978), 44.

Stummrigestr. 27 (1571)

Abb. 249. Einleitung S. 132. 138.

Lit.: H. Weißkamp, Höxters Fachwerkbauten. Baugeschichte und Stadtbaukunst. Diss. Braunschweig 1954 (Masch. Schr.), 24. 55. 79. 85. 106; G. Kempkes, Die Baugeschichte der Stadt Höxter vom Beginn des 16. Jahrhunderts bis zum Jahre 1973. Diss. Berlin 1975, 87–89; F. Kaspar, Fachwerkbauten in Westfalen vor 1600 (Münster 1978), 45.

Westerbachstr. 2 (1548)

Abb. 243. Einleitung S. 98. 119. 129.

Bei einer Explosion im Jahre 1967 wurde zwar der Baukörper des Hauses in seinem Inneren völlig zerstört, aber die Fachwerkfront blieb nahezu erhalten, so daß ein Wiederaufbau des Hauses in seiner historischen Außenfront möglich war. Inschriften: Struxerunt alii nobis nos posteritati Quodnos acceptum reddimus officium ... [unleserlich] ... altius at nostrae condicionis honor. 1548 (Andere bauten für uns, wir bauen der Nachwelt zum Danke; was wir empfingen zuvor, geben wir weiter als Pflicht.) (Schwellbalken). – DEN EINGANG UNDT AUSGANG LASSE DIR MEIN GOTT BEPHOLEN SEIN. IOHANN HOFFMANN ET AGNES FREISEN CONIUGES. RENOVATUM ANNO 1730 DECEMBER. (Später eingesetzter Türrahmen).

Lit.: A. Ludorff, Die Bau- und Kunstdenkmäler des Kreises Höxter (Münster 1914), 129. Tafel 76; M. Sonnen, Die Weserrenaissance (Münster 1923), XI. Abb. 1; Die Hausinschriften des Fürstentums Corvey. Hrsg. vom Amt Corvey-Land (Höxter 1931), 70; H. Weißkamp, Höxters Fachwerkbauten. Baugeschichte und Stadtbaukunst. Diss. Braunschweig 1954 (Masch. Schr.), 41–43. 78; Einzelberichte zur Denkmalpflege für die Jahre 1967–1973. In: Westfalen 53 (1975), 513 (Abb.). 515; F. Kaspar, Fachwerkbauten in Westfalen vor 1600 (Münster 1978), 46.

Westerbachstr. 4 (1578)

Abb. 243.

Gemeinsam mit dem Hause Westerbachstr. 2 wurde der Bau 1967 durch eine Explosion in seinem Inneren zerstört, konnte aber unter Wahrung der alten Fachwerkfront wieder aufgebaut werden.

Inschriften: HERR WAS IST DER MI[N]SCHE DAS DV DICH SEI[N]ER SO AN[N]IMPST VND DER MI[N]SCHEN KI[N]DER DAS DV IRER SO ACHESS. IST DOCH DER MI[N]SCHE ALS NICHTES. 144 SPAL. (Schwellbalken). – DU SOLT DAS RECHT NICHT BEVGE[N] VND SOLT AVCH KEIN PERSON ANSEHEN NOCH GESCHE[N]KE NEME[N] DIE GESCHE[N]KE MACHE[N] DIE WEISE[N] BLIND. IM 5. BVCH. 17. ANNO 1578. (Schwellbalken).

Lit.: A. Ludorff, Die Bau- und Kunstdenkmäler des Kreises Höxter (Münster 1914), 129. Tafel 76; Die Hausinschriften des Fürstentums Corvey. Hrsg. vom Amt Corvey-Land (Höxter 1931), 70; H. Weißkamp, Höxters Fachwerkbauten. Baugeschichte und Stadtbaukunst. Diss. Braunschweig 1954 (Masch. Schr.), 57. 58. 88. 95. 111; Einzelberichte zu Denkmalpflege für die Jahre 1967–1973. In: Westfalen 53 (1975), 513 (Abb.). 515; G. Kempkes, Die Baugeschichte der Stadt Höxter vom Beginn des 16. Jahrhundert bis zum Jahre 1973. Diss. Berlin 1975, 90–91; F. Kaspar, Fachwerkbauten in Westfalen vor 1600 (Münster 1979). 47.

Westerbachstr. 33: Tilly-Haus (1598)

Abb. 325. Einleitung S. 118.

Angeblich soll der kaiserliche General Tilly 1631 einige Tage in diesem Hause gewohnt haben. Im Jahre 1556 wurde der Besitz von Abt Reinhardt dem corveyischen Sekretär und späteren Kanzler Georg Kramer genannt Hestermann für sich und seine Söhne als Leibzucht zugewiesen. Kramers Sohn Johannes errichtete dann den heutigen Renaissancebau, der als einziger der höxterschen Höfe bis weit ins 19. Jahrhundert im Besitz der ehemaligen Lehnsträger blieb. Im Jahre 1920 erwarb die Stadt Höxter das Tilly-Haus.

Lit.: A. Ortwein, Deutsche Renaissance Abt. 5 (Leipzig 1872), Bl. 3. 4; A. Ludorff, Die Bau- und Kunstdenkmäler des Kreises Höxter (Münster 1914), 129f. Tafel 76. 77; M. Sonnen, Holzbauten östlich der Weser (Münster 1926), Tafel 43; W. Leesch, Adels- und Klosterhöfe zu Höxter. In: Höxtersches Jahrbuch III/IV (1952), 46–50; G. Kempkes, Die Baugeschichte der Stadt Höxter vom Beginn des 16. Jahrhunderts bis zum Jahre 1973. Diss. Berlin 1975, 95–96; F. Kaspar, Fachwerkbauten in Westfalen vor 1600 (Münster 1978), 49.

HOLZMINDEN Kr. Holzminden

Halbmondstr. 9: Severin'sches Haus (1619)

Abb. 296.

Das 1619 errichtete Durchgangsdeelenhaus war seit 1683 Eigentum des Johann Severin. Die Jahreszahl dieser Besitznahme ist in den Torbogen eingeschnitzt.

Inschriften: Herr deine Augen sehen nach dem Glauben. Jerem. 5. (Schwellbalken). – Achte es nicht geringe, es sei klein oder groß. Hoffe auf den Herrn und thue Gutes, bleibe im Lande un nehre dich redlich. Psalm 37. (Schwellbalken). – Wer gottes Freund ist, der ist der Welt Feind. Jac. 4 (Schwellbalken). – Gott allein die ehr. (Schwellbalken).

Lit.: K. Steinacker, Die Bau- und Kunstdenkmäler des Kreises Holzminden (Wolfenbüttel 1907), 72–74; Kiesow, Bremen/Niedersachsen (Dehio, Handbuch der deutschen Kunstdenkmäler) München 1977, 512.

HORN (Horn-Bad Meinberg) Kr. Lippe

Nordstr. 4 (1613)

Abb. 290.

Lit.: H. Ebinghaus, Das Ackerbürgerhaus der Städte Westfalens und des Wesertales (Dresden 1912), 56–59 (Aufmaß); O. Gaul, Zierschnitzereien der Renaissance an lippischen Fachwerkbauten. In: Lippische Mitteilungen aus Geschichte und Landeskunde 27 (1958), 73.

Nordstr. 31 (1731)

Abb. 298. 333.

Inschriften: Herr, wan dein Wohrt nicht währ mein Trost gewehsen, so währ ich vergangen in meinen Elendt. Aber das ist meine beste Freide, daß ich mig zu Gott halte. Adam Henrig Mettengang und Margret Ilsabein Gieben, anno 1731. (Torbogen). – Anno 1730, den 12. October ist das vorige Haus vergangen in den Brandt. anno 1731 den 24. Maii ist es wider aufgebaut durch Gottes Handt. (Schwellbalken).

Lit.: F. Flaskamp, Die Hausinschriften der Stadt Horn. In: Mitteilungen aus der lippischen Geschichte und Landeskunde 20 (1951), 81.

HÜLLHORST Kr. Minden-Lübbecke

Hof Böker: Haupthaus (1739)

Abb. 337.

Das Vierständerhaus wurde 1969 im Kurpark des Bades Oeynhausen als Heimatmuseum wiedererrichtet.

Lit.: Westfälische Museen. Führer durch die Museen von Westfalen und Lippe (Münster 1971), 16; Westfalen. Bauernhofaufmaße. Hrsg. vom Landesamt für Baupflege im Landschaftsverband Westfalen-Lippe (Münster 1974), Bl. 2. 3.

IMMENHAUSEN Kr. Hofgeismar
Rathaus (1602)
Abb. 157. Einleitung S. 105.

ISTRUP (Blomberg) Kr. Lippe
Dorfstr. 13: Torbogen (1837)
Abb. 122.

KLEINENHEERSE (Raddestorf) Kr. Nienburg
Hof Brandt-Everding: Haupthaus (1673)
Abb. 112. 338. 343.
Der 1673 errichtete Zweiständerbau mit seinem Wohngiebel von 1780 war das Haupthaus eines Weidewirtschaftshofes von 80 bis 100 Morgen. Er wurde in den Jahren 1968/69 in das Mindener Gehöft des Westfälischen Freilichtmuseums bäuerlicher Kulturdenkmale in Detmold versetzt.
Inschriften: GOTT IST VNSER BESCHVTZER. (Ständerstützen). – DER HER BEHVTE VNSERN EINGANG VND AVSGANG VON NV AN BIS IN EWIGKEIT. ANNO 1673. GOTT GESEGNE DIS HAVS VND ALLE DIE DA GEHEN EIN VND AVS. (Schwellbalken). – TILEKE BVSSINGK ILSCHE BVSCHKINGK. (Torbogen).

Lit.: St. Baumeier, Hinweise für den Rundweg [durch das Westfälische Freilichtmuseum bäuerlicher Kulturdenkmale] (Detmold 1972), 14–15; J. Schepers, Haus und Hof westfälischer Bauern. 3. Aufl. (Münster 1976), 329 (Aufmaß); J. Schepers, Rundweg durch das Westfälische Freilichtmuseum bäuerlicher Kulturdenkmale Detmold (Detmold 1978), 28–30.

LEESE (Lemgo) Kr. Lippe
Hof Führing: Haupthaus (1570)
Abb. 113. 339. 342. Textabb. 12. Einleitung S. 91ff.
Der Zweiständerbau war ursprünglich in seinem Balkengefüge als Zehntscheune eines lippischen Klosters abgezimmert, wurde dann aber nach der Reformation in dieser Form nicht mehr aufgestellt, sondern von einem Bauern übernommen, der den Bau nach seiner Fertigstellung um 1600 durch ein Kammerfach erweitern ließ. Das Haupthaus des Hofes Führing wurde in den Jahren 1971/72 im lippischen Meierhof des Westfälischen Freilichtmuseums bäuerlicher Kulturdenkmale wiedererrichtet.

Lit.: F. Walter, Das westfälische Bauernhaus (Dortmund 1936), 16. 17 (Aufmaß). 93. 120; O. Gaul, Zierschnitzereien der Renaissance an lippischen Fachwerkbauten. In: Lippische Mitteilungen aus Geschichte und Landeskunde 27 (1958), 96. 97; St. Baumeier, Hinweise für den Rundgang [durch das Westfälische Freilichtmuseum bäuerlicher Kulturdenkmale] (Detmold 1972), 11; J. Schepers, Haus und Hof westfälischer Bauern. 3. Aufl. (Münster 1976), 369. 370 (Aufmaß); J. Schepers, Rundweg durch das Westfälische Freilichtmuseum bäuerlicher Kulturdenkmale Detmold (Detmold 1978), 23–24; J. Schepers, Der lippische Meierhof im Westfälischen Freilichtmuseum bäuerlicher Kulturdenkmale in Detmold. In: Museum und Kulturgeschichte. Festschrift für Wilhelm Hansen (Detmold 1978), 47–72. 51–52 (Aufmaß); F. Kaspar, Fachwerkbauten in Westfalen vor 1600 (Münster 1978), 64.

LEMGO Kr. Lippe
Breite Str. 45 (1576) und 47 (Ende 16. Jh.)
Abb. 258. Einleitung S. 105.

Lit.: M. Sonnen, Die Weserrenaissance (Münster 1923), XVIIf. Abb. 18; W. Rädeker, Lemgoer Häuser (Lemgo 1955), 28. 67; O. Gaul, Zierschnitzereien der Renaissance an lippischen Fachwerkbauten. In: Lippische Mitteilungen aus Geschichte und Landeskunde 27 (1958), 70; H. Phleps, Deutsche Fachwerkhäuser (Königstein 1962), 72 (Altzustand); F. Kaspar, Fachwerkbauten in Westfalen vor 1600 (Münster 1978), 56.

Echternstr. 117: Gevekotscher Hof (Um 1585)
Abb. 138. Einleitung S. 103.
Das Haus gehörte noch 1692 der aus dem Stifte Minden stammenden, im 16. und 17. Jahrhundert in lippischen Urkunden als ritterbürtig erscheinenden Familie Gevekot.

Lit.: O. Preuß, Die baulichen Alterthümer des Lippischen Landes. 2. Aufl. (Detmold 1881), 61; W. Rädeker, Lemgoer Häuser (Lemgo 1955) 32; O. Gaul, Zierschnitzereien der Renaissance an lippischen Fachwerkbauten. In: Lippische Mitteilungen aus Geschichte und Landeskunde 27 (1958), 76–77; Einzelberichte zur Denkmalpflege für die Jahre 1967–1973. In: Westfalen 53 (1975), 559; F. Kaspar, Fachwerkbauten in Westfalen vor 1600 (Münster 1978), 57.

Mittelstr. 17: Gasthaus Alt-Lemgo (1587)
Abb. 48. Einleitung S. 113. 119.
Das Haus hat Meister Johann Henrich Schnitger, von dem mehrere Schnitzgiebel in Lemgo stammen, als prächtigsten Fachwerkbau der Lemgoer Mittelstraße für sich selbst errichtet.

Lit.: K. Meier, Das schöne alte Lemgo (Lemgo 1927), 58–60; W. Rädeker, Lemgoer Häuser (Lemgo 1955), 33. 69; O. Gaul, Zierschnitzereien der Renaissance an lippischen Fachwerkbauten. In: Lippische Mitteilungen aus Geschichte und Landeskunde 27 (1958), 74f. 77; K. Klöckner, Alte Fachwerkbauten (München 1978), 137; F. Kaspar, Fachwerkbauten in Westfalen vor 1600 (Münster 1978), 59.

Mittelstr. 24: Nebenhaus (1593)
Abb. 49. 364. Einleitung S. 94.
Die Schnitzereien der Leibzucht des Jobst von der Wipper und seiner Ehefrau Catharina von dem Briel wurden erst 1950 freigelegt und restauriert.
Inschriften: WAS GOTTLOS IST SICH HART VERBINDEN THUT UND WILL UNS BRINGEN UMB LEIB UND GUT. GOTT DIESE BALD STURTEN THUT. UNUS QUISQUE PRO SE ET DEUS PRO NOBIS OMNIBUS. SI DEUS PRO NOBIS

QUIS CONTRA NOS. [Jeder für sich und Gott für uns alle. Wenn Gott mit uns, wer mag wider uns sein] ANNO 1593. (Schwellbalken).

Lit.: W. Rädeker, Lemgoer Häuser (Lemgo 1955), 37. 70; O. Gaul, Zierschnitzereien der Renaissance an lippischen Fachwerkbauten. In: Lippische Mitteilungen aus Geschichte und Landeskunde 27 (1958), 81–82; F. Kaspar, Fachwerkbauten in Westfalen vor 1600 (Münster 1978), 60.

Mittelstr. 27 (1569 und 1598)

Abb. 259. Einleitung S. 119. 123.

Inschriften: GOTTES HULFE IST MEIN THOVORSICHT BARTHOLT VOLCKHUSEN 1598. OCH GODT GIF GUDEN RADT UNDE MINES HUSES EIN BEHODER. ALSO HEFT GODT DE WELT GELEVET DAT HE SINEN ENIGEN SONE GAF VP DAT ALLE DE AN ENNE GELOVEN NICHT VORLAREN WERDEN SONDERN DAT EWIGE LEVENDT HEBBEN. AD 1598. (Schwellbalken).

Lit.: K. Meier, Das schöne alte Lemgo (Lemgo 1927), 64–65; W. Rädeker, Lemgoer Häuser (Lemgo 1955), 38. 67. 70; O. Gaul, Zierschnitzereien der Renaissance an lippischen Fachwerkbauten. In: Lippische Mitteilungen aus Geschichte und Landeskunde 27 (1958), 63; F. Kaspar, Fachwerkbauten in Westfalen vor 1600 (Münster 1978), 60.

Mittelstr. 36: Planetenhaus (Um 1590)

Abb. 50–57. 379. Einleitung S. 126. 134.

Der massive Unterbau ist von Meister Georg Crossmann durchgebaut worden. Im Jahre 1612 ließ Conrad Plette, Bürgermeister der Stadt, einen Kamin mit seinem Wappen und dem seiner Frau Anna von der Wipper einfügen, der vermutlich auch aus der Werkstatt Crossmanns stammt.

Lit.: K. Meier, Das schöne alte Lemgo (Lemgo 1927), 60–62; K. Meier, Aus dem alten Lemgo. Warum ist am Planetenhaus Saturn mit einem Stelzfuß dargestellt? In: Vaterländische Blätter N.F. 9 (1930), 38; O. Gaul, Zierschnitzereien der Renaissance an lippischen Fachwerkbauten. In: Lippische Mitteilungen aus Geschichte und Landeskunde 27 (1958), 77–78; K. Meier, Geschichte der Stadt Lemgo. 2. Aufl. (Lemgo 1962), 113; F. Kaspar, Fachwerkbauten in Westfalen vor 1600 (Münster 1978), 60.

LIPPSTADT (Kr. Soest)

Lange Str. 12: Gasthof Goldener Hahn (1566)

Abb. 250–252. Einleitung S. 119.

Der Bau ist das älteste Fachwerkhaus in Lippstadt. Der Krüppelwalm ist neueren Datums.

Lit.: Kluge-Hansmann, Westfalen (Dehio, Handbuch der deutschen Kunstdenkmäler) München 1969, 305; F. Kaspar, Fachwerkbauten in Westfalen vor 1600 (Münster 1978), 66.

LOTHE (Schieder-Schwalenberg) Kr. Lippe

Nr. 10 Hof Johann Heinrich Wesemann: Leibzucht (1590)

Textabb. 6

Der Vierständerbau mit Durchgangsdeele wurde nach dem Zweiten Weltkriege abgebrochen.

Lit.: F. Kaspar, Fachwerkbauten in Westfalen vor 1600 (Münster 1978), 86.

Nr. 32 Hof Schützemeier: Torbogen (1631)

Abb. 120.

Inschrift: Wann dir ein Armer kompt für diese thür gedencke Christus sey selber dafür von welchem hastu alle deine habe Dem theil auch mit eine kleine Gaabe. (Torbogen).

Lit.: O. Gaul, Zierschnitzereien der Renaissance an lippischen Fachwerkbauten. In: Lippische Mitteilungen aus Geschichte und Landeskunde 27 (1958), 100; J. Schepers, Haus und Hof westfälischer Bauern. 3. Aufl. (Münster 1976), 166.

MINDEN Kr. Minden-Lübbecke

Seidenbeutel 11 (1550)

Abb. 217.

Lit.: H. Jahr, Der bürgerliche Wohnbau in Minden. In: Mindener Jahrbuch 4 (1929), 20, Abb. 17; F. Kaspar, Fachwerkbauten in Westfalen vor 1600 (Münster 1978), 71.

MÜNDEN Kr. Göttingen

Aegidiikirchplatz 1–3 (1734)

Abb. 300.

Im Jahre 1734 baute die Stadt Münden auf Erbzins für Berchtesgadener Emigranten diese Häusergruppe.

Lit.: Kiesow, Bremen/Niedersachsen (Dehio, Handbuch der deutschen Kunstdenkmäler) München 1977, 663.

Kirchpl. 8: Ehem. Küsterhaus St. Blasii (1457)

Abb. 187. 306–309. Einleitung S. 17. 99. 114. 141.

Die Knaggenschnitzerei legt die Vermutung nahe, daß das Haus ursprünglich von einem Apotheker erbaut worden ist (Einhorn, Hand mit Pille und Buch, sechs Knaggen mit Arzneipflanzen).

Inschrift: Benedic. et sanctifica domum istam in sempiternum deus israhel [Segne und heilige dieses Haus in Ewigkeit, Gott Israels]. (Schwellbalken). – Hans von fermessen me fecit m cccc l v ii [Hans von Varmissen hat mich gebaut. 1457] (Knagge).

Lit.: H. W. Mithoff, Kunstdenkmale und Alterthümer im Hannoverschen 2 (Hannover 1873), 145; H. Reuther, Das Fachwerkhaus in Hannoversch-Münden. In: Deutsche Kunst und Denkmalpflege 22 (1964), 66.

Kirchpl. 4: Pfarrhaus St. Blasii (Nach 1570)

Abb. 254.

Lit.: H. Reuther, Das Fachwerkhaus in Hannoversch-Münden. In: Deutsche Kunst und Denkmalpflege 22 (1964), 65 (Aufmaß).

Lange Str. 13 (1554)

Abb. 253. Einleitung S. 126.

Inschriften: WER GOTT VERTRAWT HAT WOL GEBAWT ANNO DOMINI 1554. BARTOLD MATTENBERG. STEDT

UNDE BURG MUSSEN VERGEHN GOTTES WORT BLEIBT EWIG BESTEHN. (Schwellbalken).

Lit.: A. Ortwein, Deutsche Renaissance Abt. 13 (Leipzig 1871–1875), Bl. 11; H. Reuther, Das Fachwerkhaus in Hannoversch-Münden. In: Deutsche Kunst und Denkmalpflege 22 (1964), 61 (Aufmaß). 67; H. Reuther, Bürgerliche Fachwerkhäuser der Renaissance an der unteren Werra. In: Niederdeutsche Beiträge zur Kunstgeschichte 11 (1972), 69–70 (Aufmaß).

Lange Str. 21–25

Abb. 291. Einleitung S. 96.

Die Häuser zeigen an ihrer Traufseite die für Münden charakteristischen Zwerchgiebel.

Lange Str. 72: Torbogen (1592)

Abb. 93.

Sydekumstr. 15: Haus „Zum Ochsenkopf" (1528/29)

Abb. 192. Einleitung S. 98.

In spätgotischer Konstruktion erstrecken sich im unteren Stockwerk des Hauses die ungewöhnlich hohen Wandständer über drei Geschosse.

Lit.: G. Fischer, Kunstdenkmäler und Alterthümer im Kreise Münden. I. Stadt Münden und Stadtgebiet (Münden 1892), 30; K. Eicke, Die bürgerliche Baukunst Niedersachsens. I. Mittelalter und Renaissance (Straßburg 1919), 154f.; H. Reuther, Das Fachwerkhaus in Hannoversch-Münden. In: Deutsche Kunst und Denkmalpflege 22 (1964), 63 (Aufmaß). 66.; H. Engel, Das Haus „Ochsenkopf" in Hann.-Münden. A. Delorme, Dendrochronologische Datierung des Mündener „Ochsenkopfes". E. Günther, Anmerkungen zur statischen Nachrechnung eines mittelalterlichen Fachwerkhauses, des „Ochsenkopfes" in Hann.-Münden. In: Niedersächsische Denkmalpflege 7 (1970/71), 131–149.

Vor der Burg 6: Herzogin-Elisabeth-Stift (Nach 1580)

Abb. 144.

Lit.: M. Sonnen, Holzbauten östlich der Weser (Münster 1926), Tafel 89.

NAMMEN (Porta Westfalica) Kr. Minden-Lübbecke

Friedhofskapelle (17. Jh.)

Abb. 147.

NIEDER-DORNBERG (Bielefeld)

Meier zu Müdehorst: Haupthaus, Bettwand (1791)

Abb. 344.

Lit.: J. Schepers, Haus und Hof westfälischer Bauern. 3. Aufl. (Münster 1976), 349 (Aufmaß).

NIEHEIM Kr. Höxter

Richterplatz: Richter-Haus (1701)

Abb. 297.

NORTHEIM Kr. Northeim

Am Schaupenstiel 9 (Um 1500)

Abb. 328.

Lit.: Erlebte Heimat. Hrsg. von der Kreisbildstelle Northeim. Folge 5: Zeugnisse des Bürgertums im Kreise Northeim (Northeim 1963), 13.

Am Schaupenstiel 15: Corvinus-Haus (Um 1510)

Abb. 191.

In dem Hause wohnte 1539 der Reformator Anton Corvinus (1501–1553).

Lit.: O. Fahlbusch, Northeim ((Northeim 1926), 24. 73; Erlebte Heimat. Hrsg. von der Kreisbildstelle Northeim. Folge 5: Zeugnisse des Bürgertums im Kreise Northeim (Northeim 1963), 13.

Breite Str. 27 (1566)

Abb. 232.

Die Utlucht des im Jahre 1566 erbauten Hauses ist um 1600 hinzugefügt..

Inschrift: Drink vnd eth Gottes nicht verget Bewar dine Erhe Dick wirt nicht merhe Dan vmme vnd an dar mith davan. (Brüstungsplatte).

Lit.: O. Fahlbusch, Northeim (Northeim 1926), 72; H. Eggeling, Drinck und eth Godes nicht verget. In: Südhannoverscher Heimatkalender 1961, 113–115; Erlebte Heimat. Hrsg. von der Kreisbildstelle Northeim. Folge 5: Zeugnisse des Bürgertums im Kreise Northeim (Northeim 1963), 16–17.

Am Münster 32/33: Hospital St. Spiritus (1500)

Abb. 145. Einleitung S. 104.

Das Hospital wird bereits 1525 als Besitz der Stadt Northeim erwähnt. Neben der Krankenpflege diente es Pilgern und Durchreisenden als Herberge.

Lit.: O. Fahlbusch, Northeim (Northeim 1926), 55. 56. 68; H. Eggeling, Das Heilig-Geist-Hospital in Northeim. In: Südhannoverscher Heimatkalender 1962, 63; Erlebte Heimat. Hrsg. von der Kreisbildstelle Northeim. Folge 5: Zeugnisse des Bürgertums im Kreise Northeim (Northeim 1963), 9.

OESTERHOLZ (Schlangen) Kr. Lippe

Schloß (1597–1599)

Abb. 128. Einleitung S. 104. 113. 122.

Graf Simon VI. zur Lippe ließ in der Meierei Oesterholz 1597–1599 von dem Baumeister Hermann Wulff und dem Zimmermeister Iggenhausen aus Voßhagen das „neue Wohnhaus" bauen. Die Utluchten wurden im Jahre 1660 angefügt. Durch den Neubau eines steinernen Jagdschlosses wurde 1655–1666 unter Graf Hermann Adolf die Anlage vollendet, verfiel jedoch wieder. Im Jahre 1775 wurden die Massivbauten abgebrochen, nur das Fachwerkhaus blieb stehen.

Lit.: O. Preuß, Die baulichen Alterthümer des Lippischen Landes. 2. Aufl. (Detmold 1881), 111; O. Gaul, Zierschnitzereien der Renaissance an lippischen Fachwerkbauten. In: Lippische Mitteilungen aus Geschichte und Landeskunde 27 (1958), 90; K. Sundergeld, Die Baumeister des Jagdschlosses Oesterholz. In: Lippische Mitteilungen aus Geschichte und Landeskunde 31 (1962), 197–229; E. Kittel, Lippe vor 1800 (Detmold 1964), 14f. 46. Tafel 2. 27; Kluge-Hansmann, Westfalen (Dehio, Handbuch der deutschen Kunstdenkmäler) München 1969 428; F. Kaspar, Fachwerkbauten in Westfalen vor 1600 (Münster 1978), 88.

OETTERN-BREMKE (Detmold) Kr. Lippe
Nr. 3 Hof Boeltke: Leibzucht (1619)
Abb. 113. Textabb. 11.
Das Durchgangsdeelenhaus wurde 1971/72 auf dem lippischen Meierhof des Westfälischen Freilichtmuseums bäuerlicher Kulturdenkmale wiedererrichtet.

Lit.: St. Baumeier, Hinweise für den Rundweg [durch das Westfälische Freilichtmuseum bäuerlicher Kulturdenkmale] (Detmold 1972), 12; J. Schepers, Rundgang durch das Westfälische Freilichtmuseum bäuerlicher Kulturdenkmale Detmold (Detmold 1978), 25–26; J. Schepers, Der lippische Meierhof im Westfälischen Freilichtmuseum bäuerlicher Kulturdenkmale in Detmold. In: Museum und Kulturgeschichte. Festschrift für Wilhelm Hansen (Münster 1978), 55 (Aufmaß). 62. 64–68.

PADERBORN Kr. Paderborn
Hathumarstr. 7: Adam-und-Eva-Haus (Ende 16. Jh.)
Abb. 58–61. 320. 367. 372. Einleitung S. 126. 129. 134. 136.
In dem Hause befindet sich jetzt das Heimatmuseum der Stadt Paderborn.

Lit.: A. Ludorff, Die Bau- und Kunstdenkmäler des Kreises Paderborn (Münster 1899), 8. 24. 135. Tafel 103; H. Rüthing, Das Adam-und-Eva-Haus in Paderborn. In: Die Warte 1937, 115; D. Hüffer, Das Haus Hathumarstr. 7. In: Westfälische Zeitschrift 80, II, 64; P. Michels, Paderborner Inschriften, Wappen und Hausmarken (Paderborn 1957), 150–151; H. Sagebiel, Paderborn in alten Ansichten (Frankfurt 1977), 84; K. Klöckner, Alte Fachwerkbauten (München 1978), 128; F. Kaspar, Fachwerkbauten in Westfalen vor 1600 (Münster 1978), 76.

PREUSSISCH STRÖHEN (Rahden) Kr. Minden-Lübbecke
Nr. 68 Hof Schlottmann: Wagenschuppen (1840)
Abb. 348.
Der Wagenschuppen des Hofes Schlottmann wurde im Museumshof des Amtes Rahden wiedererrichtet.

Lit.: Kottenbrink-Spönemann, Museumshof Rahden (Rahnden o.J.), 16; Westfalen. Bauernhofaufmaße. Hrsg. vom Landesamt für Baupflege im Landschaftsverband Westfalen-Lippe (Münster 1974), Bl. 8 (Aufmaß).

Rahden Kr. Minden-Lübbecke
Kleinendorf: Museumshof des Amtes Rahden
Abb. 335. 341. 345–348. 350. 351.
s.: Preußisch Ströhen (Wagenschuppen 1840); Rahden-Steinmasch (Bleichhütte); Rahden-Stelle (Backhaus 1580); Sielhorst (Haupthaus 1689); Tonnenheide-Hahnekamp (Bokemühle um 1860); Varl (Schafstall 1786).

Lit.: Kottenbrink-Spönemann, Museumshof Rahden (Rahden o.J.); G. Meyer, Museumshof Rahden. In: Westfalen-Spiegel 1966, Heft 7, 14–17; W. Horstmann, Der Museumshof Rahden. In: Der Minden-Ravensberger 39 (1967), 56–59; H. Kottenbrink, Vom bäuerlichen Leben und Arbeiten im Rahdener Land im Spiegel des Rahdener Museumshofes. In: Heimatgeschichtliche Beiträge aus dem Kreis Lübbecke 1 (1969), 121–138; Westfälische Museen. Führer durch die Museen in Westfalen und Lippe (Münster 1971), 111–112.

RAHDEN-STEINMASCH Kr. Minden-Lübbecke
Hof Ortsgries: Bleichhütte
Abb. 345.
Die Bleichhütte des Hofes Ortsgries wurde in den Museumshof des Amtes Rahden versetzt.

Lit.: Kottenbrink-Spönemann, Museumshof Rahden (Rahden o.J.), 13; Westfalen. Bauernhofaufmaße, Hrsg. vom Landesamt für Baupflege im Landschaftsverband Westfalen-Lippe (Münster 1974), Bl. 11.

RAHDEN-STELLE Kr. Minden-Lübbecke
Hof Hollendiek: Backhaus (1580)
Abb. 350. 351.
Das Backhaus des Hofes Hollendiek wurde in den Museumshof des Amtes Rahden versetzt.

Lit.: Kottenbrink-Spönemann, Museumshof Rahden (Rahden o.J.), 12; Westfalen. Bauernhofaufmaße. Hrsg. vom Landesamt für Baupflege im Landschaftsverband Westfalen-Lippe (Münster 1974), Bl. 10; F. Kaspar, Fachwerkbauten in Westfalen vor 1600 (Münster 1978), 78.

RINTELN Kr. Schaumburg
Brennerstr. 291 (1620)
Abb. 85. 304. Einleitung S. 124.
Inschriften: CHRISTIAN BOKELMAN. ANNA BILDERBEKS. ANNO MDCXX. (Torbogen). – VELLE MEVM, SVDARE MEVM, MEVM ET ESSE NIHIL SUNT DE TVO ERVNT, MEASI CHRISTE REDEMTOR, ERUNT. C.B.F. (?) (Sturzriegel).

Lit.: H. Siebern, Die Bau- und Kunstdenkmäler im Reg. Bezirk Cassel. Bd. III: Kr. Grafschaft Schaumburg (Marburg 1907), 23. Tafel 27. 28; M. Sonnen, Die Weserrenaissance (Münster 1923), XIII. Abb. 6.

Klosterstr. 9–10: Universitätskommissie (1650)
Abb. 162.
Die Universitätskommissie ähnelt in der völligen Verschalung der Gefache mit Beschlagwerkornamenten dem Stadthagener Haus Markt 1 (1647/49; vgl. Abb. 323).

Lit.: W. Maack, Das malerische Rinteln. Bildnis einer Stadt im Weserbergland (Rinteln 1950), 99–109.

Ritterstr. 33: Prinzenhof (2. Hälfte 16. Jh.)
Abb. 137.
Das Haus wurde von der Familie von Werpup errichtet. Kurz nach 1700 erwarb es der Landgraf Carl von Hessen als landes-

fürstliches Quartier. Das Treppenhaus wurde 1704 angebaut. Seit 1869 war es Sitz des Kreisgerichtes, später des Amtsgerichtes.

Lit.: H. Siebern, Die Bau- und Kunstdenkmäler im Reg.-Bezirk Cassel. Bd. III: Kr. Grafschaft Schaumburg (Marburg 1907), 19. Tafel 23; W. Maack, Das malerische Rinteln, Bildnis einer Stadt im Weserbergland (Rinteln 1950), 89–90; Kiesow, Bremen/Niedersachsen (Dehio, Handbuch der deutschen Kunstdenkmäler) München 1977, 796.

RUENSIEK (Schieder-Schwalenberg) Kr. Lippe
Nr. 6 Hof Gütschleg: Haupthaus, Türstürze (1583)
Textabb. 18
Der Vierständerbau wurde nach dem Zweiten Weltkriege abgebrochen. Zwei Türstürze befinden sich in der Künstlerklause in Schwalenberg, der dritte im Lippischen Landesmuseum in Detmold.
Inschrift: WOL GOT VERTRVWET HEFT WOL GEBVWET. HENRICH BEINE ANNO D[OMI]NI 1583 (Torborgen).

Lit.: W. Schmülling, Hausinschriften in Westfalen und ihre Abhängigkeit vom Baugefüge (Münster 1951), 150; J. Schepers, Haus und Hof westfälischer Bauern. 3. Aufl. (Münster 1976), 380 (Aufmaß); F. Kaspar, Fachwerkbauten in Westfalen vor 1600 (Münster 1978), 86.

SABBENHAUSEN (Lügde) Kr. Lippe
Zehntscheune des Klosters Falkenhagen (1555)
Abb. 141. 142. Textabb. 21. Einleitung S. 104.
Die von den Falkenhagener Kreuzherren errichtete Scheune für das Zehntkorn verfiel nach dem Dreißigjährigen Kriege. Im Jahre 1791 wurden zwei Wohnungen eingebaut, 1843 überließ man den Bau für 800 Taler dem Bauern Conrad Pahmeier als Neuwohnerstätte. In den Jahren 1960 bis 1962 wurde die Zehntscheune als historisches Fachwerkhaus des Lippischen Landesmuseums in Detmold wiedererrichtet. Sie enthält die umfangreiche Schausammlung bäuerlicher und handwerklicher Arbeitsgeräte des Landesmuseums.

Lit.: W. Hansen, Die Heimathäuser des Lippischen Landesmuseums. In: Lippische Heimat. 31. Jahrbuch des Lippischen Heimatbundes für das Jahr 1954, 33–50; W. Hansen, Das Lippische Landesmuseum (Detmold 1972), 162–163. 190–191; J. Schepers, Haus und Hof westfälischer Bauern. 3. Aufl. (Münster 1976), 110; W. Hansen, Das Detmolder Museumszentrum. Die historischen Bauten des Lippischen Landesmuseums als städtebaulicher Beitrag zur Denkmalpflege. In: Heimatland Lippe 69 (1976), 2–20; F. Kaspar, Fachwerkbauten in Westfalen vor 1600 (Münster 1978), 68.

SCHARMEDE (Salzkotten) Kr. Paderborn
Hof Alpmann: Speicher (1589)
Abb. 353. Einleitung S. 106.
Inschriften: WAT HE SYLVEST HAIT BEDREVEN HE WORDTE SYCH VAKEN BEDENCKEN EHR HE MANCHEN DEDE SYN EHR KRE[N]KEN. HINRICH SCHVLTE. KATARINA VXOR EIVS. (Schwellbalken). – DEITHART REISEN VND GEIRDRVT ROMES SEIN EHEFROVWE DE DAIR GODT VORTRVWEN HAVEN DVSEN SPIKER LATEN BUWEN. 1588 DEN 12 MEY. S. N. (Schwellbalken). – Alle Tidt Bede[n]ck dat Ende. Anno 1589. (Türsturz).

Lit.: J. Körner, Die Bau- und Kunstdenkmäler des Kreises Büren (Münster 1926), 207–208; J. Tönsmeyer, Der Schultenhof in Scharmede. Sein Kornspeicher ein Schmuckstück bäuerlicher Architektur. In: Die Warte 25 (1964), 153–155; J. Schepers, Haus und Hof westfälischer Bauern. 3. Aufl. (Münster 1976), 85. 429–430 (Aufmaß); F. Kaspar, Fachwerkbauten in Westfalen vor 1600 (Münster 1978), 85.

SCHIEDER (Schieder-Schwalenberg) Kr. Lippe
Domäne: Kornhaus (Um 1590)
Abb. 84. 129–132. 357. Textabb. 4. Einleitung S. 100. 113. 122. 124.
Das Kornhaus der Meierei Schieder wurde unter Graf Simon VI. zur Lippe um 1590 vom Zimmermeister Iggenhausen aus Voßhagen erbaut. Vom gleichen Zimmermeister stammt das mit ähnlichem Zahnschnittkranz verzierte Schloß Oesterholz (1599; vgl. Abb. 128). In den Jahren 1956 bis 1958 wurde das Kornhaus als historischer Fachwerkbau des Lippischen Landesmuseums nach Detmold versetzt. Es enthält die landes- und kulturgeschichtlichen Schausammlungen des Landesmuseums.

Lit.: W. Hansen, Die Heimathäuser des Lippischen Landesmuseums. In: Lippische Heimat. 31. Jahrbuch des Lippischen Heimatbundes für das Jahr 1954, 33–50; W. Hansen, Der Wiederaufbau des Kornhauses aus Schieder als Heimathaus des Lippischen Landesmuseums. In: Lippische Heimat. 32. Jahrbuch des Lippischen Heimatbundes für die Jahre 1956/57, 25–52; W. Hansen, Lippische Ansichten aus alter Zeit (Detmold 1958), Tafel 66 (Altzustand); O. Gaul, Zierschnitzereien der Renaissance an lippischen Fachwerkbauten. In: Lippische Mitteilungen aus Geschichte und Landeskunde 27 (1958), 89–90; Einzelberichte zur Denkmalpflege für die Jahre 1953–1961. In: Westfalen 41 (1963), 59–61; W. Hansen, Das Lippische Landesmuseum (Detmold 1972), 163–174. 183–189; F. Meier und P. Pankoke, Schieder. Die Geschichte eines lippischen Dorfes (Schieder 1964), 64. 68. 69; W. Hansen, Das Detmolder Museumszentrum. Die historischen Bauten des Lippischen Landesmuseums als städtebaulicher Beitrag zur Denkmalpflege. In: Heimatland Lippe 69 (1976), 2–20; F. Kaspar, Fachwerkbauten in Westfalen vor 1600 (Münster 1978), 87.

SCHLÜSSELBURG-RÖHDEN (Petershagen) Kr. Minden-Lübbecke
Friedhofskapelle (1659)
Abb. 149. 150.
Die Friedhofskapelle wurde 1659 von der Landdrostin Gertraud von Münnich gestiftet. In den Jahren 1958–59 wurde sie restauriert.

Lit.: Kluge-Hansmann, Westfalen (Dehio, Handbuch der deutschen Kunstdenkmäler) München 1969, 507.

SCHÖNEMARK (Detmold) Kr. Lippe
Torbogen (1550)
Textabb. 18. Einleitung S. 106f.
Der Torbogen des abgebrochenen Hauses befindet sich im Lippischen Landesmuseum in Detmold. Er ist der älteste er-

haltene Torbogen eines lippischen Bauernhauses und trägt eine der frühesten Bauinschriften (DATVM M D L YAR). Auf der linken Knagge ist zur Hexenabwehr ein Pentagramm eingeschnitzt.

Lit.: W. Hansen, Fachwerk der Weserrenaissance. In: Ostwestfälisch-Weserländische Forschungen zur geschichtlichen Landeskunde (Münster 1970), 230; W. Hansen, Das Lippische Landesmuseum (Detmold 1972), 79; F. Kaspar, Fachwerkbauten in Westfalen vor 1600 (Münster 1978), 27.

SCHWALENBERG (Schieder-Schwalenberg) Kr. Lippe

Rathaus (1579. 1603)

Abb. 45–47. 155. Einleitung S. 105.

Das 1579 erbaute Rathaus enthielt im Untergeschoß ursprünglich eine Kaufhalle, im Obergeschoß den Bürgersaal. Im Jahre 1603 wurde an die linke Seite die Ratsstube angebaut, im Jahre 1907 die rechte Seite durch einen historisierenden Anbau erweitert.

Inschriften: MINSCHE GEDENCKE WAT DU BETENGEST DEN LIECK UND RECHT WARET LENGEST. WAERSTU AS SCHELM UND SCHENNER UNRECHT HANDELN SO MOSTU TOM LESTEN IN DE HELLE WANDERN! (Schwellbalken). – WOL THO SIN EGEN VORDEL RAIDT IN HAS BI ALLEN KOMT UND TREIBT VERSTOREHAIT WOL GEBRUKET BOS GEWICHT STRAFET GOTT AN JUNSTIN GERICHT. (Schwellbalken) [WEN G]ODT MIT UNS WOLL KAN DEN WEDDER UNS. PAULUS ROMANOS AM 8 CAP. (Schwellbalken).

Lit.: O. Preuß, Die baulichen Alterthümer des Lippischen Landes. 2. Aufl. (Detmold 1881), 164; K. Henrici, Reiseaufnahmen aus Westfalen und dem Fürstenthum Lippe (Aachen 1892), Bl. 38; K. Lehmgrübner, Mittelalterliche Rathausbauten in Deutschland mit einem Überblick über die Entwicklung des deutschen Städtewesens. T. 1 (Berlin 1905), 49–56. Tafel 31–34; K. Lohmeyer, Das Rathaus zu Schwalenberg. In: Festschrift zur 650jährigen Jubelfeier Schwalenbergs (Schwalenberg 1906), 39–47; M. Sonnen, Die Weserrenaissance (Münster 1923), XVIII. Abb. 21–23; K. Wehrhan, Der Bilderschmuck am Schwalenberger Rathause. In: Vaterländische Blätter N.F. 3 (1924), Nr. 4–5. 7–8. 10; H. Rasch, Stadt und Land Schwalenberg. Abriß ihrer Geschichte (Lemgo 1957), 25–28; K. Meier, Wanderfahrten durch Lippe (Lemgo 1950), 218–219; W. Hansen, Lippische Ansichten aus alter Zeit (Detmold 1958), Tafel 71 (Altzustand); O. Gaul, Zierschnitzereien der Renaissance an lippischen Fachwerkbauten. In: Lippische Mitteilungen aus Geschichte und Landeskunde 27 (1958), 71–72. 90–91; Kluge-Hansmann, Westfalen (Dehio, Handbuch der deutschen Kunstdenkmäler) München 1969, 510; K. Klöckner, Alte Fachwerkbauten (München 1978), 130/31; F. Kaspar, Fachwerkbauten in Westfalen vor 1600 (Münster 1978), 87.

Haus Gronemann: Schnitzgiebel (1590)

Abb. 312.

Der Schnitzgiebel des um die Jahrhundertwende abgebrochenen Hauses befindet sich im Lippischen Landesmuseum Detmold.

Inschrift: VERBVM DOMINI MANET IN AETERNVM [Das Wort des Herrn währet in Ewigkeit] ANNO DOMINI 1590. (Schwellbalken). – HERMANN POEL LUCIA SCHLVE (Brüstungsplatten).

Lit.: W. Hansen, Das Lippische Landesmuseum (Detmold 1972), 77; F. Kaspar, Fachwerkbauten in Westfalen vor 1600 (Münster 1979). 27.

Untere Straße 7: Torbogen (1611)

Abb. 119. Einleitung S. 122.

Inschrift: Der Herre Beware deinen Eingangk vnd ausgangk von Nun An Bis in Ewigkeit. Lobe Gott allezeitt. Johan Hagemeister. Ilsabe Alemeier. Anno D[omi]ni 1611. M.F.F.

SIELHORST (Rahden) Kr. Minden-Lübbecke

Hof Bierenriede: Haupthaus (1689)

Abb. 335. 341.

Das Haupthaus des Hofes Bierenriede wurde im Museumshof des Amtes Rahden wiedererrichtet.

Lit.: Kottenbrink-Spönemann, Museumshof Rahden (Rahden o.J.), 2–9; Westfalen. Bauernhofaufmaße. Hrsg. vom Landesamt für Baupflege im Landschaftsverband Westfalen-Lippe (Münster 1974), Bl. 4. 5.

STADTHAGEN Kr. Schaumburg

Amtspforte (1553)

Abb. 11. 12. 91. 92. Einleitung S. 106. 113. 119. 120. 122.

Die Amtspforte wurde 1553 am Oberntor Stadthagens als landesherrlicher Gerichts- und Verwaltungsbau errichtet.

Lit.: G. Schönermark, Beschreibende Darstellung der älteren Bau- und Kunstdenkmäler des Fürstenthums Schaumburg-Lippe (Berlin 1897), 86–87; M. Sonnen, Die Weserrenaissance (Münster 1923), XII. Abb. 4; A. Wehling, „Alte Amtspforte" in Stadthagen. In: Schaumburg-Lippische Mitteilungen 16 (1964), 49; G. Angermann, Die Anfänge der Weserrenaissance. In: Ostwestfälisch-Weserländische Forschungen zur geschichtlichen Landeskunde (Münster 1970), 183f. Tafel VII; Kiesow, Bremen/Niedersachsen (Dehio, Handbuch der deutschen Kunstdenkmäler) München 1977, 885.

Klosterstr. 12 (1572)

Abb. 6. 87.

Markt 8: Gildehof (1573)

Abb. 159. 160. 363. Einleitung S. 106. 128.

Inschriften: O HER GOT WI SINT JO HIR MEN GESTE NOCH TAN BVWEN WI HOGE NESTE MI WVNDERT DAT WI NICHT MVRE DARWI EWICH MVGEN DVREN. – DE WIL STRAFFEN MI VNDE DE MINEN DE SEERST VP SICK VNDE DE SINEN SVTH HE DEN GAR KEIN GEBRECK SO KAME HE BALDE VND STRAFE MICK. – VNDANK IST DE WELT LOHN (Brüstungsplatten). – ANFANCK IST BEDENCKENS WERT ANNO 1573 (Schwelle).

Lit.: G. Schönermark, Beschreibende Darstellung der älteren Bau- und Kunstdenkmäler des Fürstenthums Schaumburg-Lippe (Berlin 1897), 87–88; Kiesow, Bremen/Niedersachsen (Dehio, Handbuch der deutschen Kunstdenkmäler (München 1977) 887.

Markt 21 (1647/49)
Abb. 323. Einleitung S. 124.
Das Haus ähnelt mit seiner völligen Holzverschalung mit Beschlagwerkmotiven der ehemaligen Universitätskommissie in Rinteln (Klosterstr. 9/10 1650; vgl. Abb. 162).

Lit.: Kiesow, Bremen/Niedersachsen (Dehio, Handbuch der deutschen Kunstdenkmäler) München 1977, 887.

TINTRUP (Blomberg) Kr. Lippe
Hof Brenker: Torbogen (1728)
Textabb. 19
Der Torbogen wurde nach Abbruch des Hauses 1958 in das Lippische Landesmuseum überführt.
Inschrift: DAS IST MEINE FREUDE DAS ICH MICH ZU GOTT HALTE UND MEINE ZUVERSICHT SETZE AUFF DEN HERRN HERRN DAS ICH VERKÜNDIGE ALLE DEIN THUN PSA[L]M 13. ANNO 1728 DEN 28 MAII. JOHAN CORDT BR[E]NKER UND CATARINA ELISABETH VOGDING. M[EISTER] T.K. V[ERFERTIGT]. (Torbogen).

Lit.: W. Hansen, Fachwerk der Weserrenaissance. In: Ostwestfälisch-Weserländische Forschungen zur geschichtlichen Landeskunde (Münster 1970), 229. 231; W. Hansen, Das Lippische Landesmuseum (Detmold 1972), 25.

TONNENHEIDE-HAHNEKAMP (Rahden) Kr. Minden-Lübbecke
Hof Köster: Bokemühle (Um 1860)
Abb. 346.
Die Bokemühle steht jetzt im Museumshof des Amtes Rahden. In der von einem Pferdegöpelwerk betriebenen Bokemühle wurden die trockenen Flachsstengel mit einem Hammerwerk mürbegeklopft.

Lit.: Kottenbrink-Spönemann, Museumshof Rahden (Rahden o.J.), 15; H. Kottenbrink, Vom bäuerlichen Leben und Arbeiten im Rahdener Land im Spiegel des Rahdener Museumshofes. In: Heimatgeschichtliche Beiträge aus dem Kreis Lübbecke 1 (1969), 121–138; Westfalen. Bauernhofaufmaße. Hrsg. vom Landesamt für Baupflege im Landschaftsverband Westfalen-Lippe (Münster 1974), Bl. 9.

TRENDELBURG Kr. Hofgeismar
Rathaus (1582)
Abb. 153. Einleitung S. 105.

UMMELN (Bielefeld)
Meier zu Ummeln: Haupthaus (Um 1550)
Abb. 334. 340. Textabb. 14.
Das Haupthaus des Meierhofes zu Ummeln wurde 1914–1917 im Bielefelder Bauernhofmuseum wiedererrichtet.

Lit.: F. Walter, Das westfälische Bauernhaus (Dortmund 1936), 14. 15 (Aufmaß); J. Schepers, Führer durch das Bauernhofmuseum Bielefeld (Bielefeld 1967), 6–17; J. Schepers, Haus und Hof westfälischer Bauern. 3. Aufl. (Münster 1976), 38. 333–334 (Aufmaß). Abb. 41. 55. 100; F. Kaspar, Fachwerkbauten in Westfalen vor 1600 (Münster 1979), 19.

USLAR Kr. Northeim
Rathaus (2. Hälfte 17. Jh.)
Abb. 156. Einleitung S. 105.

Lit.: Kiesow, Bremen/Niedersachsen (Dehio, Handbuch der deutschen Kunstdenkmäler) München 1977, 918.

VARENHOLZ (Kalletal) Kr. Lippe
Schloß: Südwestflügel (Mitte 16. Jh.)
Abb. 124.
Ursprünglich war das Schloß Varenholz Rittersitz der Herren von Vornholte. Im Jahre 1323 ging es in lippischen Besitz über. Aus gotischer Zeit stammen der Saalbau im Südostflügel, der Wohnturm und Teile des Südwestflügels, den um 1542 der damalige Pfandinhaber Simon von Wendt errichtete. Als Weserrenaissancebau wurde Schloß Varenholz unter Graf Simon VI. zur Lippe 1591–1600 vollendet.

Lit.: O. Preuß, Die baulichen Alterthümer des Lippischen Landes. 2. Aufl. (Detmold 1881), 105–108; W. Süvern, Schloß Varenholz (Detmold 1934); O. Gaul, Kreis Lemgo (Kunstführer des Westfälischen Heimatbundes) Münster 1947, 18; E. Kittel, Lippe vor 1800. Ansichten aus drei Jahrhunderten (Detmold 1964), 36f. Tafel 34; Kluge-Hansmann, Westfalen (Handbuch der deutschen Kunstdenkmäler) München 1969, 558–560; Kreft-Soenke, Die Weserrenaissance. 4. Aufl. (Hameln 1975), 294–295. Abb. 2. 140–147. 239. 240. 250. 251.

VARL Kr. Minden-Lübbecke
Hof Wöstehoff: Schafstall (1786)
Abb. 347.
Der Schafstall des Hofes Wöstehoff wurde 1963–1966 in den Museumshof des Amtes Rahden versetzt.

Lit.: Kottenbrink-Spönemann, Museumshof Rahden (Rahden o.J.) 20; Westfalen. Bauernhofaufmaße. Hrsg. vom Landesamt für Baupflege im Landschaftsverband Westfalen-Lippe (Münster 1974), Bl. 8.

VERDEN Kr. Verden
Strukturstr. 7 (1577)
Abb. 43. 44.
Inschrift: Wer auf Gott hofft ihn ... [unleserlich] ... Sein hertz in leid hatt woll gebauwet. Gottes wille geschehe. (Schwellbalken).

Lit.: H. Siebern, Ch. Wallmann und G. Meyer, Die Kreise Verden, Rotenburg und Zeven (Die Kunstdenkmäler der Provinz Hannover V, 1) Hannover 1908, 123.

VLOTHO Kr. Herford
Nr. 136 (1684)
Abb. 293.
Das Haus wurde im Jahre 1684 von Meister Henrick Helle erbaut.

Lit.: Kluge-Hansmann, Westfalen (Dehio, Handbuch der deutschen Kunstdenkmäler) München 1969, 564.

WARBURG Kr. Höxter

Bernhardistr. 2: Arnoldi-Haus (1513)

Abb. 193–195. 329. Einleitung S. 95.

Nachdem 1963 der Abbruch dieses bedeutenden Flett-Deelen-Hauses verhindert werden konnte, wurde es 1969–1973 umfassend saniert und restauriert. An der Außenfront wurde der neuere Krüppelwalm durch eine Rekonstruktion des alten Spitzgiebels ersetzt.

Lit.: N. Rodenkirchen, Die Bau- und Kunstdenkmäler des Kreises Warburg (Münster 1939), 475f. 480 (Aufmaß); J. Schepers, Westfalen in der Geschichte des nordwestdeutschen Bürger- und Bauernhauses. In: Beiträge zur Volkskunde und Baugeschichte (Der Raum Westfalen IV, 2) Münster 1965, 286. 287 (Aufmaß); Einzelberichte zur Denkmalpflege für die Jahre 1967–1973. In: Westfalen 53 (1975), 762–767; J. Schepers, Haus und Hof westfälischer Bauern. 3. Aufl. (Münster 1976), 72. 73 (Aufmaß); F. Kaspar, Fachwerkbauten in Westfalen vor 1600 (Münster 1978), 99.

Josef-Kohlschein-Str. 28 (1538)

Abb. 218.

Lit.: N. Rodenkirchen, Die Bau- und Kunstdenkmäler des Kreises Warburg (Münster 1939), 471. 475 (Abb); F. Kaspar, Fachwerkbauten in Westfalen vor 1600 (Münster 1979), 102.

Lange Str. 2: Eckmännchen-Haus (1471)

Abb. 1. 188. Textabb. 14. Einleitung S. 99. 106. 114. 126. 129.

Das Eckmännchen-Haus vom Jahre 1471 ist das älteste erhaltene Fachwerkhaus Westfalens. Im Jahre 1560 wurde es durch einen Anbau erweitert. Es war das Zunfthaus der Bäckergilde. In den Jahren 1965/66 erfolgte ein moderner Innenausbau des Hauses. Aus Verkehrsgründen mußte unter Wahrung der alten Fachwerkständer im Erdgeschoß eine Arkade für Fußgänger geschaffen werden.

Lit.: N. Rodenkirchen, Die Bau- und Kunstdenkmäler des Kreises Warburg (Münster 1939), 466–467; Einzelberichte zur Denkmalpflege für die Jahre 1962–1966. In: Westfalen 46 (1968), 496; J. Schepers, Haus und Hof westfälischer Bauern. 3. Aufl. (Münster 1976), 53; F. Kaspar, Fachwerkbauten in Westfalen vor 1600 (Münster 1978), 102.

WIEDENBRÜCK (Rheda-Wiedenbrück) Kr. Gütersloh

In der Halle 2 (1567)

Abb. 239. Einleitung S. 120.

Haus des Hermann Hollenhorst.

Inschriften: GADES WORT BLIFT IN EWIFHEIT. (Schwellbalken). – ... VERWAR ENE GUDE LER (Schwellbalken).

Lit.: A. Ludorff, Die Bau- und Kunstdenkmäler des Kreises Wiedenbrück (Münster 1901), 85. Tafel 54; F. Flaskamp, Hausinschriften, Hausmarken und Wappen der Stadt Wiedenbrück (Wiedenbrück 1935), 35; F. Kaspar, Fachwerkbauten in Westfalen vor 1600 (Münster 1978), 79.

Lange Str. 93 (1559)

Abb. 27–33. 238. 313. Einleitung S. 126. 132.

Im Jahre 1965 wurde der spätere Krüppelwalm durch einen Spitzgiebel ersetzt unter Verwendung von weiteren, vor Jahrzehnten bei einem Abbruch in der Mönchstr. 154 (1595) sichergestellten Figurenknaggen, die Gestalten aus dem Alten Testament darstellen (vgl. Ludorff, Die Bau- und Kunstdenkmäler des Kreises Wiedenbrück, Tafel 52).

Inschriften: Verbum D[omi]ni m[anet] i[n] e[ternum] [Das Wort des Herrn bleibt in Ewigkeit] A.D. 1559. (Torbogen). – Hic humiles habitare domus, victuque pavor parvo, divi[ti]as nec cumulare refert; sed Deus omnipotens rebus largire caducis, sicut [neues Endstück:] Anno 1784 den 15. Juni]Es ist nützlich, hier einfache Häuser zu bewohnen ... und keine Reichtümer zu sammeln. Aber der allmächtige Gott teilt aus mit hinfälligen Dingen, sowie ...]. (Schwellbalken). – Ein Wise beroeme sick nicht siner Wisheit, ein Starcke ber[oe]me sick nich siner Starc[k]heit, ein Starckere roeme sick nicht sines Rikedoms; sunde, wol sick beroeme wil, de bero[e]me sick des He[ren]. (Schwellbalken).

Lit.: F. Flaskamp, Hausinschriften, Hausmarken und Wappen der Stadt Wiedenbrück (Wiedenbrück 1935), 26; F. Flaskamp, Das Ackerbürgerhaus der westfälischen Stadt Wiedenbrück (Rietberg 1937), 20; Einzelberichte zur Denkmalpflege für die Jahre 1962–1966. In: Westfalen 46 (1968), 519; F. Kaspar, Fachwerkbauten in Westfalen vor 1600 (Münster 1978), 82.

Markt 11: Ratskeller (1560)

Abb. 240–242. 376. Einleitung S. 136.

Inschrift: Wem de gi fro upstat und ilns tom Seche gat; supt juu vul, levet Huanfroudn, als wek gi dul; vorsumet juer Salicheit un vorgettet der Barmh[e]rticeit; darum wil ic juu mit Angst bevangen: de Helle hepft na ju Vorlange[n]. Esai[ae] 5 Vers [11]. (Schwellbalken). – Vgl. Jesaja 5,1: Weh denen, die des Morgens früh auf sind, des Saufens sich befleißigen, [Hurenfreuden lieben] und sitzen bis in die Nacht, daß sie der Wein erhitzt. – Zu dieser Inschrift befindet sich auf einer Ständerstütze die Darstellung einer Hurenszene (vgl. Abb. 369), ein einmaliges Beispiel von unmittelbarem Bezug des Schnitzmotivs zur Inschrift.

Lit.: A. Ludorff, Die Bau- und Kunstdenkmäler des Kreises Wiedenbrück (Münster 1901), 85. Tafel 51. 53; M. Sonnen, Holzbauten östlich der Weser (Münster 1926), Tafel 80; F. Flaskamp, Das Ackerbürgerhaus der westfälischen Stadt Wiedenbrück (Rietberg 1937), 20; Westfalen. Bürgerhausaufmaße. Hrsg. vom Landesamt für Baupflege im Landschaftsverband Westfalen-Lippe (Münster 1966), Bl. 2; J. Schepers, Vier Jahrzehnte Hausforschung (Sennestadt 1973), 104 (Aufmaß); K. Klöckner, Alte Fachwerkbauten (München 1978), 138; F. Kaspar, Fachwerkbauten in Westfalen vor 1600 (Münster 1978), 82.

Mönchstr. 8 (1576)

Abb. 257. Einleitung S. 129.

Haus des Cordt von Willen.

Inschrift: A[nno] D[omini] 1576 up Jacobi [25. Juli] G.V.H. BGD. Am 94. Psalme: Wan Godt nich bowet, so is de Arbeit vorloren. (Torbogen)

Lit.: F. Flaskamp, Hausinschriften, Hausmarken und Wappen der Stadt Wiedenbrück (Wiedenbrück 1935), 27; F. Flaskamp, Das Ackerbürgerhaus der westfälischen Stadt Wiedenbrück (Rietberg 1937), 20. 27; Westfalen. Bürgerhausaufmaße. Hrsg. vom Landesamt für Baupflege im Landschaftsverband Westfalen-Lippe (Münster 1966), Bl. 3; F. Kaspar, Fachwerkbauten in Westfalen vor 1600 (Münster 1978), 82.

Mönchstr. 10 (1549)

Abb. 310. 311.

Haus des Johann Hase (?), ältestes datiertes Fachwerkhaus der Stadt Wiedenbrück.

Lit.: F. Flaskamp, Hausinschriften, Hausmarken und Wappen der Stadt Wiedenbrück (Wiedenbrück 1935), 28; F. Flaskamp, Das Ackerbürgerhaus der westfälischen Stadt Wiedenbrück (Rietberg 1937), 14. 20; F. Kaspar, Fachwerkbauten in Westfalen vor 1600 (Münster 1978), 83.

Wasserstr. 19: Torbogen (1622)

Abb. 332.

Inschriften: Godt beware deisen Inganck und Ausganck van nu an bes in Ewicheit, amen. Anno Christi 1622. (Torbogen). – Also heft Godt de Weldt gelebet, auf das er sinen enigengeboren Sone gaf, auf das alle, de an enne geloben, nicht verloren werden, sunder dat evige Lebent hebben, amen. Johannes am 3. Capitel. V[erbum] S[ei] m[anet] i[n] e[ternum] [Das Wort Gottes bleibt in Ewigkeit]. (Schwellbalken).

Lit.: F. Flaskamp, Hausinschriften, Hausmarken und Wappen der Stadt Wiedenbrück (Wiedenbrück 1935), 33; K. Klöckner, Alte Fachwerkbauten (München 1978), 140/41.

WINKHAUSEN Kr. Paderborn

Speicher des Hofes Wilper (2. Hälfte 16. Jh.)

Abb. 355.

Der Speicher wurde im Paderborner Dorf des Westfälischen Freilichtmuseums bäuerlicher Kulturdenkmale in Detmold wiedererrichtet.

WÜLFER-BEXTEN (Bad Salzuflen) Kr. Lippe

Bextener Str. 8 Hof Stille: Scheune (1599)

Abb. 113.

Die Scheune mit eingebauter Schäferkammer wurde 1971/72 auf dem lippischen Meierhof des Westfälischen Freilichtmuseums bäuerlicher Kulturdenkmale in Detmold wiedererrichtet.

Lit.: St. Baumeier, Hinweise für den Rundgang [durch das Westfälische Freilichtmuseum bäuerlicher Kulturdenkmale] (Detmold 1972), 11; J. Schepers, Rundweg durch das Westfälische Freilichtmuseum bäuerlicher Kulturdenkmale Detmold (Detmold 1978), 26; J. Schepers, Der lippische Meierhof im Westfälischen Freilichtmuseum bäuerlicher Kulturdenkmale in Detmold. In: Museum und Kulturgeschichte. Festschrift für Wilhelm Hansen (Münster 1978), 54 (Aufmaß). 60–62. 65; F. Kaspar, Fachwerkbauten in Westfalen vor 1600 (Münster 1978), 16.

Berichtigung

Die Bildunterschriften der Abb. 310–311 und 313 lauten:
Abb. 310–311 Knaggen am Hause des Johann Hase aus dem Jahre 1549 in Wiedenbrück, Mönchstr. 10. Es ist das älteste datierte Fachwerkhaus Wiedenbrücks.
Abb. 313 Figurenknaggen aus dem Jahre 1559 in Wiedenbrück, Lange Str. 93.

LEMGO MITTELSTR. 27 1598

MOTIVE FIGÜRLICHER FACHWERKSCHNITZEREI

ABRAHAM UND ISAAK

Abb. 29. Einleitung S. 127.

1542 Braunschweig, Stecherstr. 10 (Ständer und Ständerstützen); 1558 Hameln, Osterstr. 8 (Knagge); 1559 Wiedenbrück, Lange Str. 93 (Knagge); Anfang 17. Jahrhundert Hildesheim, Altpetristr. (Brüstungsplatte); 1609 Hildesheim, Friesenstr. 16 (Brüstungsplatte); 1610 Alfeld, Lateinschule (Brüstungsplatte).

1. Buch Mose 22,9: Und als sie kamen an die Stätte, die ihm Gott sagte, baute Abraham daselbst einen Altar und legte Holz drauf und band seinen Sohn Isaak und legte ihn auf den Altar oben auf das Holz. Und reckte seine Hand aus und faßte das Messer, daß er seinen Sohn schlachtete.

Lit.: K. Künstle, Ikonographie der christlichen Kunst (Freiburg 1928) 282–283; L. Réau. Iconographie de l'art chrétien II, 1 (1956), 134–137; I. Speyart van Woerden, The Iconography of the Sacrifice of Abraham. In: Viviliae Christianiae 15 (1961), 214–255; Lexikon der christlichen Ikonographie 1 (1968), 23–30; G. Heinz-Mohr, Lexikon der Symbole. Bilder und Zeichen der christlichen Kunst (Düsseldorf/Köln 1971), 142–143.

ADAM UND EVA

Abb. 8. 32. 61. 250. Einleitung S. 129. 134. 137f. 142.

1547/49 Göttingen, Barfüßerstr. 5 (Ständer); 1559 Wiedenbrück, Lange Str. 93 (Knagge); 1566 Lippstadt, Lange Str. 12 (Brüstungsplatte); 1571 Höxter. Stummrigestr. 27 (Ständer); 1575 Lemgo, Orpningstr. 6 (Eva; Ständer); 1580 Batenhorst, Haus Außel (Ständer); 2. Hälfte 16. Jh. Osnabrück, Dielinger Str. 43 (Ständer); Ende 16. Jh. Paderborn, Hathumarstr. 7 (Brüstungsplatten); 1586 Osnabrück, Krahnstr. 7 (Ständer); 1593 Osnabrück, Kamp 84; 1610 Alfeld, Lateinschule (Brüstungsplatte).

Steinbauten der Weserrenaissance: Um 1540 Stadthagen, Obernstr., Landsbergscher Hof (Beischlagwangen; Kreft-Soenke, Die Weserrenaissance Abb. 21); 1550 Hameln, Fischpfortenstr. 20 (Beischlagwange; Kreft-Soenke Abb. 221); 1568/71 Lemgo, Breite Str. 19 (Portalfiguren; Kreft-Soenke Abb. 63); 1577/78 Herford, Neuer Markt 2 (Figuren); Nach 1580 Bad Salzuflen, Markt 5 (Giebelspitze; Kreft-Soenke Abb. 138); 1584/90 Schloß Brake (Relief; Kreft-Soenke Abb. 64); 1585 Schloß Hessisch Oldendorf (Portalfiguren am Treppenturm).

Lit.: Büttner, Adam und Eva in der bildenden Kunst bis Michelangelo (Leipzig 1887); A. Breymann, Adam und Eva in der Kunst des christlichen Altertums (Wolfenbüttel 1893); J. Kirchner, Die Darstellung des ersten Menschenpaares in der bildenden Kunst (Stuttgart 1903); K. Künstle, Ikonographie der christlichen Kunst (Freiburg 1928), 277–280; Reallexikon zur deutschen Kunstgeschichte 1 (1937), 126–156; J. Flemming, Die Ikonographie von Adam und Eva in der Kunst vom 3. bis zum 13. Jahrhundert. Diss. Jena 1953; G. Angermann, Adam und Eva in der Volkskunst Minden-Ravensbergs. In: Der Ravensberger 25 (1953), 95–97; L. Réau, Iconographie de l'art chrétien II, 1 (1956), 78–93; J. Esche, Adam und Eva. Sündenfall und Erlösung (Düsseldorf 1957); Lexikon der christlichen Ikonographie 1 (1968), 41–70; L. Röhricht, Adam und Eva. Das erste Menschenpaar in Volkskunst und Volksdichtung (Stuttgart 1968); G. Heinz-Mohr, Lexikon der Symbole. Bilder und Zeichen der christlichen Kunst (Düsseldorf/Köln 1971), 23–25; J. Hall, Dictionary of Subjects and Symbols in Art (London 1974), 4–5.

ACKERBAU

Abb. 135. Einleitung S. 135.

1580 Batenhorst, Haus Außel: Pflügender Bauer und Säemann (Brüstungsplatte); vor 1587 Hildesheim, Marktstr. 24: Pflügender Bauer (Brüstungsplatte); 1611 Hildesheim, Ekkemeckerstr. 36 Rolandsspital: Pflügender Bauer (Brüstungsplatte).

AFFE

Abb. 49. 214. 364. 365. Einleitung S. 127. 128. 129.

1521 Herford, Brüderstr. 26: Affe kratzt sich am Hintern (Knagge); 1526 Goslar, Hoher Weg 1: Spielende Affen (Schwellbalken); um 1530 Braunschweig, Neue Str. 9: Zwei Affen mit Spiegel (Schwellbalken); vor 1535 Braunschweig, Lange Str. 45: Affe mit Spiegel (Schwellbalken); um 1536 Braunschweig, Burgplatz 2a: Affe bläst auf einem Dudelsack (Ständerstütze); um 1540 Celle, An der Stadtkirche 1: Affe mit Spiegel (Balkenschwelle); 1559 Herford, Johannisstr. 13: Zwei musizierende Affen (Torbogen); 1593 Lemgo, Mittelstr. 24: Affe mit Spiegel (Giebelspitze).

Lit.: G. J. Witkowski, L'art profane à l'église (Paris 1908), 1, 169; Handwörterbuch des deutschen Aberglaubens 1 (1927), 206–207; H. Zimmermann, Graphische Vorlagen zu Holzschnitzereien an Braunschweiger Fachwerkbauten. In: Braunschweigisches Magazin 3 (1928), 37–42; Reallexikon zur deutschen Kunstgeschichte 1 (1937), 202–206; H. W. Janson, Apes and Ape-Lore in the Middle Ages and the Renaissance (London 1952); L. Réau, Iconographie de l'art chrétien I (1955), 112; G. de Tervarent, Attributs et symboles dans l'art profane 1460–1600 (Genève 1958), 352–355; Lexikon der christlichen Ikonographie 1 61968), 77–79; G. Heinz-Mohr, Lexikon der Symbole. Bilder und Zeichen der christlichen Kunst (Düsseldorf/Köln 1971), 27–28; J. Hall, Dictionary of Subjects and Symbols in Art (London 1974), 22.

ALEXANDER DER GROSSE

1601 Hildesheim, Neustädter Markt 27 (Brüstungsplatte); 1610 Alfeld, Lateinschule (Ständer).

Steinbauten der Weserrenaissance: 1592 Minden, Haus Hagemeyer am Scharn (Relief; Kreft-Soenke, Die Weserrenaissance Abb. 127).

Lit.: Reallexikon zur deutschen Kunstgeschichte 1 (1937), 332–344; J. Hall, Dictionary of Subjects and Symbols in Art (London 1974), 12.

ST. ANDREAS (APOSTEL)

Abb. 201. Einleitung S. 127. 132.

1459 Hildesheim, Andreasplatz Trinitatishospital (Knagge); 1469 Braunschweig, Alte Waage 24/25 (Knagge); 1482 Hildesheim, Andreasplatz Kramergildehaus (Knagge); Anfang 16. Jh. Braunschweig, Reichsstr. 7 (Knagge); 1517 Braunschweig, Auguststr. 33 (Knagge); um 1520 Herford, Tribenstr. 7 (Knagge); 1521 Herford, Brüderstr. 26 (Knagge); 1526 Braunschweig, Alte Waage 13/14 (Eckknagge); 1558 Hameln, Osterstr. 8 (Knagge); nach 1610 Einbeck, Marktstr. 13 (Ständer).

Lit.: K. Künstle, Ikonographie der Heiligen (Freiburg 1926), 58–62; H. Martin, Saint André (Paris 1928); J. Braun, Tracht und Attribute der Heiligen in der deutschen Kunst (Stuttgart 1943), 67–71; E. Mâle, L'apôtre s. André dans l'art. In: Revue des Deux Mondes 5 (1951) 412–420; L. Réau, Iconographie de l'art chrétien III, 1 (1958), 76–84; H. L. Keller, Reclams Lexikon der Heiligen und biblischen Gestalten (Stuttgart 1968), 35–36); H. E. Emmighaus, Andreas (Recklinghausen 1969); Lexikon der christlichen Ikonographie 5 (1973), 138–152.

APOSTEL

Abb. 15. 16. 196. 200. 201. 202. 208.

s.: Andreas, Bartholomäus, Jakobus d. Ä., Johannes, Judas Thaddäus, Matthias, Paulus, Petrus, Philippus, Simon, Thomas, Timotheus.

ST. AUGUSTINUS

Abb. 197. Einleitung S. 132.

Um 1520 Herford, Tribenstr. 7 (Knagge); 1521 Herford, Brüderstr. 26 (Knagge).

Lit.: K. Künstle, Ikonographie der Heiligen (Freiburg 1926), 105–110; J. Braun, Tracht und Attribute der Heiligen in der deutschen Kunst (Stuttgart 1943), 108–111; L. Réau, Iconographie de l'art chrétien III, 1 (1958), 149–157; J. et P. Courcelle, Iconographie de Saint Augustin. Les Cycles du XIVe Siècle (Paris 1965); Iconographie de Saint Augustin. Les Cycles du XVe Siècle (Paris 1969); H. L. Keller, Reclams Lexikon der Heiligen und biblischen Gestalten (Stuttgart 1968), 54–55; Lexikon der christlichen Ikonographie 5 (1973), 277–290; J. Hall, Dictionary of Subjects and Symbols in Art (London 1974), 35–36.

BÄR

Abb. 49. 364.

1526 Goslar, Hoher Weg 1: Putte mit Tanzbär (Ständerstütze); 1534 Celle, Neue Str. 11 (Giebelschwelle); 1593 Lemgo, Mittelstr. 24: Bär mit Honigwabe als Allegorie der Wollust (Giebelspitze).

Lit.: Handwörterbuch des deutschen Aberglaubens 1 (1927), 882–905; Reallexikon zur deutschen Kunstgeschichte 1 (1937), 1442–1449; Lexikon der christlichen Ikonographie 1 (1968), 242–244; G. Heinz-Mohr, Lexikon der Symbole. Bilder und Zeichen der christlichen Kunst (Düsseldorf/Köln 1971), 42–43.

ST. BARTHOLOMÄUS (APOSTEL)

1459 Hildesheim, Andreasplatz, Trinitatishospital (Knagge); 1558 Hameln, Osterstr. 8 (Knagge); nach 1610 Einbeck, Marktstr. 13 (Ständer).

Lit.: K. Künstle, Ikonographie der Heiligen (Freiburg 1926), 116–120; J. Braun, Tracht und Attribute der Heiligen in der deutschen Kunst (Stuttgart 1943), 118–121; L. Réau, Iconographie de l'art chrétien III, 1 (1958), 180–184; H. L. Keller, Reclams Lexikon der Heiligen und biblischen Gestalten (Stuttgart 1968), 62–63; Lexikon der christlichen Ikonographie 5 (1973), 320–334; J. Hall, Dictionary of Subjects and Symbols in Art (London 1974), 41.

CAESAR

1601 Hildesheim, Neustädter Markt 27 (Brüstungsplatte); 1610 Alfeld, Lateinschule (Ständer).

Steinbauten der Weserrenaissance: 1592 Minden, Hagemeyer-Haus am Scharn (Relief; Kreft-Soenke, Die Weserrenaissance Abb. 130).

Lit.: Reallexikon zur deutschen Kunstgeschichte 3 (1954), 362–372.

CHRISTUS AM KREUZ

Abb. 249. Einleitung S. 132f.

1547/49 Göttingen, Barfüßerstr. 5 (Ständer); 1571 Höxter, Stummrigestr. 27 (Ständer).

Lit.: Zestermann, Die bildliche Darstellung des Kreuzes und der Kreuzigung (Leipzig 1868); Fulda, Das Kreuz und die Kreuzigung (Breslau 1878); Forrer-Müller, Kreuz und Kreuzigung in ihrer Kunstentwicklung (Straßburg 1894); Mann, Jesus am Kreuz in der bildenden Kunst (Prag 1897); Hoppenot, Le Crucifix dans l'histoire et dans l'art (Lille 1902); C. Kennedy, The Crucifix (London 1917); K. Künstle, Ikonographie der christlichen Kunst (Freiburg 1928), 446–476; L. Réau, Iconographie de l'art chrétien II, 2 (1957), 462–512; G. Wagner, Volksfromme Kreuzverehrung in Westfalen (Münster 1960); H. L. Keller, Reclams Lexikon der Heiligen und biblischen Gestalten (Stuttgart 1968), 116–121; Lexikon der christlichen Ikonographie 2 (1970), 606–642; J. Hall, Dictionary of Subjects and Symbols in Art (London 1974), 81–86.

CHRISTI AUFERSTEHUNG

Abb. 23. 117.

1542 Braunschweig, Stecherstr. 10 (Schwellbalken und Ständerstütze); 1558 Hameln, Osterstr. 8 (Knagge); 1577 Delbrück, Valepagenhof (Brüstungsplatte); 1580 Batenhorst, Haus Außel (Ständer).

Steinbauten der Weserrenaissance: Um 1540 Stadthagen, Obernstr. Landsbergscher Hof (Beischlagwange; Kreft-Soenke, Die Weserrenaissance Abb. 22); 1606 Schloß Schwöbber, Kamin (Relief); Minden, Beischlagwange (Städtisches Museum).

Lit.: E. Völter, Darstellung der Auferstehung Christi bis zum 13. Jahrhundert (Fribourg o. J.); O. Schönewolf, Die Darstellung der Auferstehung Christi, ihre Entstehung und ältesten Denkmäler (Leipzig 1909); K. Künstle, Ikonographie der christlichen Kunst (Freiburg 1928), 518–520; H. Gutberlet, Die Himmelfahrt Christi in der bildenden Kunst von den Anfängen bis ins hohe Mittelalter (Straßburg 1935); L. Réau, Iconographie de l'art chrétien II, 2 (1957), 538–550; H. L. Keller, Reclams Lexikon der Heiligen und biblischen Gestalten (Stuttgart 1968), 122–124; Lexikon der christlichen Ikonographie 2 (1970), 268–276; G. Heinz-Mohr, Lexikon der Symbole. Bilder und Zeichen der christlichen Kunst (Düsseldorf/Köln 1971), 131–133; G. Schiller, Ikonographie der christlichen Kunst 3 (1971), 13–164.

CHRISTUS ALS WELTENRICHTER

Abb. 65. 67. 167. 198. 220. 273. Einleitung S. 132. 133.

1459 Hildesheim, Andreasplatz Trinitatishospital (Knagge); 1470 Braunschweig, Scharrenstr. 13 (Knagge); um 1520 Herford, Tribenstr. 7 (Knagge); 1521 Herford, Brüderstr. 26 (Knagge); 1547/49 Göttingen, Barfüßerstr. 5 (Eckknagge); 1593 Osnabrück, Kamp 84 (Knagge); 1610 Alfeld, Lateinschule (Brüstungsplatte); 1613 Osnabrück, Lohnstr. 39 (Knagge); 1614 Osnabrück, Bierstr. 14 (Knagge); 1690 Osnabrück, Bierstr. 24 (Knagge).

Steinbauten der Weserrenaissance: 1568/71 Lemgo, Breite Str. 19 Hexenbürgermeisterhaus (Giebelspitze); nach 1580 Bad Salzuflen, Markt 5 Bürgermeisterhaus (Giebelspitze; Kreft-Soenke, Die Weserrenaissance Abb. 138).

Lit.: P. Jessen, Die Darstellung des Weltgerichts bis auf Michelangelo (Berlin 1883); G. Voß, Das Jüngste Gericht in der bildenden Kunst des frühen Mittelalters (Leipzig 1884); R. Berger, Die Darstellung des thronenden Christus in der romanischen Kunst (1926); H. Schrade, Das Weltgericht in der deutschen und niederländischen Kunst des Spätmittelalters (Ungedr. Hab. Schr. Heidelberg 1926); H. L. Keller, Reclams Lexikon der Heiligen und biblischen Gestalten (Stuttgart 1968); 127–128; K. Künstle, Ikonographie der christlichen Kunst (Freiburg 1928), 521–557; W. Molsdorf, Christliche Symbolik der mittelalterlichen Kunst. 2. Aufl. (Leipzig 1926), 104–109; Reallexikon zur deutschen Kunstgeschichte 1 (1937), 1230–1240. 3 (1954), 609–633; G. Schiller, Ikonographie der christlichen Kunst 3 (1971), 222–233; Lexikon der christlichen Ikonographie 4 (1972), 513–523.

DÄMONENABWEHR

Abb. 366–372. Einleitung S. 129. 133.

s. Hintern zeigen. Zunge zeigen.

KÖNIG DAVID

Abb. 8. 10. 20. Einleitung S. 127.

1547/49 Göttingen, Barfüßerstr. 5 (Ständer); 1549 Göttingen, Weender Str. 62 (Ständer); 1558 Hameln, Osterstr. 8 (Knagge); 1601 Hildesheim, Neustädter Markt 27 (Brüstungsplatte); 1610 Alfeld, Lateinschule (Zwei Brüstungsplatten).

Lit.: K. Künstle, Ikonographie der christlichen Kunst (Freiburg 1928) 290–294; Reallexikon zur deutschen Kunstgeschichte 3 (1954), 1083–1119; L. Réau, Iconographie de l'art chrétien II, 1 (1956), 255–256; Lexikon der christlichen Ikonographie 1 (1968), 477–490; H. L. Keller, Reclams Lexikon der Heiligen und biblischen Gestalten (Stuttgart 1968), 145–149; G. Schiller, Ikonographie der christlichen Kunst 1 (1968), 98–176; G. Heinz-Mohr, Lexikon der Symbole. Bilder und Zeichen der christlichen Kunst (Düsseldorf/Köln 1971), 70–71; J. Hall. Dictionary of Subjects and Symbols in Art (London 1974), 92–93.

DAVID UND GOLIATH

Abb. 24. Einleitung S. 127.

1558 Hameln, Osterstr. 8 (Knagge)

1. Buch Samuelis 17,4 ff: Da trat hervor aus den Lagern der Philister ein Riese mit Namen Goliath ... sechs Ellen und eine Handbreit hoch ... Da nun der Philister sah und schauete David an, verachtete er ihn; denn er war ein Knabe, bräunlich und schön. Und der Philister sprach zu David: Bin ich denn ein Hund, daß du mit Stecken zu mir kommst? Und fluchte dem David, bei seinem Gott.

Lit.: L. Réau, Iconographie de l'art chrétien II, 1 (1956), 255. 260–263; Piegler, Barockthemen (Budapest 1974), 1, 138–144.

DRACHE

Abb. 5. 46. 60. 114–117. 240. 241. Einleitung S. 128. 129. 136.

1521 Herford, Brüderstr. 26 (Torbogen); 1532 Celle, Poststr. 8 (Ständerstützen); um 1536 Braunschweig, Burgplatz 2a; 1540 Hildesheim, Scheelenstr. 2 (Torbogen); 1542 Einbeck, Am Markt 17 (Schwellbalken); 1559 Wiedenbrück, Lange Str. 93 (Ständerstützen); 1560 Wiedenbrück, Markt 11 (Ständerstützen); 1566 Lippstadt, Lange Str. 12 (Schwellbalken); 1579 Schwalenberg, Rathaus (Brüstungsplatte); Ende 16. Jh. Paderborn, Hathumarstr. 7 (Schwellbalken), 1606 Blomberg, Kuhstr. 38; 1620 Bad Salzuflen, Markt 1 (Füllholz).

Lit.: W. Molsdorf, Christliche Symbolik der mittelalterlichen Kunst. 2. Aufl. (Leipzig 1926), 129–130; Handwörterbuch des deutschen Aberglaubens 2 (1929/30), 364–404; W. v. Blankenburg, Heilige und dämonische Tiere (Leipzig 1943); L. Réau, Iconographie de l'art chrétien I (1955), 115–116; G. de Tervarent, Attributs et symboles dans l'art profane 1460–1600 (Genève 1958), 149–151; Reallexikon zur deutschen Kunstgeschichte 4 (1958), 342–366; H. Schade, Dämonen und Monstren. Gestaltungen des Bösen in der Kunst des frühen Mittelalters (Regensburg 1962); J. Chevalier, Dictionnaire des symboles (Paris 1969), 298–300; G. Heinz-Mohr, Lexikon der Symbole. Bilder und Zeichen der christlichen Kunst (Düsseldorf/Köln 1971), 73–75; H. Mode, Fabeltiere und Dämonen in der Kunst. Die fantastische Welt der Mischwesen (Stuttgart 1973); J. Hall. Dictionary of Subjects and Symbols in Art (London 1974), 109.

MUSIZIERENDE ENGEL

Abb. 5. 10. 121. Einleitung S. 110. 128. 136f.

1529 Hildesheim, Marktplatz Knochenhaueramtshaus (Knaggen); 1542 Einbeck, Markt 17 (Torbogen); 1547/49 Göttingen, Barfüßerstr. 5 (Ständer); 1549 Göttingen, Weender Str. 62 (Ständer); 1554 Höxter, Stummrige Str. 19 (Torbogen); 1610 Alfeld, Lateinschule (Giebelspitze); 1690 Osnabrück, Bierstr. 24 (Giebelspitze); 1791 Nieder-Dornberg, Meier zu Müdehorst (Torbogen); 1844 Diebrock, Meier zu Hartum (Torbogen).

Lit.: van Drival, Iconographie des anges (Arras 1868); G. Stuhlfauth, Die Engel in der altchristlichen Kunst (Freiburg 1897); G. Manasci, Gli angeli nell'arte (Florenz 1902); H. Mendelssohn, Die Engel in der bildenden Kunst. Ein Beitrag zur Kunstgeschichte der Gotik und der Renaissance (Berlin 1907); W. Molsdorf, Christliche Symbolik der Mittelalterlichen Kunst. 2. Aufl. (Leipzig 1926), 123–128; K. Künstle, Ikonographie der christlichen Kunst (Freiburg 1928), 239–254; H. W. Hegemann, Der Engel in der deutschen Kunst (Brünn/München/Wien 1943); L. Réau, Iconographie de l'art chrétien II, 1 (1956), 30–55; R. Hammerstein, Die Musik der Engel (Bern/München 1962); Reallexikon zur deutschen Kunstgeschichte 5 (1967), 341–555; Lexikon der christlichen Ikonographie 1 (1968), 626–642; H. L. Keller, Reclams Lexikon der Heiligen und biblischen Gestalten (Stuttgart

TIERFABEL

362 Füchse jagen verängstigte Gänse. Schwellenschnitzerei aus dem Jahre 1542 in Einbeck, Markt 17 (vgl. Abb. 5). △

363 Der Kranich und der undankbare Wolf. Brüstungsplatte aus dem Jahre 1573 am Gildenhaus in Stadthagen, Markt 8 (vgl. Abb. 159 und 160). ▷

364 Affe mit Spiegel als Allegorie der Eitelkeit, Bär mit Honigwabe als Allegorie der Gefräßigkeit. Giebelschnitzerei aus dem Jahre 1593 am Haus des Jobst von der Wipper in Lemgo (Mittelstr. 24). Vgl. Abb. 49. ▷

365 Musizierende Affen spotten über die Streitlust kämpfender Landsknechte. Torbogen aus dem Jahre 1559 aus Herford, Johannisstr. 13 (Städtisches Museum Herford). ▽

DÄMONENABWEHR

Eine weitverbreitete Geste der Dämonenabwehr war in der Volksüberlieferung das Zeigen des Hinterteils.

366 Ein Mann schaut durch sein Hinterteil. Figurenknagge am „Remensnider-Haus“ vom Jahre 1521 in Herford, Brüderstr. 26 (vgl. Abb. 185 und 196–216). ◁

367 Nackter Mann zeigt den Hintern. Brüstungsplatte am Giebel des „Adam-und-Eva-Hauses“ in Paderborn, Hathumarstr. 7 (Ende des 16. Jahrhunderts). Vgl. Abb. 59. ▽

368–369 Die „Butterhanne“ zeigt dem nahenden Teufel zur Abwehr ihr entblößtes Hinterteil, damit das Butterfaß nicht verhext wird. Figurenknaggen aus dem Jahre 1526 am „Brusttuch“ in Goslar, Hoher Weg 1. ▽

DÄMONENABWEHR

Andere Gesten der Dämonenabwehr waren in der Volksüberlieferung das Zeigen der Zunge und das Grimassenschneiden.

370 Männerfratze mit herausgestreckter Zunge. Figurenknagge am „Remensnider-Haus" vom Jahre 1521 in Herford, Brüderstr. 26 (vgl. Abb. 185 und 196–216). ▷

371 Grimassenschneidender Mann („Neidkopf"). Schnitzerei an einem Bürgerhaus aus dem Jahre 1542 in Hameln, Bäckerstr. 44. ▽

372 Grimassenschneidender Mann. Brüstungsplatte am Giebel des „Adam-und-Eva-Hauses" in Paderborn, Hathumarstr. 7 (Ende des 16. Jahrhunderts). Vgl. Abb. 59. ▽

EROTIK

373 Nackte Hexe reitet auf einem Ziegenbock zum Blocksberg. Figurenknagge aus dem Jahre 1526 am „Brusttuch“ in Goslar, Hoher Weg 1. △

374 Nackter Mann reitet auf einem Ziegenbock, der als Sinnbild der Geilheit galt. Giebelschnitzerei aus dem Jahre 1532 am „Hoppener Haus“ in Celle, Poststr. 8. △

375 Die nackte Phyllis reitet mit Sporen auf dem Philosophen Aristoteles. Figurenknagge aus dem Jahre 1526 am „Brusttuch“ in Goslar, Hoher Weg 1. △

376 Mann greift einer Hure unter den Rock. Die Schnitzerei auf der Ständerstütze eines Bürgerhauses vom Jahre 1560 in Wiedenbrück, Markt 11, bezieht sich auf einen Spruch des Propheten Jesaja (Kap. 5, Vers 11), der am Hausgiebel angebracht ist. ◁

377 Die Planetengöttin Venus. Ständerschnitzerei aus dem Jahre 1526 am „Brusttuch“ in Goslar, Hoher Weg 1. ▽

378 Liebespaar als Allegorie des Gefühls (Tactus). Brüstungsplatte aus dem Jahre 1610 an der Lateinschule in Alfeld (vgl. Textabb. 28 sowie Abb. 62 und 176–179). ▽

379 Die Planetengöttin Venus mit Strumpfbändern. Ständerschnitzerei am „Planeten-Haus“ in Lemgo, Mittelstr. 36 (um 1590). Vgl. Abb. 50–57. ▽

1968), 174–179; J. Chevalier, Dictionnaire des symboles (Paris 1969), 37–38; G. Heinz-Mohr, Lexikon der Symbole. Bilder und Zeichen der christlichen Kunst (Düsseldorf/Köln 1971), 87–91; J. Hall, Dictionary of Subjects and Symbols in Art (London 1974), 16–17; G. Angermann, Engel an Ravensberger Bauernhäusern (Münster 1974).

EROTIK

Abb. 373–379.

1526 Goslar, Hoher Weg 1 Brusttuch: Nackte Hexe reitet auf einem Ziegenbock (Knagge); die nackte Phyllis reitet auf Aristoteles (Knagge); die nackte Venus (Ständer); 1532 Celle, Poststr. 8: Nackte Frau reitet auf einem Hahn, nackter Mann auf einem Ziegenbock (Ständerstützen), 1560 Wiedenbrück, Markt 11: Mann greift einer Hure unter den Rock (Ständerstütze); um 1590 Lemgo, Mittelstr. 36: Nackte Frau mit Strumpfbändern als Allegorie des Planeten Venus (Ständer); 1610 Alfeld, Lateinschule: Mann umarmt entblößte Frau als Allegorie des „Tactus" (Brüstungsplatte).

EVANGELISTEN

Abb. 60. 65. 66. 168. Einleitung S. 129. 133. 134.

FRACHTWAGEN

1548 Hildesheim, Kreuzstr. Gasthaus zum Engel: Weinwagen (Türsturz); 1620 Bad Salzuflen, Markt 1: Kaufmann mit Marktwagen.

FUCHS

Abb. 5. 242. 362. Einleitung S. 128.

Um 1470 Braunschweig, Gordelingerstr. 38 (Knagge); 1526 Goslar, Hoher Weg 1: Fuchs mit Dudelsack (Ständerstütze); 1534 Celle, Neue Str. 11 (Giebelschwelle); 1542 Einbeck, Markt 17; Füchse und Gänse (Schwellbalken); 1560 Wiedenbrück, Markt 11: Hund jagt einen Fuchs (Ständerstütze); 1561 Wiedenbrück, In der Halle 2: Fuchs mit Gans (Brüstungsplatte); 1577 Delbrück, Valepagenhof: Hundemeute jagt einen Fuchs (Brüstungsplatten); 1611 Schwalenberg, Untere Str. 7: Fuchs mit Gans und Hühnern (Füllholz); 1620 Bad Salzuflen, Markt 1 (Füllholz).

Lit.: A. Graf, Die Grundlagen des Reineke Fuchs. Eine vergleichende Studie (Helsinki 1920); W. Molsdorf, Christliche Symbolik der mittelalterlichen Kunst. 2. Aufl. (Leipzig 1926), 131–132; Handwörterbuch des deutschen Aberglaubens 3 (1930/31), 174–197; L. Réau, Iconographie de l'art chrétien I (1955), 111. 131; J. Chevalier, Dictionnaire des symboles (Paris 1969), 642–643. 555–556; Lexikon der christlichen Ikonographie 2 (1970), 63–65; G. Heinz-Mohr, Lexikon der Symbole. Bilder und Zeichen der christlichen Kunst (Düsseldorf/Köln 1971), 112–113.

GALENUS (Griechischer Arzt)

Abb. 170. Einleitung S. 139.

1610 Alfeld, Lateinschule (Brüstungsplatte); 1611 Hildesheim, Marktstr. 26 (Brüstungsplatte), Eckemeckerstr. 3 (Brüstungsplatte).

Steinbauten der Weserrenaissance: 1612 Lemgo, Rathaus, Apothekenerker (Relief; Kreft-Soenke, Die Weserrenaissance Abb. 194).

Lit.: K. Meier, Der Erker der Ratsapotheke in Lemgo. In: Mitteilungen aus der lippischen Geschichte und Landeskunde 20 (1951), 87–92.

ST. GEORG

Abb. 30.

1459 Hildesheim, Andreasplatz Trinitatishospital (Knagge); 1482 Hildesheim, Andreasplatz Kramergildehaus (Knagge); 1489 Braunschweig, Alte Knochenhauerstr. 13 (Knagge); 1559 Wiedenbrück, Lange Str. 93 (Knagge).

Lit.: B. Riehl, St. Michael und St. Georg in der bildenden Kunst (München 1883); W. F. Volbach, Der heilige Georg. Bildliche Darstellung in Süddeutschland, mit Berücksichtigung der norddeutschen Typen bis zur Renaissance (Straßburg 1917); K. Künstle, Ikonographie der Heiligen (Freiburg 1928), 263–279; J. Braun, Tracht und Attribute der Heiligen in der deutschen Kunst (Stuttgart 1943), 283–293; L. Réau, Iconographie de l'art chrétien III, 2 (1958), 571–579; H. L. Keller, Reclams Lexikon der Heiligen und biblischen Gestalten (Stuttgart 1968), 216–219; Lexikon der christlichen Ikonographie 6 (1974), 365–390; J. Hall, Dictionary of Subjects and Symbols in Art (London 1974), 136–137.

GOTTVATER

Abb. 22. Einleitung S. 132.

1558 Hameln, Osterstr. 8 (Knagge)

Steinbauten der Weserrenaissance: 1588–1599 Schloß Hämelschenburg (Portalrelief am rechten Treppenturm; Kreft-Soenke, Die Weserrenaissance Abb. 119).

Lit.: M. Engels, Die Darstellung Gottes des Vaters, der getreuen und gefallenen Engel in der Malerei (Luxemburg 1894); W. Molsdorf, Christliche Symbolik der mittelalterlichen Kunst. 2. Aufl. (Leipzig 1926), 8–10; L. Réau, Iconographie de l'art chrétien II, 1 (1956) 3–29; H. L. Keller, Reclams Lexikon der Heiligen und biblischen Gestalten (Stuttgart 1968), 232–233; Lexikon der christlichen Ikonographie 2 (1970), 165–170; J. Hall. Dictionary of Subjects and Symbols in Art (London 1974), 140.

HAHN

1532 Celle, Poststr. 8: Nackte Frau reitet auf einem Hahn (Ständerstütze); um 1540 Celle, An der Stadtkirche: Hahnreiter (Schwellbalken); 1561 Wiedenbrück, In der Halle 2: Hahn (Brüstungsplatte).

Lit.: Handwörterbuch des deutschen Aberglaubens 3 (1930/31), 1326–1337; G. Heinz-Mohr, Lexikon der Symbole. Bilder und Zeichen der christlichen Kunst (Düsseldorf/Köln 1971), 123–124.

HAUSHERR UND EHEFRAU

Abb. 6. 9. 14. 49. 220. 331. Einleitung S. 134f.

1514 Goslar, Königstr. 1 (Fenstersturz); 1526 Goslar, Marktstr. 1 (Türsturz); 1545 Göttingen, Johannisstr. 6 (Schwellbalken); 1547/49 Göttingen, Barfüßerstr. 5 (Eckständer); 1549 Göttingen, Weender Str. 62 (Ständer); 2. Hälfte 16. Jh. Bückeburg, Lange Str. 22 (Torbogen); 1558 Hameln,

Osterstr. 8: Bauherr (Knagge); 1563 Hildesheim, Hückedahl 30 (Torbogen); 1565 Herford, Bergertorstr. 14 (Türsturz); 1572 Stadthagen, Klosterstr. 12 (Torbogen); 1592 Berlebeck Nr. 17 Hof Danhäuser (Torbogen); 1593 Lemgo, Mittelstr. 24 (Brüstungsplatten); 1598 Hildesheim, Rathausstr. 21 (Brüstungsplatten).

Steinbauten der Weserrenaissance: 1565 Rinteln, Ritterstr. 290 Münchhausenhof, Archivhäuschen (Medaillons; Kreft-Soenke, Die Weserrenaissance Abb. 44); 1568/71 Lemgo, Breite Str. 19 Hexenbürgermeisterhaus (Büsten an der Utlucht); 1579/84 Schloß Hehlen (Portal am Treppenturm); 1585 Schloß Lauenau (Reliefbüsten am Kamin: Kreft-Soenke Abb. 225).

Lit.: G. Angermann, Die Anfänge der Weserrenaissance. In: Ostwestfälisch-Weserländische Forschungen zur geschichtlichen Landeskunde (Münster 1970), 213–220; H. Appuhn, Einführung in die Ikonographie der mittelalterlichen Kunst in Deutschland (Darmstadt 1979), 62–65.

HINTERN ZEIGEN (DÄMONENABWEHR)

Abb. 366–369. Einleitung S. 129.

1512 Braunschweig, Steinstr. 3 (Balkenkopf); 1521 Herford, Brüderstr. 26 (Knagge); 1526 Goslar, Hoher Weg 1 (Knagge); Ende 16. Jh. Paderborn, Hathumarstr. 7 (Brüstungsplatte).

Lit.: A. Wuttke, Der deutsche Volksaberglaube der Gegenwart. 3. Bearbeitung von E.H. Meyer (Berlin 1900), 45. 281. 428. 447; G.J. Witkowski, L'art profane à l'église (Paris 1908) I, 55. 150. 176. 194. 212. 284. 322. 395. II, 50. 418; Handwörterbuch des deutschen Aberglaubens 4 (1931/32), 61–68.

HIPPOKRATES

Abb. 169. Einleitung S. 139.

1610 Alfeld, Lateinschule (Brüstungsplatte); 1611 Hildesheim, Marktstr. 26 (Brüstungsplatte), Eckemeckerstr. 3 (Brüstungsplatte).

Steinbauten der Weserrenaissance: 1612 Lemgo, Rathaus Apothekenerker (Relief; Kreft-Soenke, Die Weserrenaissance Abb. 194).

Lit.: K. Meier, Der Erker der Ratsapotheke in Lemgo. In: Mitteilungen aus der lippischen Geschichte und Landeskunde 20 (1951), 87–92.

DER GUTE HIRTE

Abb. 28. 313.

1559 Wiedenbrück, Lange Str. 93 (Knagge); 1575 Osnabrück, Dielingerstr. 9 (Ständer).

Ev. Lukas 15,4: Welcher Mensch ist unter euch, der hundert Schafe hat, und so er eines verlieret, der nicht lasse die neunundneunzig in der Wüste und hingehe nach dem verlorenen, bis er's finde. Psalm 23: Der Herr ist mein Hirte, mir wird nichts mangeln. Er weidet mich auf einer grünen Aue und führet mich zum frischen Wasser.

Lit.: H. Bergner, Der Gute Hirte in der altchristlichen Kunst (Berlin 1890); M. Molsdorf, Christliche Symbolik der mittelalterlichen Kunst. 2. Auf. (Leipzig 1926), 17–18; A. Legner, Der Gute Hirte (Düsseldorf 1959); J. Chevalier, Dictionnaire des symboles (Paris 1969) 100–101; Lexikon der christlichen Ikonographie 1 (1970), 289–290; G. Heinz-Mohr, Lexikon der Symbole. Bilder und Zeichen der christlichen Kunst (Düsseldorf/Köln 1971), 136–138; J. Hall. Dictionary of Subjects and Symbols in Art (London 1974), 280–281.

JAGD

Abb. 114. 136. 242. Einleitung S. 128. 135f.

1560 Wiedenbrück, Markt 11: Hund jagt einen Fuchs (Ständerstütze); 1577 Delbrück, Valepagenhof: Hundemeute jagt einen Fuchs (Brüstungsplatten); 1580 Batenhorst, Haus Außel: Hirschjagd, Heimkehr von der Jagd (Füllhölzer, Brüstungsplatte); Ende 16. Jh. Paderborn, Hathumarstr. 7: Hunde jagen einen Hirsch (Schwellbalken); Hameln, Alte Marktstr. 28: Hirschjagd (Schwellbalken); 1606 Blomberg, Kuhstr. 38

Lit.: H. Appuhn, Die Jagd als Sinnbild in der norddeutschen Kunst des Mittelalters (Hamburg/Berlin 1964); J. Chevalier, Dictionnaire des symboles (Paris 1969), 176–178; R. van Marle, Iconographie de l'art profane au Moyen-Age et à la Renaissance (New York 1971), 1, 197–275; G. Heinz-Mohr, Lexikon der Symbole, Bilder und Zeichen der christlichen Kunst (Düsseldorf/Köln 1971), 143; H. Nemec, Tier und Jagd in der Volkskunst (Wien/München 1974); D. J. Nagy, Jagd und Kunst (Bayreuth 1977); H. Appuhn, Einführung in die Ikonographie der mittelalterlichen Kunst in Deutschland (Darmstadt 1979), 58–60.

JAKOBS TRAUM VON DER HIMMELSLEITER

Abb. 166. Einleitung S. 127.

1528 Hildesheim, Judenstr. 14 (Brüstungsplatte); Anfang 17. Jh. Hildesheim, Altpetristr. (Brüstungsplatte); 1609 Hildesheim, Friesenstr. 16 (Brüstungsplatte); 1610 Alfeld, Lateinschule (Brüstungsplatte).

1. Buch Mose 28, 10–12: Aber Jakob zog aus von Beer-Seba und reiste gen Haran. Und kam an einen Ort, da blieb er über Nacht; denn die Sonne war untergegangen. Und er nahm einen Stein des Orts und legte ihn zu seinen Häupten und legte sich an demselben Ort schlafen. Und ihm träumete; und siehe, eine Leiter stund auf Erden, die rührte mit der Spitze an den Himmel, und siehe, die Engel Gottes stiegen dran auf und nieder.

Lit.: K. Künstle, Ikonographie der christlichen Kunst (Freiburg 1928) 285; L. Réau, Iconographie de l'art chrétien II, 1 (1956), 146–148; Lexikon der christlichen Ikonographie 2 (1970), 373–375; Piegler, Barockthemen (Budapest 1974) 1, 61–64; J. Hall, Dictionary of Subjects and Symbols in Art (London 1974), 164.

ST. JAKOBUS D. Ä. (APOSTEL)

Abb. 15. 208. Einleitung S. 127. 132.

1459 Hildesheim, Andreasplatz Trinitatishospital (Knagge); 1469 Braunschweig, Südklint 17 (Knagge); 1482 Hildesheim, Andreasplatz Kramergildehaus (Knagge); um 1490 Hildesheim, Eckemeckerstr. 4 (Knagge); Braunschweig, Alte Waage 20 (Knagge); Anfang 16. Jh. Braunschweig, Reichsstr. 7 (Knagge); 1521 Herford, Brüderstr. 26 (Knagge); 1558 Hameln, Osterstr. 8 (Knagge).

Lit.: K. Künstle, Ikonographie der Heiligen (Freiburg 1926), 316–324; J. Braun, Tracht und Attribute der Heiligen in der deutschen Kunst (Stuttgart 1943), 346–349; L. Réau, Iconographie de l'art chrétien III,

2 (1958), 690–702; H. L. Keller, Reclams Lexikon der Heiligen und biblischen Gestalten (Stuttgart 1968), 270–271; Lexikon der christlichen Ikonographie 7 (1974), 23–39; H. Appuhn, Einführung in die Ikonographie der mittelalterlichen Kunst in Deutschland (Darmstadt 1979), 112–113.

JOAB ERSTICHT ABNER

Abb. 21. Einleitung S. 127.

1558 Hameln, Osterstr. 8 (Knagge).

2. Buch Samuelis 3,27: Als nun Abner wieder gen Hebron kam, führte ihn Joab mitten unter das Tor, daß er heimlich mit ihm redete; und stach ihn daselbst in den Bauch, daß er starb, um seines Bruders Asahel Bluts willen.

Lit.: L. Réau, Iconographie de l'art chrétien II, 1 (1956), 267; Lexikon der christlichen Ikonographie 2 (1970), 407.

ST. JOHANNES DER TÄUFER

Abb. 10. 220. Einleitung S. 133.

Um 1520 Herford, Tribenstr. 7 (Knagge); 1547/49 Göttingen, Barfüßerstr. 5 (Eckknagge); 1549 Göttingen, Weender Str. 62 (Ständer); 1610 Alfeld, Lateinschule (Brüstungsplatte).

Lit.: K. Künstle, Ikonographie der Heiligen (Freiburg 1926), 332–340; R. Plus, Jean-Baptiste dans l'art (Paris 1937); J. Braun, Tracht und Attribute der Heiligen in der deutschen Kunst (Stuttgart 1943), 365–369; D. Maynial, L'Iconographie de saint Jean-Baptiste depuis les origines jusqu'au XIVe siècle (Paris 1943); A. Masseron, St. Jean-Baptiste dans l'art (Paris 1953); L. Réau, Iconographie de l'art chrétien II, 1 (1956), 431–463; H. L. Keller, Reclams Lexikon der Heiligen und biblischen Gestalten (Stuttgart 1968), 284–287; G. Heinz-Mohr, Lexikon der Symbole. Bilder und Zeichen der christlichen Kunst (Düsseldorf/Köln 1971), 144–147; Lexikon der christlichen Ikonographie 7 (1974), 164–190; J. Hall, Dictionary of Subjects and Symbols in Art (London 1974), 172–174.

ST. JOHANNES (EVANGELIST)

Abb. 60.

1482 Hildesheim, Andreasplatz Kramergildehaus (Brüstungsplatte); um 1520 Herford, Tribenstr. 7 (Knagge); Ende 16. Jh. Paderborn, Hathumarstr. 7 (Brüstungsplatte); 1610 Alfeld, Lateinschule (Brüstungsplatte); nach 1610 Einbeck, Marktstr. 13 (Brüstungsplatte); 1621 Hildesheim, Judenstr. 11 (Brüstungsplatte); 1690 Osnabrück, Bierstr. 24 (Knagge).

Steinbauten der Weserrenaissance: 1608–1612 Bremen, Rathaus (Relief)

Lit.: W. Molsdorf, Christliche Symbolik der mittelalterlichen Kunst. 2. Aufl. (Leipzig 1926), 158–161; K. Künstle, Ikonographie der Heiligen (Freiburg 1926), 341–347; J. Braun, Tracht und Attribute der Heiligen in der deutschen Kunst (Stuttgart 1943), 369–376; L. Réau, Iconographie de l'art chrétien III, 2 (1958), 708–720; J. H. Emmighaus, Johannes der Evangelist (Recklinghausen 1966); H. L. Keller, Reclams Lexikon der Heiligen und biblischen Gestalten (Stuttgart 1968), 282–284; G. Heinz-Mohr, Lexikon der Symbole. Bilder und Zeichen der christlichen Kunst (Düsseldorf/Köln 1971), 144; J. Hemleben, Johannes der Evangelist (Hamburg 1972); Reallexikon zur deutschen Kunstgeschichte 6 (1973), 448–572; Lexikon der christlichen Ikonographie 7 (1974), 108–130; J. Hall, Dictionary of Subjects and Symbols in Art (London 1974), 174–175.

ST. JUDAS THADDÄUS (APOSTEL)

Abb. 24.

1459 Hildesheim, Andreasplatz Trinitatishospital (Knagge); 1558 Hameln, Osterstr. 8 (Knagge).

Lit.: K. Künstle, Ikonographie der Heiligen (Freiburg 1926), 359–360; J. Braun, Tracht und Attribute der Heiligen in der deutschen Kunst (Stuttgart 1943), 389–391; Lexikon der christlichen Ikonographie 8 (1976), 423–427.

JUDITH

Abb. 8.

1547/49 Göttingen, Barfüßerstr. 5 (Ständer); 1558 Hameln, Osterstr. 8 (Knagge); 1559 Wiedenbrück, Lange Str. 93 (Knagge); 1606 Hildesheim, Godehardiplatz 12 (Brüstungsplatte); 1610 Alfeld, Lateinschule (Brüstungsplatte); Lemgo, Stiftstr. 32 (Ständer).

Buch Judith 13, 3 ff.: Holofernes aber war auf sein Bett hingefallen und schlief; denn er war ganz trunken. Und Judith trat vor das Bette ... und langte das Schwert, das daran hing ... und schnitt ihm den Kopf ab ... Und Judith rief den Wächtern auf der Mauer von ferne: Tut die Tore auf; denn Gott ist mit uns, der hat Israel Sieg gegeben.

Lit.: L. Réau, Iconographie de l'art chrétien II, 1 (1956), 329–335; H. L. Keller, Reclams Lexikon der Heiligen und biblischen Gestalten (Stuttgart 1968), 298; Lexikon der christlichen Ikonographie 2 (1970), 454–458; R. van Marle, Iconographie de l'art profane au Moyen-Age et à la Renaissance (New York 1971) 2, 464–471; Piegler, Barockthemen (Budapest 1974) 1, 197–198.

KAISER JUSTINIAN

Abb. 17.

1558 Hameln, Osterstr. 8 (Knagge).

Justinian I. gilt als der „Vater des römischen Rechts".

Lit.: H. Spanuth, 400 Jahre Stiftsherrnhaus in Hameln 1558–1958 (Hameln 1958).

JUSTITIA

Abb. 46. 74.

1579 Schwalenberg, Rathaus (Brüstungsplatte); 1600 Hildesheim, Eckemeckerstr. 34 (Türsturz); 1610 Alfeld, Lateinschule (Brüstungsplatte); nach 1610 Einbeck, Marktstr. 13 (Brüstungsplatte).

Steinbauten der Weserrenaissance: 1557 Schloß Detmold, Steingang (Relief; vgl. Kreft-Soenke, Die Weserrenaissance Abb. 39); 1589 Lemgo, Neue Ratsstube (Relief); um 1562 Lemgo, Papenstr. 24 (Relief am Erker); 1619–1622 Bremen, Gewerbehaus (Figur am Portal; vgl. Kreft-Soenke, Die Weserrenaissance Abb. 198).

Lit.: G. Frommhold, Die Idee der Gerechtigkeit in der bildenden Kunst (Greifswald 1924); U. Lederle, Gerechtigkeitsdarstellungen in deutschen und niederländischen Rathäusern (1937); Lexikon der christlichen Ikonographie 2 (1970), 466–472.

KAINS BRUDERMORD

Abb. 18. Einleitung S. 127.

1558 Hameln, Osterstr. 8 (Knagge).

1. Buch Mose 4, 8–10: Und es begab sich, da sie auf dem Felde waren, erhub sich Kain wider seinen Bruder Abel und schlug ihn tot. Da

sprach der Herr zu Kain ... Was hast du getan? Die Stimme deines Bruders schreiet zu mir von der Erde. Und verflucht seist du auf der Erde.

Lit.: K. Künstle, Ikonographie der christlichen Kunst (Freiburg 1928) 280–281; Reallexikon zur deutschen Kunstgeschichte 1 (1937), 17–27; L. Réau, Iconographie de l'art chrétien II, 1 (1956), 96–100; Lexikon der christlichen Ikonographie 1 (1968), 5–10; J. Chevalier, Dictionnaire des symboles (Paris 1969), 131–132; G. Heinz-Mohr, Lexikon der Symbole. Bilder und Zeichen der christlichen Kunst (Düsseldorf/Köln 1971), 149; Piegler, Barockthemen (Budapest 1974) 1, 19–23; J. Hall, Dictionary of Subjects and Symbols in Art (London 1974), 55–56.

ST. KATHARINA

Abb. 203. Einleitung S. 132.

1459 Hildesheim, Andreasplatz Trinitatishospital (Knagge); 1512 Braunschweig, Steinstr. 3 (Schwellbalken); 1521 Herford, Brüderstr. 26 (Knagge); um 1536 Braunschweig, Burgplatz 2a (Knagge).

Lit.: K. Künstle, Ikonographie der Heiligen (Freiburg 1926), 369–374; H. Bremond, Saint Catherine d'Alexandrie (Paris 1926); J. Braun, Tracht und Attribute der Heiligen in der deutschen Kunst (Stuttgart 1943), 413–418; L. Réau, Iconographie de l'art chrétien III, 1 (1958), 262–272; H. L. Keller, Reclams Lexikon der Heiligen und biblischen Gestalten (Stuttgart 1968), 309–310; Lexikon der christlichen Ikonographie 7 (1974), 289–297; J. Hall, Dictionary of Subjects and Symbols in Art (London 1974), 58–59.

DIE HEILIGEN DREI KÖNIGE

Abb. 204. 206. 207. Einleitung S. 132.

1512 Braunschweig, Steinstr. 3 (Schwellbalken); 1521 Herford, Brüderstr. 26 (Knaggen); 1526 Goslar, Hoher Weg 1 (Knaggen); um 1530 Braunschweig, Damm 4 (Knaggen).

Lit.: H. Kehrer, Die heiligen drei Könige in der Legende und in der deutschen bildenden Kunst bis A. Dürer (Straßburg 1904); W. Molsdorf, Christliche Symbolik der mittelalterlichen Kunst. 2. Aufl. (Leipzig 1926), 29–31; K. Künstle, Ikonographie der christlichen Kunst (Freiburg 1926), 354–365; L. Réau, Iconographie de l'art chrétien II, 2 (1957), 236–255; Reallexikon zur deutschen Kunstgeschichte 4 (1958), 476–501; G. Schiller, Ikonographie der christlichen Kunst 1 (1966), 105–124; H. L. Keller, Reclams Lexikon der Heiligen und biblischen Gestalten (Stuttgart 1968), 160–162; Lexikon der christlichen Ikonographie 1 (1968), 539–549.

DIE SIEBEN FREIEN KÜNSTE

Grammatica, Dialectica, Rhetorica, Musica, Arithmetica, Geometria, Astronomia (bzw. Astrologia).

Abb. 68–70. 277–280. Einleitung S. 126f. 128. 138.

1568 Helmstedt, Papenberg 2 (Brüstungsplatten); 1598 Hildesheim, Rathausstr. 21 Haus Wedekind (Brüstungsplatten); 1610 Alfeld, Lateinschule (Brüstungsplatten); nach 1610 Einbeck, Marktstr. 13 (Brüstungsplatten); 1615 Hildesheim, Andreasplatz 19 (Brüstungsplatten).

Steinbauten der Weserrenaissance: 1589 Lemgo, Rathauslaube (Reliefs); 1608–1612 Bremen, Rathaus (Reliefs).

Lit.: M. v. Böck, Die sieben freien Künste im 11. Jahrhundert (Donauwörth 1847); G. Meier, Die sieben freien Künste im Mittelalter (1887); E. Mâle, Les arts libéraux dans la statuaire du moyen-âge. In: Revue archéol. 17 (1891), 339ff.; Cherval, L'enseignement des arts libéraux à Chartres et à Paris (Paris 1899); P. d'Ancona, La rappressantozioni allegorische delle arte liberali nel medio evo e nel rinascimento. In: L'Arte 5 (1902), 137. 211. 269. 370; P. Abelson, The seven Liberal Arts (New York 1906); W. Molsdorf, Christliche Symbolik der mittelalterlichen Kunst. 2. Aufl. (Leipzig 1926), 224–228; K. Künstle, Ikonographie der christlichen Kunst (Freiburg 1928), 145–156; E. Mandowsky, Untersuchungen zur Iconologie des Cesare Ripa. Diss. Hamburg 1934 (Masch. Schr.), 15–18; L. Réau, Iconographie de l'art chrétien I (1955), 154–162; Lexikon der christlichen Ikonographie 2 (1970), 703–713; R. van Marle, Iconographie de l'art profane au Moyen-Age et à la Renaissance (New York 1971) 2, 202–265; G. Heinz-Mohr, Lexikon der Symbole. Bilder und Zeichen der christlichen Kunst (Düsseldorf/Köln 1971), 172–173; Piegler, Barockthemen (Budapest 1974) 2, 505–506; J. Hall, Dictionary of Subjects and Symbols in Art (London 1974), 279.

KUNDSCHAFTER AUS KANAAN

Abb. 33. 313.

1559 Wiedenbrück, Lange Str. 93 (Knagge); Anf. 17. Jh. Hildesheim, Altpetristr. (Brüstungsplatte); 1609 Hildesheim, Friesenstr. 16 (Brüstungsplatte); 1611 Hildesheim, Eckemeckerstr. 36 Rolandsspital (Brüstungsplatte); 1612 Hildesheim, Hoher Weg 35 (Brüstungsplatte).

4. Buch Mose 13,17f.: Da sie nun Mose sandte, das Land Kanaan zu erkunden, sprach er zu ihnen: Ziehet hinauf ins Mittagsland und gehet auf das Gebirge und besehet das Land ... Und sie kamen bis an den Bach Eskol und schnitten daselbst eine Rebe ab mit einer Weintraube und ließen sie zu zween auf einem Stecken tragen.

Lit.: Piegler, Barockthemen (Budapest 1974) 1, 108.

LANDSKNECHTE

Abb. 239. 246–248. Einleitung S. 136.

1554 Höxter, Stummrigestr. 19: Vier Landsknechte, darunter ein Pfeifer und ein Fahnenträger (Ständer); 1554 Hildesheim, Wollenweberstr. 23: Neun Halbfiguren vom Hauptmann bis zum einfachen Landsknecht (Brüstungsplatten); 1559 Herford, Johannisstr. 13: Zwei Paar kämpfender Landsknechte (Torbogen); um 1559 Wiedenbrück, Lange Str. 79; 1561 Wiedenbrück, In der Halle 2: Zwei Landsknechte mit Spießen (Torbogen); 1606 Blomberg, Kuhstr. 38; 1616 Hildesheim, Braunschweiger Str. 97: Ein Fähnlein von Landsknechten auf dem Marsch (Brüstungsplatten).

Lit.: O. Gaul, Zierschnitzereien der Renaissance an lippischen Fachwerkbauten. In: Lippische Mitteilungen aus Geschichte und Landeskunde 27 (1958), 89.

LASTER

Die sieben Todsünden: Hochmut, Neid, Trägheit, Zorn, Geiz, Völlerei, Wollust.

Abb. 49. 209–216. 261. 262. 364. Einleitung S. 127. 128. 133.

1521 Herford, Brüderstr. 26: Zorn, Schmähsucht, Bigotterie, Narrheit, Schamlosigkeit, Unzucht, Freßgier (Knaggen);

1593 Lemgo, Mittelstr. 24: Affe mit Spiegel als Eitelkeit, Bär mit Honigwabe als Gefräßigkeit (Giebelspitze); 1598 Hildesheim, Rathausstr. 21 Haus Wedekind: Geiz, Trägheit, Hochmut, Geilheit, Neid, Zorn, Völlerei (Brüstungsplatten); 1606 Hildesheim, Godehardiplatz 12: Stolz, Neid, Geiz, Leidenschaft, Unbeständigkeit (Brüstungsplatten).

Lit.: E. Mâle, L'art réligieux de la fin du Moyen-Age en France (Paris 1908), 353–373; W. Molsdorf, Christliche Symbolik der mittelalterlichen Kunst. 2. Aufl. (Leipzig 1926), 218–224; E. Mandowsky, Untersuchungen zur Iconologie des Cesare Ripa. Diss. Hamburg 1934 (Masch. Schr.), 18–25; L. Réau, Iconographie de l'art chrétien I (1955), 163–191; A. Katzenellenbogen, Allegories of the virtues and vices in mediaeval Art (New York 1964); R. van Marle, Iconographie de l'art profane au Moyen-Age et à la Renaissance (New York 1971) 2, 71–109; Lexikon der christlichen Ikonographie 3 (1971), 15–27; G. Heinz-Mohr, Lexikon der Symbole. Bilder und Zeichen der christlichen Kunst (Düsseldorf/Köln 1971), 180–181; Piegler, Barockthemen (Budapest 1974) 1, 539; J. Hall. Dictionary of Subjects and Symbols in Art (London 1974), 336–337.

LÖWE UND GREIF

Abb. 47. 78. 79. 289. Einleitung S. 142.

1513 Hameln, Osterstr. 18; 1575 Lemgo, Orpningstr. 6; 1579 Schwalenberg, Rathaus (Brüstungsplatten); 1586 Osnabrück, Krahnstr. 7 (Brüstungsplatten); um 1590 Lemgo, Mittelstr. 36 (Brüstungsplatte); 1593 Lemgo, Mittelstr. 24 (Brüstungsplatte); 1609 Hameln, Baustr. 7 (Brüstungsplatten); 1618 Bad Salzuflen, Lange Str. 35 (Brüstungsplatten).

Lit.: G. Heiden, Über Thier-Symbolik und das Symbol des Löwen in der christlichen Kirche (Wien 1849); K. Künstle, Ikonographie der christlichen Kunst (Freiburg 1928), 126–128; Handwörterbuch des deutschen Aberglaubens 3 (1930/31), 1129–1130; 5 (1932/33), 1432–1436; L. Réau, Iconographie de l'art chrétien I (1955), 88. 92–94; G. de Tervarent, Attributs et symboles de l'art profane 1460–1600 (Genève 1958), 206, 246; J. Chevalier, Dictionnaire des symboles (Paris 1969), 392. 462–464; Lexikon der christlichen Ikonographie 2 (1970), 202–204; 3 (1971), 112–119; G. Schiller, Ikonographie der christlichen Kunst 3 (1971), 131–134.

LUDERZIEHEN

Zwei liegende Männer, die mit einem Strick um den Nacken sich im Kräftespiel gegenseitig wegzuziehen versuchen.

Abb. 134. Einleitung S. 136.

1467 Braunschweig, Breite Str. (Schwellbalken); 1470 Braunschweig, Heydenstr. (Schwellbalken); 1512 Braunschweig, Steinstr. 3 (Schwellbalken); 1546 Lemgo, Mittelstr. 26; 1569 Burg Blomberg, Ostflügel; 1580 Batenhorst, Haus Außel (Füllholz).

Lit.: V. C. Habicht, Darstellungen eines mittelalterlichen Volksspiels in Schweden und Deutschland. In: Hannoversche Geschichts-Blätter 5 (1938), 49ff.

ST. LUKAS (EVANGELIST)

Abb. 65. 273. Einleitung S. 134.

Einleitung S. 134.

Ende 16. Jh. Paderborn, Hathumarstr. 7 (Brüstungsplatte); 1610 Alfeld, Lateinschule (Brüstungsplatte); nach 1610 Einbeck, Marktstr. 13 (Brüstungsplatte); 1616 Hildesheim, Kurie am Hückedahl 5 (Brüstungsplatte); 1621 Hildesheim, Judenstr. 11 (Brüstungsplatte); 1690 Osnabrück, Bierstr. 24 (Knagge).

Steinbauten der Weserrenaissance: 1608–1612 Bremen, Rathaus (Relief).

Lit.: W. Molsdorf, Christliche Symbolik der mittelalterlichen Kunst 2. Aufl. (Leipzig 1926), 158–161; K. Künstle, Ikonographie der Heiligen (Freiburg 1926), 417–419; J. Braun, Tracht und Attribute der Heiligen in der deutschen Kunst (Stuttgart 1943), 480–484; L. Réau, Iconographie de l'art chrétien III, 2 (1958), 827–832; H. Emmighaus, Lukas (Recklinghausen 1966); H. L. Keller, Reclams Lexikon der Heiligen und biblischen Gestalten (Stuttgart 1968), 342–343; Reallexikon zur deutschen Kunstgeschichte 6 (1973), 448–572; G. Heinz-Mohr, Lexikon der Symbole. Bilder und Zeichen der christlichen Kunst (Düsseldorf/Köln 1971), 97–98; Lexikon der christlichen Ikonographie 7 (1974), 448–464; J. Hall, Dictionary of Subjects and Symbols in Art (London 1974), 128.

MARTIN LUTHER

Abb. 173.

1610 Alfeld, Lateinschule (Brüstungsplatte).

MARIA – MUTTERGOTTES

Abb. 31. 33. 205. Einleitung S. 132.

1459 Hildesheim, Andreasplatz Trinitatishospital (Knagge); 1469 Braunschweig, Südklint 17 (Knagge); 1480 Braunschweig, Güldenstr. 14/15 (Knagge); 1482 Hildesheim, Andreasplatz Kramergildehaus (Knagge); 2. Hälfte 16. Jh. Hildesheim, Burgstr. 7 (Brüstungsplatte); um 1520 Herford, Tribenstr. 7 (Knagge); 1521 Herford, Brüderstr. 26 (Knagge); 1526 Goslar, Hoher Weg 1 (Knagge); um 1530 Braunschweig, Damm 4 (Knagge); 1559 Wiedenbrück, Lange Str. 93 (Zwei Knaggen); 1606 Hildesheim, Godehardiplatz 12 (Brüstungsplatte); 1616 Hildesheim, Burgstr. 7 (Brüstungsplatte).

Lit.: St. Beissel, Geschichte der Verehrung Marias in Deutschland während des Mittelalters (Freiburg 1909); H. Aurenhammer, Maria. Die Darstellung der Madonna in der bildenden Kunst (Wien 1954); L. Réau, Iconographie de l'art chrétien II, 2 (1957), 70–128; A. Stubbe, La madonna dans l'art (Brüssel 1958); P. Becker, Das Bild der Madonna (Salzburg 1965); H. L. Keller, Reclams Lexikon der Heiligen und biblischen Gestalten (Stuttgart 1968), 349–361; Lexikon der christlichen Ikonographie 3 (1971), 154–210; G. Heinz-Mohr, Lexikon der Symbole. Bilder und Zeichen der christlichen Kunst (Düsseldorf/Köln 1971), 199–209; L. Küppers, Die Gottesmutter. Marienbild im Rheinland und in Westfalen (Recklinghausen 1974).

ST. MARKUS (EVANGELIST)

Abb. 65. 66. 273. 320.

Ende 16. Jh. Paderborn, Hathumarstr. 7 (Brüstungsplatte); 1610 Alfeld, Lateinschule (Brüstungsplatte); nach 1610 Einbeck, Marktstr. 13 (Brüstungsplatte); 1621 Hildesheim, Judenstr. 11 (Brüstungsplatte); 1690 Osnabrück, Bierstr. 24 (Knagge).

Steinbauten der Weserrenaissance: 1608–1612 Bremen, Rathaus (Relief).

Lit.: W. Molsdorf, Christliche Symbolik der mittelalterlichen Kunst 2. Aufl. (Leipzig 1926), 158–161; K. Künstle, Ikonographie der Heiligen (Freiburg 1926), 434–435; J. Braun, Tracht und Attribute der Heiligen in der deutschen Kunst (Stuttgart 1943), 502–504; L. Réau, Iconographie de l'art chrétien III, 2 (1958), 868–873; J. Schultze, Markus (Recklinghausen 1966); H. L. Keller, Reclams Lexikon der Heiligen und biblischen Gestalten (Stuttgart 1968), 366–367; G. Heinz-Mohr, Lexikon der Symbole. Bilder und Zeichen der christlichen Kunst (Düsseldorf/Köln 1971), 97–98; Reallexikon zur deutschen Kunstgeschichte 6 (1973), 448–572; Lexikon der christlichen Ikonographie 7 (1974), 549–562; J. Hall, Dictionary of Subjects and Symbols in Art (London 1974), 128.

ST. MATTHÄUS (EVANGELIST)

Abb. 60. 65. 168. 273.

1470 Braunschweig, Scharrenstr. 13 (Knagge); 1547/49 Göttingen, Barfüßerstr. 5 (Schwellbalken); 1558 Hameln, Osterstr. 8 (Knagge); Ende 16. Jh. Paderborn, Hathumarstr. 7 (Brüstungsplatte); 1610 Alfeld, Lateinschule (Brüstungsplatte); nach 1610 Einbeck, Marktstr. 13 (Brüstungsplatte); 1621 Hildesheim, Judenstr. 11 (Brüstungsplatte); 1690 Osnabrück, Bierstr. 24 (Knagge).

Lit.: W. Molsdorf, Christliche Symbolik der mittelalterlichen Kunst 2. Aufl. (Leipzig 1926), 158–161; K. Künstle, Ikonographie der Heiligen (Freiburg 1926), 445–447; H. Martin, Saint Matthieu (Paris 1926); J. Braun, Tracht und Attribute der Heiligen in der deutschen Kunst (Stuttgart 1943), 522–526; L. Réau, Iconographie de l'art chrétien III, 2 (1958), 927–931; H. L. Keller, Reclams Lexikon der Heiligen und biblischen Gestalten (Stuttgart 1968) 372–373; G. Heinz-Mohr, Lexikon der Symbole, Bilder und Zeichen der christlichen Kunst (Düsseldorf/Köln 1971), 97–98; Reallexikon zur deutschen Kunstgeschichte 6 (1973), 448–517; Lexikon der christlichen Ikonographie 7 (1974), 588–601; J. Hall, Dictionary of Subjects and Symbols in Art (London 1974), 128.

ST. MATTHIAS (APOSTEL)

Abb. 202. Einleitung S. 132.

1459 Hildesheim, Andreasplatz Trinitatishospital (Knagge); 1521 Herford, Brüderstr. 26 (Knagge); nach 1610 Einbeck, Marktstr. 13 (Ständer).

Lit.: K. Künstle, Ikonographie der Heiligen (Freiburg 1926), 447–448; J. Braun, Tracht und Attribute der Heiligen in der deutschen Kunst (Stuttgart 1943), 526–528; L. Réau, Iconographie de l'art chrétien III, 2 (1958), 925–926; H. L. Keller, Reclams Lexikon der Heiligen und biblischen Gestalten (Stuttgart 1968), 373; Lexikon der christlichen Ikonographie 7 (1974), 602–607.

MEISTERTRUNK DES BAUMEISTERS

Abb. 27. Einleitung S. 135.

1467 Braunschweig, Am alten Petritor 2 (Eckknagge); 1469 Braunschweig, Südklint 17 (Knagge); 1492 Braunschweig, Südklint 2 (Knagge); 1547/49 Göttingen, Barfüßerstr. 5 (Ständer); 1558 Hameln, Osterstr. 8 (Knagge); 1559 Wiedenbrück, Lange Str. 93 (Knagge).

Lit.: K. Gerstenberg, Die deutschen Baumeisterbildnisse des Mittelalters (Berlin 1966).

PHILIPP MELANCHTHON

Abb. 174.

1610 Alfeld, Lateinschule (Brüstungsplatte).

MÖNCH

Abb. 212. Einleitung S. 129.

1521 Herford, Brüderstr. 26 (Knagge); um 1530 Braunschweig, Damm 4 (Knagge).

MOSES

Abb. 164.

1575 Lemgo, Orpningstr. 6: Moses schlägt aus dem Felsen Wasser (Ständer).

2. Buch Mose 17, 5–6: Der Herr sprach zu ihm: Gehe hin vor dem Volk und nimm etliche Älteste von Israel mit dir und nimm deinen Stab in deine Hand, damit du den Strom schlugest ... Siehe ich will daselbst stehen vor dir auf einem Fels in Horeh; da sollst du den Fels schlagen, so wird Wasser herauslaufen, daß das Volk trinke.

1610 Alfeld, Lateinschule: Die Errettung Moses durch Pharaos Tochter.

2. Buch Mose 2, 5–6: Die Tochter Pharaos ging hernieder und wollte baden im Wasser und ihre Jungfrauen gingen an dem Rande des Wassers. Und da sie das Kästlein im Schilf sah, sandte sie ihre Magd hin und ließ es holen. Und da sie es auftat, sah sie das Kind; und siehe, das Knäblein weinte. Da jammerte es sie, und sie sprach: Es ist der ebräischen Kindlein eins.

Lit.: L. Réau, Iconographie de l'art chrétien II, 1 (1956), 175–218; H. L. Keller, Reclams Lexikon der Heiligen und biblischen Gestalten (Stuttgart 1968), 382–385; Lexikon der christlichen Ikonographie 3 (1971), 282–287; G. Heinz-Mohr, Lexikon der Symbole. Bilder und Zeichen der christlichen Kunst (Düsseldorf/Köln 1971), 215–216; J. Hall, Dictionary of Subjects and Symbols in Art (London 1974), 213–216.

DIE NEUN MUSEN

Klio, Kalliope, Thalia, Polyhymmnia, Terpsichore, Erato, Euterpe, Urania, Melpomene.

Abb. 181–184. 281–287. 324. Einleitung S. 138f.

1610 Alfeld, Lateinschule (Brüstungsplatten); nach 1610 Einbeck, Marktstr. 13 (Brüstungsplatten); 1623 Hildesheim, Andreasplatz 28 (Brüstungsplatten).

Lit.: G. de Tervarent, Attributs et symboles de l'art profane 1460–1600 (Geneve 1958), 279–281; Lexikon der christlichen Ikonographie 3 (1971), 300–301; R. van Marle, Iconographie de l'art profane au Moyen-Age et à la Renaissance (New York 1971), 2, 266–279; Piegler, Barockthemen (Budapest 1974) 2, 35–37. 184–185. 212–213; J. Hall, Dictionary of Subjects and Symbols in Art (London 1974), 217.

NARR

Abb. 5. 41. 83. 211. Einleitung S. 128. 129.

1521 Herford, Brüderstr. 26 (Knagge); um 1530 Celle, Bergstr. 1 (Balkenschwelle); 1532 Herford, Brüderstr. 28 (Knagge); 1534 Celle, Neue Str. 11 (Balkenschwelle); um 1536 Braunschweig, Burgplatz 2a (Knagge); 1542 Einbeck, Markt 17 (Brüstungsplatte); 1572 Blomberg, Amtshaus (Rähmbalken).

Lit.: H. Hankel, Narrendarstellungen im Spätmittelalter. Diss. Freiburg 1952 (Masch. Schr.); H. Meier, Die Figur des Narren in der christlichen Ikonographie. In: Das Münster 8 (1955), 1–11; Lexikon der christlichen Ikonographie 3 (1971), 314–318.

ST. NIKOLAUS (BISCHOF VON MYRA)

Abb. 199. Einleitung S. 132.

1521 Herford, Brüderstr. 26 (Knagge).

Lit.: K. Künstle, Ikonographie der Heiligen (Freiburg 1928), 459–464; J. Laroche, Iconographie de St-Nicolas. In: Revue de l'art chrétien 2, 459–464; K. Meisen, Nikolaus-Kult und Nikolaus-Brauch im Abendlande (Düsseldorf 1931); J. Braun, Tracht und Attribute der Heiligen in der deutschen Kunst (Stuttgart 1943), 545–551; L. Réau, Iconographie de l'art chrétien III, 2 (1958), 976–988; H. L. Keller, Reclams Lexikon der Heiligen und biblischen Gestalten (Stuttgart 1968), 389–391; R. van der Linden, Ikonographie van Sint-Niklaas in Vlanderen (Gent 1972); Lexikon der christlichen Ikonographie 8 (1976), 45–58.

ST. PAULUS (APOSTEL)

Abb. 196. Einleitung S. 132.

1459 Hildesheim, Andreasplatz Trinitatishospital (Knagge); 1470 Braunschweig, Scharrenstr. 13 (Knagge); 1482 Hildesheim, Andreasplatz Kramergildehaus (Knagge); 1498 Braunschweig, Am alten Petritor 17 (Brüstungsplatte); 1521 Herford, Brüderstr. 26 (Knagge); 1547/49 Göttingen, Barfüßerstr. 5 (Schwellbalken); 1558 Hameln, Osterstr. 8 (Knagge); 1610 Alfeld, Lateinschule (Brüstungsplatte); nach 1610 Einbeck, Marktstr. 13 (Ständer).

Lit.: K. Künstle, Ikonographie der Heiligen (Freiburg 1928), 487–490; E. Dobschütz, Der Apostel Paulus. Bd. 2: Seine Stellung in der Kunst (Halle 1928); J. Braun, Tracht und Attribute der Heiligen in der deutschen Kunst (Stuttgart 1943), 589–591; V. Pandursky, Die heiligen Apostelfürsten Petrus und Paulus im Gottesdienste und in der Ikonographie (Sofia 1952); L. Réau, Iconographie de l'art chrétien III, 3 (1959), 1034–1050; H. L. Keller, Reclams Lexikon der Heiligen und biblischen Gestalten (Stuttgart 1968), 410–414; J. Hall. Dictionary of Subjects and Symbols in Art (London 1974), 235–237; Lexikon der christlichen Ikonographie 8 (1976), 128–147.

ST. PETRUS (APOSTEL)

Abb. 200. 227. Einleitung S. 132.

1459 Hildesheim, Andreasplatz Trinitatishospital (Knagge); 1469 Braunschweig, Südklint 17 (Knagge); 1470 Braunschweig, Scharrenstr. 13 (Knagge); 1482 Hildesheim, Andreasplatz Kramergildehaus (Knagge); 1498 Braunschweig, Am alten Petritor 17 (Brüstungsplatte); um 1520 Herford, Tribenstr. 7 (Knagge); 1521 Herford, Brüderstr. 26 (Knagge); 1547/49 Göttingen, Barfüßerstr. 5 (Schwellbalken); 1558 Hameln, Osterstr. 8 (Knagge); nach 1610 Einbeck, Marktstr. 13 (Ständer).

Lit.: K. Künstle, Ikonographie der Heiligen (Freiburg 1926), 493–498; H. Brinkmann, Die Darstellungen des Apostels Petrus. Ikonographische Studien zur deutschen Malerei und Graphik vom ausgehenden Mittelalter bis zur Renaissance (Düsseldorf 1936); J. Braun, Tracht und Attribute der Heiligen in der deutschen Kunst (Stuttgart 1943), 594–601; L. Réau, Iconographie de l'art chrétien III, 2 (1959), 1076–1100; H. L. Keller, Reclams Lexikon der Heiligen und biblischen Gestalten (Stuttgart 1968), 416–421; J. Hall. Dictionary of Subjects and Symbols in Art (London 1974), 239–243; Lexikon der christlichen Ikonographie 8 (1976) 158–174.

ST. PHILIPPUS (APOSTEL)

Abb. 16.

1459 Hildesheim, Andreasplatz Trinitatishospital (Knagge); 1558 Hameln, Osterstr. 8 (Knagge); nach 1610 Einbeck, Marktstr. 13 (Ständer).

Lit.: K. Künstle, Ikonographie der Heiligen (Freiburg 1926), 503–504; J. Braun, Tracht und Attribute der Heiligen in der deutschen Kunst (Stuttgart 1943), 606–609; L. Réau, Iconographie de l'art chrétien III, 3 (1959), 1068–1069; H. L. Keller, Reclams Lexikon der Heiligen und biblischen Gestalten (Stuttgart 1968), 423–424; Lexikon der christlichen Ikonographie 8 (1976), 198–205.

PLANETEN

Sol, Luna, Merkur, Saturn, Venus, Mars, Jupiter

Abb. 51–57. 73. 76. 221–227. Einleitung S. 127. 132. 133. 134.

1526 Goslar, Hoher Weg 1 (Ständer); 1532 Celle, Poststr. 8; um 1536 Braunschweig, Burgplatz 2a (Ständer); 1547/49 Göttingen, Barfüßerstr. 5 (Ständer); 1558 Hameln, Osterstr. 8 (Knaggen); 1583 Herford, Gehrenberg 1 (Brüstungsplatte); um 1590 Lemgo, Mittelstr. 36 (Ständer); Ende 16. Jh. Hildesheim, Braunschweiger Str. 5 (Brüstungsplatten); Anfang 17. Jh. Hildesheim, Osterstr. 7 (Brüstungsplatten); 1601 Hildesheim, Neustädter Markt 27 (Brüstungsplatten); 1606 Hildesheim, Godehardiplatz 12 (Brüstungsplatten); 1608 Hildesheim, Hoher Weg 5 (Brüstungsplatten); nach 1610 Einbeck, Marktstr. 13 (Brüstungsplatten); 1613 Hildesheim, Propstei (Brüstungsplatten); 1615 Hildesheim, Andreasplatz 19 (Brüstungsplatten); 1623 Hildesheim, Andreasplatz 23 (Brüstungsplatten).

Lit.: F. Lippmann, The Seven Planets (London/Berlin 1895); B.A. Fuchs, Die Ikonographie der sieben Planeten in der Kunst Italiens bis zum Ausgang des Mittelalters. Diss. München 1909; A. Hauber, Planetenkinderbilder und Sternbilder (Straßburg 1916); K. Künstle, Ikonographie der christlichen Kunst (Freiburg 1928), 138–141; O. Behrendsen, Darstellungen der Planetengottheiten an und in deutschen Bauten (Straßburg 1929); A. Warburg, Die olympischen Götter als Sterndämonen. In: Warburg, Gesammelte Schriften 2 (Leipzig/Berlin 1932), 459–559; Handwörterbuch des deutschen Aberglaubens 7 (1935/36), 36–294; H. Spanuth, Die Planetenbilder. In: Spanuth, 400 Jahre Stiftsherrnhaus in Hameln (Hameln 1958), 33–39; J. Chevalier, Dictionnaire des symboles (Paris 1969), 441–442. 474–478.

492–493. 502–503. 609–610. 676–677. 710–714. 793–794; Lexikon der christlichen Ikonographie 3 (1971), 443–444.

PROPHETEN

Einleitung S. 137.

1610 Alfeld, Lateinschule: Die vier großen Propheten: Jesaja, Jeremia, Hesekiel, Daniel. – Die zwölf kleinen Propheten: Hosea, Joel, Amos, Obadja, Jona, Micha, Nahum, Habakuk, Zephanja, Haggai, Sacharja, Maleachi.

Lit.: W. Molsdorf, Christliche Symbolik der mittelalterlichen Kunst 2. Aufl. (Leipzig 1926), 163–166; K. Künstle, Ikonographie der christlichen Kunst (Freiburg 1928), 303–308; L. Réau, Iconographie de l'art chrétien II, 1 (1956), 365–389; H. L. Keller, Reclams Lexikon der Heiligen und biblischen Gestalten (Stuttgart 1968), 427–428; Lexikon der christlichen Ikonographie 3 (1971), 461–462.

KÖNIG SALOMON

1547/49 Göttingen, Barfüßerstr. 5 (Ständer); 1610 Alfeld, Lateinschule (Brüstungsplatte).

Lit.: L. Réau, Iconographie de l'art chrétien II, 1 (1956), 286–296; H. L. Keller, Reclams Lexikon der Heiligen und biblischen Gestalten (Stuttgart 1968), 442–444; Lexikon der christlichen Ikonographie 4 (1972), 15–24.

SAMUEL SALBT DEN HIRTENKNABEN DAVID

Abb. 20. Einleitung S. 127.

1588 Hameln, Osterstr. 8 (Knagge).

1. Buch Samuelis 16, 11ff: Samuel sprach zu Isai: Sind das der Knaben alle? Er aber sprach: Es ist noch übrig der jüngste; und siehe, er hütet der Schafe. Da sprach Samuel zu Isai: Sende hin und laß ihn holen ... Und der Herr sprach: Auf! und salbe ihn, denn er ist's. Da nahm Samuel sein Ölhorn und salbte ihn mitten unter seinen Brüdern. Und der Geist des Herrn geriet über David von dem Tag an und fürder.

Lit.: L. Réau, Iconographie de l'art chrétien II, 1 (1956), 250–252; H. L. Keller, Reclams Lexikon der Heiligen und biblischen Gestalten (Stuttgart 1968), 445; Lexikon der christlichen Ikonographie 4 (1971), 38–39; Piegler, Barockthemen (Budapest 1974) 1, 135–136.

DIE EHERNE SCHLANGE

1575 Lemgo, Orpningstr. 6 (Ständer); Anfang 17. Jh. Hildesheim, Altpetristr. (Brüstungsplatte); 1603 Schwalenberg, Ratsstubenbau (Ständer); 1609 Hildesheim, Friesenstr. 16 (Brüstungsplatte).

4. Buch Mose 21, 6–8: Da sandte der Herr feurige Schlangen unter das Volk; die bissen das Volk, daß viel Volks in Israel starb. Da kamen sie zu Mose und sprachen: Wir haben gesündigt ... bitte den Herrn, daß er die Schlangen von uns nehme. Mose bat für das Volk. Da sprach der Herr zu Mose: Mache dir eine ehrne Schlange und richte sie zum Zeichen auf; wer gebissen ist und sieht sie an, der soll leben.

Lit.: U. Diehl, Die Darstellung der Ehernen Schlange von ihren Anfängen bis zum Ende des Mittelalters. Diss. München 1956 (Masch. Schr.); Reallexikon zur deutschen Kunstgeschichte 4 (1958), 817–837; Lexikon der christlichen Ikonographie 1 (1968), 583–586.

ST. SIMON (APOSTEL)

1459 Hildesheim, Andreasplatz Trinitatishospital (Knagge); 1558 Hameln, Osterstr. 8 (Knagge); nach 1610 Einbeck, Marktstr. 13 (Ständer).

Lit.: K. Künstle, Ikonographie der Heiligen (Freiburg 1926), 538–539; J. Braun, Tracht und Attribute der Heiligen in der deutschen Kunst (Stuttgart 1943), 664–666; L. Réau, Iconographie de l'art chrétien III, 3 (1959), 1223–1225; H. L. Keller, Reclams Lexikon der Heiligen und biblischen Gestalten (Stuttgart 1968), 460; Lexikon der christlichen Ikonographie 8 (1976), 367–371.

SIMSON

Abb. 7. 19. Einleitung S. 127. 133.

Simson erwürgt den Löwen: 1512 Braunschweig, Steinstr. 3 (Schwellbalken); 1558 Hameln, Osterstr. 8 (Knagge); Anfang 17. Jh. Hildesheim, Altpetristr. (Brüstungsplatte); 1609 Hildesheim, Friesenstr. 16 (Brüstungsplatte); 1610 Alfeld, Lateinschule (Brüstungsplatte); 1611 Hildesheim, Eckemekkerstr. 36 (Brüstungsplatte).

Buch der Richter 14, 5–6: Also ging Simson hinab mit seinem Vater und seiner Mutter gen Thimmath. Und als sie kamen an die Weinberge, zu Thimmath, siehe, da kam ein junger Löwe brüllend über ihn. Und der Geist des Herrn geriet über ihn, und er zerriß ihn, wie man ein Böcklein zerreißet, und hatte doch gar nichts in seiner Hand.

Simson und Delila: 1547/49 Göttingen, Barfüßerstr. 5 (Ständer); 1609 Hildesheim, Friesenstr. 16 (Brüstungsplatte); 1611 Hildesheim, Eckemeckerstr. 36 (Brüstungsplatte).

Buch der Richter 16, 6ff.: Delila sprach zu Simson: Sage mir doch, worin deine große Kraft sei und womit man dich binden möge, daß man dich zwinge? ... Und er sagte ihr sein ganzes Herz und sprach zu ihr: Es ist nie kein Schermesser auf mein Haupt gekommen; denn ich bin ein Verlobter Gottes von Mutterleib an. Wenn man mich schöre, so wiche meine Kraft von mir, daß ich schwach würde und wie alle andere Menschen ... Und sie ließ ihn entschlafen auf ihrem Schoß und rief einem, der ihm die sieben Locken seines Haupts abschöre. Und sie fing an ihn zu zwingen; da war seine Kraft von ihm gewichen.

Lit.: K. Künstle, Ikonographie der christlichen Kunst (Freiburg 1928) 128. 297–299; L. Réau, Iconographie de l'art chrétien II, 1 (1956), 236–248; H. L. Keller, Reclams Lexikon der Heiligen und biblischen Gestalten (Stuttgart 1968), 462–463; R. van Marle, Iconographie de l'art profane au Moyen-Age et à la Renaissance (New York 1971) 2, 472–476; G. Heinz-Mohr, Lexikon der Symbole. Bilder und Zeichen der christlichen Kunst (Düsseldorf/Köln 1971), 265–266; Lexikon der christlichen Ikonographie 4 (1972), 30–38; Piegler, Barockthemen (Budapest 1974) 1, 124–125; J. Hall, Dictionary of Subjects and Symbols in Art (London 1974), 271–272.

DIE FÜNF SINNE

Visus (Gesicht), Tactus (Gefühl), Auditus (Gehör), Odor (Geruch), Gustus (Geschmack)

Abb. 71. 176–179. 266–269. 273. 278. Einleitung S. 139. 142.

Um 1536 Braunschweig, Burgplatz 2a (Knaggen); 1579/80 Hildesheim, Ratsapotheke (Brüstungsplatten); Ende 16. Jh. Hildesheim, Braunschweiger Str. 5 (Brüstungsplatten); Anfang 17. Jh. Hildesheim, Andreasplatz 18 (Brüstungsplatten); 1609 Hildesheim, Friesenstr. 16 (Brüstungsplatten); 1610 Alfeld, Lateinschule (Brüstungsplatten, zusätzlich die Ratio); nach 1610 Einbeck, Marktstr. 13 (Brüstungsplatten); 1616 Hildesheim, Braunschweiger Str. 97 (Brüstungsplatten); 1622 Hildesheim, Eckemeckerstr. 35 (Brüstungsplatten).

Steinbauten der Weserrenaissance: 1589 Lemgo, Rathauslaube (Reliefs; Kreft-Soenke, Die Weserrenaissance Abb. 193); 1608–1612 Bremen, Rathaus (Reliefs).

Lit.: H. Kauffmann, Die Fünf Sinne in der niederländischen Malerei des 17. Jahrhunderts. In: Kunstgeschichtliche Studien. Dagobert Frey zum 23.4. 1943. S. 133–157; Lexikon der christlichen Ikonographie 4 (1972), 160–161; Piegler, Barockthemen (Budapest 1974) 2, 483–485; J. Hall, Dictionary of Subjects and Symbols in Art (London 1974), 122.

ST. STEPHANUS

1610 Alfeld, Lateinschule (Brüstungsplatte)

Lit.: K. Künstle, Ikonographie der Heiligen (Freiburg 1926), 544–547; J. Braun, Tracht und Attribute der Heiligen in der deutschen Kunst (Stuttgart 1943), 675–678; L. Réau, Iconographie de l'art chrétien III, 1 (1958), 448–455; H. L. Keller, Reclams Lexikon der Heiligen und biblischen Gestalten (Stuttgart 1968), 469–470; Lexikon der christlichen Ikonographie 8 (1976), 395–403.

TANZ

Abb. 135. Einleitung S. 135.

1580 Batenhorst, Haus Außel: Tanzendes Paar mit Pfeifer und Trommler (Brüstungsplatte).

ST. THOMAS (APOSTEL)

Nach 1610 Einbeck, Marktstr. 13 (Ständer).

Lit.: K. Künstle, Ikonographie der Heiligen (Freiburg 1926), 555–558; J. Braun, Tracht und Attribute der Heiligen in der deutschen Kunst (Stuttgart 1943), 693–696; L. Réau, Iconographie de l'art chrétien III, 3 (1959), 1266–1272; H. L. Keller, Reclams Lexikon der Heiligen und biblischen Gestalten (Stuttgart 1968), 480–482; Lexikon der christlichen Ikonographie 8 (1976), 468–475.

ST. TIMOTHEUS (APOSTEL)

Einleitung S. 138.

1610 Alfeld, Lateinschule (Brüstungsplatte).

Lit.: L. Réau, Iconographie de l'art chrétien III, 2 (1959), 1282–1283; H. L. Keller, Reclams Lexikon der Heiligen und biblischen Gestalten (Stuttgart 1968), 485; Lexikon der christlichen Ikonographie 8 (1976), 494–495.

TUGENDEN

Die theologischen Tugenden: Fides (Glaube), Caritas (Liebe), Spes (Hoffnung). – Die Kardinaltugenden: Prudentia (Weisheit), Temperantia (Mäßigung) bzw. Patientia (Geduld), Fortitudo (Stärke), Justitia (Gerechtigkeit).

Abb. 72. 74. 75. 264. 265. 270–272. 274–276. Einleitung S. 126f. 128. 138. 141f.

Nach 1500 Braunschweig, Fallersleber Str. 8 (Brüstungsplatten); 1558 Hameln, Osterstr. 8 (Knagge: Caritas); 1579 Osnabrück, Bierstr. 17 (Ständer); 1579 Hildesheim, Ratsapotheke (Brüstungsplatten); 1598 Hildesheim, Rathausstr. 21 Haus Wedekind (Brüstungsplatten); 1602 Hildesheim, Pfaffenstieg Kurie des Herrn v. Nesslrode (Brüstungsplatten); 1606 Hildesheim, Godehardiplatz 12 (Brüstungsplatten); 1608 Hildesheim, Hoher Weg 5 (Brüstungsplatten); Hildesheim, Eckemeckerstr. 3 (Brüstungsplatten); 1610 Alfeld, Lateinschule (Brüstungsplatten); nach 1610 Einbeck, Marktstr. 13 (Brüstungsplatten); 1611 Hildesheim, Eckemeckerstr. 36 (Brüstungsplatten); 1615 Hildesheim, Andreasplatz 19 (Brüstungsplatten); 1619 Hildesheim, Godehardiplatz 1 (Brüstungsplatten); 1621 Hildesheim, Annenstr. 37 (Brüstungsplatten); 1622 Hildesheim, Wollenweberstr. 61 (Brüstungsplatten); 1623 Hildesheim, Andreasplatz 28 (Brüstungsplatten).

Steinbauten der Weserrenaissance: 1549 Nienburg, Lange Str. 34 (Reliefs); 1550 Hameln, Fischpfortenstr. 20 (Beischlagwange); 1552 Stadthagen, Tugendbrunnen (Kreft-Soenke, Die Weserrenaissance Abb. 43); 1558 Hameln, Osterstr. 8 (Beischlagwange; Kreft-Soenke Abb. 93); Schloß Pyrmont (Reliefs am Festungszugang; Kreft-Soenke Abb. 232); 1568/71 Lemgo, Breite Str. 19 Hexenbürgermeisterhaus (Reliefs; Kreft-Soenke Abb. 62); 1576 Stadthagen, Schloß (Kaminbekrönung; Kreft-Soenke Abb. 85); 1582–1589 Nienburg, Rathaus (Reliefs an der Utlucht); 1585–1589 Hameln, Osterstr. 9 (Reliefs an der Utlucht; Kreft-Soenke Abb. 89); 1589 Lemgo, Rathaus, Neue Ratsstube (Figuren an den Fensterpfosten; Kreft-Soenke Abb. 192); 1590 Schloß Varenholz (Reliefs an der Utlucht; Kreft-Soenke Abb. 144); 1599/1600 Gandersheim, Abtei (Turmportal); 1604 Wewelsburg (Reliefs am Kamin; Kreft-Soenke Abb. 163); 1608–1612 Bremen, Rathaus (Reliefs).

Lit.: Stettiner, Die illustrierten Prudentiushandschriften (Berlin 1895); E. Mâle, L'art réligieux de la fin du Moyen-Age en France (Paris 1908), 331–352; A.D. Sertilanges, Les vertues théologales (Paris 1923); W. Molsdorf, Christliche Symbolik der mittelalterlichen Kunst. 2. Aufl. (Leipzig 1926), 210–218; F. Saxl, „Aller Tugenden und Laster Abbildung". Eine spätmittelalterliche Allegoriensammlung, ihre Quellen und ihre Beziehungen zu Werken des frühen Bilddruckes. In: Festschrift für Julius Schlosser (Zürich/Leipzig/Wien 1927), 104–121; K. Künstle, Ikonographie der christlichen Kunst (Freiburg 1928), 156–167; E. Mandowsky, Untersuchungen zur Iconologie des Cesare Ripa. Diss. Hamburg 1934 (Masch. Schr.), 18–25; B. Knipping, De Iconografie van de Contra-Reformatie in de Nederlanden (Hilversum 1939) 1, 25–36; Barbier de Montault, Iconographie des Vertues. In: Revue de l'art chrétien 7, 325ff. 8, 41f.; Reallexikon zur deutschen Kunstgeschichte 3 (1954), 343–356 (Caritas); L. Réau, Iconographie de l'art chrétien I (1955), 163–191; A. Katzenellenbogen, Allegories of the virtues and vices in mediaeval art (New York 1964); Lexikon der christlichen Ikonographie 4 (1971), 264–290; R. van Marle, L'iconographie de l'art profane au Moyen-Age et à la Renaissance (New York 1971) 2, 1–71; J. Hall, Dictionary of Subjects and Symbols in Art (London 1974), 336–337.

WOLF UND KRANICH

Abb. 363. Einleitung S. 128.

1573 Stadthagen, Markt 8 Gildehaus: Kranich zieht unbedankt einen Knochen aus dem Rachen des Wolfes. Inschrift: Undank ist der Welt Lohn. (Brüstungsplatte).

Lit.: D. Lämke, Mittelalterliche Tierfabeln und ihre Beziehungen zur bildenden Kunst in Deutschland. Diss. Greifswald 1937; W. v. Blankenburg, Heilige und dämonische Tiere (Leipzig 1943), 261–264; Lexikon der christlichen Ikonographie 2 (1970), 557–558.

ZIEGENBOCK

Abb. 373. 374.

1526 Goslar, Hoher Weg 1: Nackte Hexe reitet auf einem Ziegenbock (Knagge); 1532 Celle, Poststr. 8: Nackter Mann reitet auf einem Ziegenbock (Ständerstütze); 1540 Hildesheim, Scheelenstr. 2: Zwei gefesselte Ziegenböcke (Brüstungsplatten); 1548 Hildesheim, Rathausstr. 18: Geißbock (Schwellbalken).

Lit.: G. J. Witkowski, L'art profane à l'église (Paris 1908) 1, 333. 2, 21; Handwörterbuch des deutschen Aberglaubens 9 (1938/41), 912–931; Reallexikon zur deutschen Kunstgeschichte 2 (1948), 963–970; L. Réau, Iconographie de l'art chrétien I (1955), 87. 108. 128.

ZUNFT- UND BERUFSZEICHEN

Abb. 10.

Bäcker: 15. Jh. Goslar, An der Gose 31: Dreitimpenbrot. Lebkuchen (Balkenköpfe); um 1520 Goslar, Kornstr. 9: Lebkuchen und Brezel (Ständer); 1560 Warburg, Lange Str. 2: Brezel und Wecken (Ständer); um 1670 Celle, Gr. Plan 21: Löwenmaske mit Brezel (Balkenkopf).

Gerber: Um 1550 Celle, Mauernstr. 34 (Schwellbalken); 1595 Hildesheim, Dammstr. 8: Beil und Schaber (Türsturz).

Sattler: 1598 Blomberg, Kuhstr. 32: Zwei Pferdeköpfe im Geschirr.

Schäfer: 1751 Blomberg, Große Mauer 6: Schäferstab und Schafschere.

Schlächter: 1529 Hildesheim, Marktplatz Knochenhaueramtshaus: Schlachten eines Ochsen (Schwellbalken); um 1570 Celle, Mauernstr. 15: Ochsenkopf (Schwellbalken).

Schmied: 1548 Hildesheim, Der gelbe Stern 21: Schmied mit Hammer (Türsturz); Ende 16. Jh. Hildesheim, Andreasplatz 2/3: Schmiedezeichen (Schwellbalken); 1639 Herford, Steinstr. 17: Hufeisen und Zange (Torbogen); 1710 Horn, Nordstr. 24: Hammer, Zange und Hufeisen (Torbogen); 1738 Horn, Pfuhlstr. 17: Hammer und Zange; 1784 Heidelbeck Nr. 16: Hammer und Zange; 1808 Schwalenberg, Neue Torstr. 155: Hammer, Zange, Raspel, Feuerschippe, Hufeisen.

Schneider: 1655 Horn, Nordstr. 16: Schere.

Schuster: Ende 16. Jh. Hildesheim, Schuhstr. 7: Lederklinge, Schuhleisten, Schneideeisen (Schwellbalken).

Seiler: Um 1540 Celle, An der Stadtkirche 1: Seilwinder (Schwellbalken).

Steinmetz: Um 1540 Celle, Schuhstr. 27: Steinmetz bei der Arbeit (Schwellbalken).

Weber: 1549 Göttingen, Weender Str. 62: Webschiffchen und Klopfholz (Torbogen); 1551 Goslar, Gosestr. 6: Webschiffchen und Garnknäuel (Torbogen); 1645 Detmold, Krumme Str. 42: Webschiffchen und Klopfholz (Torbogen).

Zimmermann: 1521 Herford, Brüderstr. 26: Winkel und Zirkel (Schwellbalken); 1650 Hildesheim, Goschenstr. 28: Axt, Winkel und Zirkel (Ständer); 1695 Blomberg, Kuhstr. 17: Winkel und Zirkel.

Lit.: A. Grenser, Zunft-Wappen und Handwerker-Insignien. Eine Heraldik der Künste und Gewerbe (Frankfurt a. M. 1889); G. A. Seyler, Berufswappen (Nürnberg 1898); M. Pieper-Lippe, Westfälische Zunftsiegel (Münster 1963); L. Schmidt, Zunftzeichen. Zeugnisse alter Handwerkskunst (München 1979).

ZUNGE ZEIGEN („Neidköpfe" als Dämonenabwehr)

Abb. 1. 257. 370–372. Einleitung S. 129.

1471 Warburg, Lange Str. 2 (Knagge); 1482 Hildesheim, Andreasplatz Kramergildenhaus (Zwei Balkenköpfe); 1489 Braunschweig, Alte Knochenhauerstr. 13 (Balkenkopf); 15. Jh. Goslar, An der Gose 13 (Knagge); 1521 Herford, Brüderstr. 26 (Knagge); 1536 Braunschweig, Lange Str. 9 (Ständer); 1540 Hildesheim, Scheelenstr. 2 (Knagge); 1542 Hameln, Bäckerstr. 44 (Ständer); 1549 Göttingen, Weender Str. 62 (Schwellbalken); 1566 Lemgo, Mittelstr. 128/130; 1576 Wiedenbrück, Mönchstr. 8 (Brüstungsplatte); 1578 Höxter, Westerbachstr. 2 (Brüstungsplatte); Ende 16. Jh. Paderborn, Hathumarstr. 7 (Brüstungsplatte); 1620 Goslar, Hoher Weg 4 (Ständerfuß).

Steinbauten der Weserrenaissance: 1576 Hameln, Osterstr. 12 (Kreft-Soenke, Die Weserrenaissance Abb. 91); 1585–1589 Hameln, Osterstr. 9 (Kreft-Soenke Abb. 92).

Lit.: Handwörterbuch des deutschen Aberglaubens 7 (1935/36), 815; 9 (1938/41), 157; R. Mielke, Neidinschriften und Neidsymbole. In: Niederdeutsche Zeitschrift für Volkskunde 10, 51–69. 173–195; H. Heimberger, Neidköpfe im Gebiet zwischen Neckar und Main. In: Mainfränkisches Jahrbuch 3 (1951), 252–271.

BLOMBERG KUHSTR. 38 1606

CHRONOLOGISCHES VERZEICHNIS DER FACHWERKBAUTEN

15. JAHRHUNDERT

1457 Münden, Kirchplatz 8
(Küsterhaus St. Blasii)

1469 Hameln-Wangelist, Leprosenkapelle

1471 Warburg, Lange Str. 2
(Eckmännchenhaus)

1480 Grebenstein, Obere Str. 257
(Leck'sches Haus)

1490 Alfeld, Seminarstr. 3

16. JAHRHUNDERT

1500 Northeim, Am Münster 32/33
(Hospital St. Spiritus)
Northeim, Am Schaupenstiel 15

Anf. 16. Jh. Hameln, Alte Marktstr. 20/21
(Kurie Jerusalem)

1509 Falkenhagen, Ev. Pfarrhaus

1510 Northeim, Am Schaupenstiel 15
(Corvinus-Haus)

1513 Warburg, Bernhardistr. 2
(Arnoldi-Haus)

1521 Herford, Brüderstr. 26
(Remensnider-Haus)

1526 Goslar, Hoher Weg 1
(Brusttuch)

1528/29 Münden, Sydekumstr. 15
(Zum Ochsenkopf)

1532 Celle, Poststr. 8
(Hoppener-Haus)

1538 Warburg, Josef-Kohlschein-Str. 28

1542 Einbeck, Markt 6
Einbeck, Markt 17
Hameln, Bäckerstr. 44

1543 Einbeck, Tiedexerstr. 16

1547/49 Göttingen, Barfüßerstr. 5
(Junkernschänke)

1548 Höxter, Westerbachstr. 2

1549 Göttingen, Weender Str. 62
Wiedenbrück, Mönchstr. 10

1550 Bodenwerder, Homburgstr. 50
Einbeck, Rathaus (1550/53)
Minden, Seidenbeutel 11
Schönemark, Haupthaus
Ummeln, Meierhaus

1551 Bevern, Hof Deppe: Haupthaus

1552 Einbeck, Markt 13
(Brot-Haus)
Einbeck, Marktstr. 26

2. H. 16. Jh. Bückeburg, Lange Str. 22
Rinteln, Ritterstr. 33
(Prinzenhof)
Varenholz, Schloß Südwestflügel
Winkhausen, Speicher

1553 Stadthagen, Amtspforte

1554 Brosen, Hof Krüger: Speicher
Höxter, Stummrigestr. 19
Münden, Lange Str. 13

1555 Sabbenhausen, Zehntscheune

1558 Einbeck, Tiedexerstr., Ecke Marktstr.
Hameln, Osterstr. 8
(Stiftsherren-Haus)

1559 Herford, Johannisstr. 13
Wiedenbrück, Lange Str. 93

1560 Höxter, Marktstr. 21
(Dechanei)

1563 Hessisch Oldendorf, Lange Str. 63

1564 Eimen, Kapelle St. Georg

1565 Einbeck, Markt 6
Einbeck, Ratswaage
Höxter, Marktstr. 13
Höxter, Nicolaistr. 10

1566 Grevenburg, Südflügel
Lippstadt, Lange Str. 12
(Goldener Hahn)
Northeim, Breite Str. 27

1567 Wiedenbrück, In der Halle 2

1569 Blomberg, Burg: Südflügel

1570 Leese, Hof Führing: Haupthaus
Münden, Kirchplatz 4
(Pastorenhaus St. Blasii)

1571 Höxter, Stummrigestr. 27

1572 Blomberg, Amtshaus
Stadthagen, Klosterstr. 12

1573 Stadthagen, Markt 8
(Gildehof)

1576 Lemgo, Breite Str. 47
Wiedenbrück, Mönchstr. 8

1577 Brokhausen, Hof Meier: Haupthaus
Delbrück, Valepagenhof: Haupthaus
Verden, Strukturstr. 7

1578	Höxter, Westerbachstr. 4
1579	Schwalenberg, Rathaus
1580	Batenhorst, Haus Außel Münden, Vor der Burg 6 (Herzogin-Elisabeth-Stift) Rahden-Stelle, Hof Hollendiek: Backhaus
1582	Trendelburg, Rathaus
1583	Ruensiek Nr. 6, Hof Gütschleg: Haupthaus
1586	Blomberg, Rathaus (1586/87) Lemgo, Echternstr. 117 (1580/90) (Gevekot'scher Hof)
1587	Heidelbeck, Schloßmühle Lemgo, Mittelstr. 17
1588	Atteln, Voigtshaus: Speicher
1589	Scharmede, Hof Alpmann: Speicher
1590	Lemgo, Mittelstr. 36 (Planeten-Haus) Lothe Nr. 10, Hof Wesemann: Leibzucht Schieder, Domäne: Kornhaus Schwalenberg, Haus Gronemanm: Giebel
1592	Münden, Lange Str. 72: Torbogen
1593	Einbeck, Rathaus: Vorbau Lemgo, Mittelstr. 24
1598	Höxter, Westerbachstr. 33 (Tilly-Haus) Lemgo, Mittelstr. 27
1599	Oesterholz, Schloß Wülfer-Bexten, Hof Stille: Scheune
Ende 16. Jh.	Paderborn, Hathumarstr. 7 (Adam-und-Eva-Haus)

17. JAHRHUNDERT

17. Jh.	Nammen, Friedhofskapelle
1600	Buchholz, Hof Aumann: Schweinehaus
1602	Immenhausen, Rathaus
1603	Bevern, Schloß (1603/12) Schwalenberg, Rathaus: Ratsstube
1606	Göttingen, Rote Str. 14 Hildesheim, Godehardiplatz 12 (Werner'sches Haus)
1609	Hameln, Baustr. 7
1610	Alfeld, Lateinschule Einbeck, Marktstr. 13 (Eicke'sches Haus) Höxter, Rathaus (1610/14)
1611	Einbeck, Neuer Markt 35 Schwalenberg, Untere Str. 7: Torbogen
1612	Bad Salzuflen, Lange Str. 33 Höxter, Am Rathaus 5
1613	Horn, Nordstr. 5
1617	Frotheim, Hof Brammeyer: Backhaus
1618	Bad Salzuflen, Lange Str. 35
1619	Holzminden, Halbmondstr. 9 (Severin'sches Haus) Oettern-Bremke, Hof Boeltke: Leibzucht
1620	Rinteln, Brennerstr. 291
1621	Bad Salzuflen, Lange Str. 7
1622	Wiedenbrück, Wasserstr. 19
1631	Lothe, Hof Schützemeier: Torbogen
1632	Bad Salzuflen, Obere Mühlenstr. 1 (Exter'scher Hof)
1647	Stadthagen, Markt 21 (1647/49)
1650	Detmold, Adolfstraße Rinteln, Klosterstr. 9/10 (Universitäts-Kommissie)
Mitte 17. Jh.	Uslar, Rathaus
1651	Bruchhausen, Hof Bremer: Haupthaus
1659	Schlüsselburg, Friedhofskapelle
1661	Frille, Hof Volkening: Haupthaus
1671	Bohnhorst, Hof Rieke: Scheune
1673	Kleinenheerse, Hof Brandt-Everding: Haupthaus
1684	Vlotho Nr. 136
1689	Sielhorst, Hof Bierenriede: Haupthaus

18. JAHRHUNDERT

1701	Nieheim, Richterplatz (Richter-Haus)
1728	Tintrup Hof Brenker: Torbogen
1730	Einbeck, Hören 1–11
1731	Horn, Nordstr. 31
1734	Münden, Aegidiikirchplatz 1–3
1739	Hüllhorst, Hof Becker: Haupthaus
1741	Belle, Kapelle
1754	Dehlentrup Nr. 5, Hof Brede: Haupthaus
1767	Amelunxen, Hof Wüllner: Haupthaus
1772	Haarbrück Nr. 17: Haupthaus
1786	Varl, Hof Wöstehoff: Schafstall
1790	Brüntrup, Obermeierhof: Speicher Dehlentrup Nr. 5, Hof Brede: Backhaus
1791	Nieder-Dornberg, Meier zu Müdehorst: Haupthaus
1795	Avenwedde, Speicher

19. JAHRHUNDERT

1823	Belle Nr. 130 Hof Schöning: Leibzucht
1837	Istrup, Dorfstr. 13: Torbogen
1840	Preußisch Ströhen, Hof Schlottmann: Wagenschuppen
1844	Diebrock, Meier zu Hartum: Torbogen
1860	Tonnenheide, Hof Köster: Bokemühle

SCHRIFTTUM

Angermann, Gertrud: Die Anfänge der Weserrenaissance in ihrer Verflechtung mit sozialen, wirtschaftlichen, politischen, religiösen und allgemein geistigen Wandlungen des 16. Jahrhunderts. In: Ostwestfälisch-weserländische Forschungen zur geschichtlichen Landeskunde (Münster 1970). 178–224.

Angermann, Gertrud: Engel an Ravensberger Bauernhäusern. Ein Beitrag zum Wandel des Dekors vom 18. bis 20. Jahrhundert. Münster 1974.

Baumeier, Stefan: Hinweise für den Rundweg [durch das Westfälische Freilichtmuseum bäuerlicher Kulturdenkmale]. Detmold 1972.

Bedal, Konrad: Historische Hausforschung. Eine Einführung in Arbeitsweisen, Terminologie und Literatur. Münster 1978.

Behrendsen, O.: Geschichte und Beschreibung des Junkernhauses. In: Göttinger Blätter für Geschichte und Heimatkunde 1917, 1–11.

Behrendsen, O.: Darstellungen von Planetengottheiten an und in deutschen Bauten. Straßburg 1926.

Bernt, Adolf: Bürgerhaus. In: Reallexikon zur deutschen Kunstgeschichte 3 (1954), 180–221.

Binding, Günther, Udo Mainzer und Anita Wiedenau: Kleine Kunstgeschichte des deutschen Fachwerkbaus. Darmstadt 1975. (S. 227–236: Literaturübersicht).

Borchers, Walter: Schmuckformen des Bürger- und Bauernhauses. In: Borchers, Volkskunst in Westfalen (Münster 1970), 16–32.

Braun, H., und J. Bühring: Die Kunstdenkmäler der Stadt Bodenwerder und der Gemeinde Pegestorf. Hannover 1976.

Brunne, Karl: Museumshof in Rahden. In: Bericht des Arbeitskreises für deutsche Hausforschung über die Tagung in Eßlingen 1964 (Detmold 1965), 113–130.

Busch, R.: Die Fachwerkbauten der Celler Altstadt. Celle 1965.

Corell, Ferdinand, und Hans Stegemann: Deutsche Fachwerkbauten der Renaissance. Berlin 1900.

Dehio, Georg: Handbuch der deutschen Kunstdenkmäler. Neubearbeitet von Ernst Gall. Nördliches Hessen. 3. Aufl. München/Berlin 1960.

Dehio, Georg: Handbuch der deutschen Kunstdenkmäler. Westfalen. Bearbeitet von Dorothea Kluge und Wilfried Hansmann. München/Berlin 1969.

Dehio, Georg: Handbuch der deutschen Kunstdenkmäler. Bremen/Niedersachsen. Bearbeitet von Gottfried Kiesow, Hans Christoph Hoffmann, Roswitha Poppe, Hans Reuther, Walter Wulf und anderen Fachkollegen. München/Berlin 1977.

Ebinghaus, Hugo: Das Ackerbürgerhaus der Städte Westfalens und des Wesertales. Dresden 1912.

Edel, H.: Die Fachwerkhäuser der Stadt Braunschweig. Braunschweig 1928.

Eggeling, H.: Drinck und eth Godes nicht verget [Northeim, Breite Str. 27] In: Südhannoverscher Heimatkalender 1961, 113–115.

Eggeling, H.: Das Heilig-Geist-Hospital in Northeim. In: Südhannoverscher Heimatkalender 1962, 63.

Eicke, K.: Die bürgerliche Baukunst Niedersachsens. I. Mittelalter und Renaissance. Straßburg 1919.

Einzelberichte zur Denkmalpflege für die Jahre 1953–1961. In: Westfalen 41 (1963), 3–272. – Für die Jahre 1962–1966. In: Westfalen 46 (1968), 181–528. – Für die Jahre 1967–1973. In: Westfalen 53 (1975), 277–810.

Eitzen, Gerhard: Das Bauernhaus des braunschweigischen Weserberglandes im 16. Jahrhundert. In: Neues Archiv für Niedersachsen 6 (1953), 362–379.

Eitzen, Gerhard: Deutsche Hausforschung in den Jahren 1953–1962. In: Zeitschrift für Agrargeschichte und Agrarsoziologie 11 (1963), 213–233.

Engel, H.: Das Haus „Ochsenkopf" in Hann. Münden. A. Delorme: Dendrochronologische Datierung des Mündener „Ochsenkopfes". E. Günther: Anmerkungen zur statischen Nachrechnung eines mittelalterlichen Fachwerkhauses, des „Ochsenkopfes" in Hann. Münden. In: Niedersächsische Denkmalpflege 7 (1970/71), 131–149.

Ernst, Georg: Köstliches und Erlesenes aus Einbeck. Einbeck o. J.

Ernst, H.: Das Bauernhaus in Lippe, Minden-Ravensberg und im Kreise Halle. Diss. Münster 1939 (Masch. Schr.)

Fahlbusch, O.: Northeim. Northeim 1926.

Fahlbusch, O.: Der Fachwerkbau in den Städten Südhannovers. In: Niederdeutsche Heimatblätter 3 (1926), 129–137.

Fahlbusch, O.: Das Junkernhaus in Göttingen. In: Gabe des Geschichtsvereins für Göttingen 3 (1940), 22–32.

Fiedler, Wilhelm: Das Fachwerkhaus in Deutschland, Frankreich und England. Berlin 1902.

Fischer, Georg: Kunstdenkmäler und Alterthümer im Kreise Münden. I. Stadt Münden und Stadtgebiet. Münden 1892.

Flaskamp, Franz: Hausinschriften, Hausmarken und Wappen der Stadt Wiedenbrück. Wiedenbrück 1935.

Flaskamp, Franz: Das Ackerbürgerhaus der westfälischen Stadt Wiedenbrück. Rietberg 1937.

Flaskamp, Franz: Die Hausinschriften der Stadt Horn. In: Mitteilungen aus der lippischen Geschichte und Landeskunde 20 (1951), 63–86.

Fliedner, Hildegard: Schauwände des 16. Jahrhunderts und ihre Zierformen im Gebiet der mittleren Weser. Diss. Münster 1954. (Masch. Schr.)

Fricke, Rudolf: Das Bürgerhaus in Braunschweig. Tübingen 1975.

Gaul, Otto: Kreis Detmold (Kunstführer des Westfälischen Heimatbundes 25). Münster 1947.

Gaul, Otto: Kreis Lemgo (Kunstführer des Westfälischen Heimatbundes 26). Münster 1947.

Gaul, Otto: Zierschnitzereien der Renaissance an lippischen Fachwerkbauten. In: Lippische Mitteilungen aus Geschichte und Landeskunde 27 (1958), 53–102.

Gaul, Otto: Herforder Fachwerkbauten. In: Herforder Jahrbuch 7 (1966) 48–69.

Gaul, Otto: Stadt Detmold (Bau- und Kunstdenkmäler von Westfalen 48/I). Münster 1968.

Gaul, Otto: Fächerrosette. In: Reallexikon zur deutschen Kunstgeschichte 6 (1972), 933–937.

Goehrtz, Emil: Das Bauernhaus im Reg. Bez. Hannover und seinen Nachbargebieten. Oldenburg 1935.

Goehrtz, Emil: Das Bürgerhaus im Reg. Bez. Hannover und seinen Nachbargebieten. Oldenburg 1941.

Griep, H. G.: Goslar (Das deutsche Bürgerhaus). Tübingen 1959.

Gruber, Otto: Deutsche Bauern- und Bürgerhäuser. Karlsruhe 1926.

Hähnel, Joachim: Hauskundliche Bibliographie 1, 1961–1970, 1. Teil, Münster 1972.

Hähnel, Joachim: Literaturbericht zur Hauskunde 1961–1967. In: Rheinisch-Westfälische Zeitschrift für Volkskunde 15 (1968), 5–68; 17 (1970), 128–189.

Hansen, Hans-Jürgen (Hrsg.): Holzbaukunst. Eine Geschichte der abendländischen Holzarchitektur und ihrer Konstruktionselemente. Oldenburg/Hamburg 1969.

Hansen, Wilhelm: Die Heimathäuser des Lippischen Landesmuseums. In: Lippische Heimat. 31. Jahrbuch des Lippischen Heimatbundes für das Jahr 1954, 33–50.

Hansen, Wilhelm: Der Wiederaufbau des Kornhauses aus Schieder als Heimathaus des Lippischen Landesmuseums. In: Lippische Heimat. 32. Jahrbuch des Lippischen Heimatbundes für die Jahre 1956/57, 25–52.

Hansen, Wilhelm: Hausbau. Bauernburgen. Hausinschriften. In: Hansen, Lippische Bibliographie (Detmold 1957), 132–144.

Hansen, Wilhelm: Fachwerkbau im Oberweserraum. In: Kunst und Kultur im Weserraum 800–1600. Ausstellung des Landes Nordrhein-Westfalen. 4. Aufl. (Münster 1966), 296–312.

Hansen, Wilhelm: Fachwerk der Weserrenaissance. In: Ostwestfälisch-weserländische Forschungen zur geschichtlichen Landeskunde (Münster 1970), 225–243.

Hansen, Wilhelm: Das Lippische Landesmuseum. Detmold 1972.

Hansen, Wilhelm: Das Detmolder Museumszentrum. Die historischen Bauten des Lippischen Landesmuseums als städtebaulicher Beitrag zur Denkmalpflege. In: Heimatland Lippe 69 (1976), 2–20.

Die Hausinschriften des Fürstentums Corvey. Hrsg. vom Amt Corvey-Land. Höxter 1931.

Erlebte Heimat. Hrsg. von der Kreisbildstelle Northeim. Folge 5: Zeugnisse des Bürgertums im Kreise Northeim. Northeim 1963.

Helm, Rudolf: Das Bürgerhaus in Nordhessen. Tübingen 1967.

Henrici, K.: Reiseaufnahmen aus Westfalen und dem Fürstenthum Lippe. Aachen 1892.

Hinrichsen, Klaus: Beschlagwerk. In: Reallexikon zur deutschen Kunstgeschichte 2 (1948), 322–327.

Hinz, Hermann: Zur Vorgeschichte der Niederdeutschen Halle. In: Zeitschrift für Volkskunde 60 (1964), 1–22.

Hohenschwert, Friedrich: Die Fundamentgrabung auf dem Kuhlhof in Kohlstädt (Lippe). In: Museum und Kulturgeschichte. Festschrift für Wilhelm Hansen (Münster 1978), 73–90.

Horstmann, W.: Der Museumshof Rahden. In: Der Minden-Ravensberger 39 (1967), 56–59.

Hüffer, D.: Das Haus Hathumarstr. 7 [in Paderborn]. In: Westfälische Zeitschrift 80, II, 64.

Hülst, H. F. v.: Der Valepagenhof im Delbrücker Land. Eine Studie zur Hof- und Baugeschichte. In: Die Warte 31 (1970), 136–139.

Jahr, H.: Der bürgerliche Wohnbau in Minden. In: Mindener Jahrbuch 4 (1929), 3–53.

Kaspar, Fred: Fachwerkbauten in Westfalen vor 1600. Münster 1978.

Kempkes, G.: Die Baugeschichte der Stadt Höxter vom Beginn des 16. Jahrhunderts bis zum Jahre 1973 unter besonderer Berücksichtigung der Profanbaukunst. Diss. Berlin 1975.

Kiecker, Oskar, und Paul Graff: Die Kunstdenkmäler des Kreises Alfeld. Hannover 1929.

Klocke, Hermann: Rose und Stern. Schrift- und Zierwerk der alten Bauernhäuser des Lipperlandes. In: Heimatland Lippe 59 (1966), 201–205.

Klöckner, Karl: Alte Fachwerkbauten. Geschichte einer Skelettbauweise. München 1978.

Körner, J.: Die Bau- und Kunstdenkmäler des Kreises Büren. Münster 1926.

Kottenbrink, H.: Vom bäuerlichen Leben und Arbeiten im Rahdener Land im Spiegel des Rahdener Museumshofes. In: Heimatgeschichtliche Beiträge aus dem Kreis Lübbecke 1 (1969), 121–138.

Kottenbrink-Spönemann: Museumshof Rahden. Rahden o. J.

Kreft, Herbert, und Jürgen Soenke: Die Weserrenaissance. 4. Aufl. Hameln 1975.

Lachner, Carl: Geschichte der Holzbaukunst in Deutschland. 1. Der norddeutsche Holzbau in seiner historischen Entwicklung. Leipzig 1885.

Leesch, Wolfgang: Adels- und Klosterhöfe zu Höxter. In: Höxtersches Jahrbuch III/IV (1952/53), 31–66.

Lehmgrübner, K.: Mittelalterliche Rathausbauten in Deutschland mit einem Überblick über die Entwicklung des deutschen Städtewesens. T. 1. Berlin 1905.

Leixner, Otmar v.: Der Holzbau in seiner Entwicklung und seinen charakteristischen Typen. Wien 1907.

Liebold, R.: Die mittelalterliche Holzarchitektur im ehemaligen Niedersachsen. Halle 1874.

Lindemann, Rudolf, und Erich Plümer: Bilder aus Einbeck. Einbeck 1969.

Lindner, Werner: Die bäuerliche Wohnkultur in der Provinz Westfalen und ihren nördlichen Grenzgebieten. In: Beiträge zur Geschichte des westfälischen Bauernstandes. Hrsg. von E. Frhr. von Kerckernick zur Borg (Berlin 1912), 635–840.

Lohmeyer, K.: Das Rathaus zu Schwalenberg. In: Festschrift zur 650jährigen Jubelfeier Schwalenbergs (Schwalenberg 1906), 39–47.

Lotter, Paul: Die baugeschichtliche Entwicklung des Höxterschen Bürgerhauses. In: Höxtersches Jahrbuch III/IV (1952/53), 3–30.

Ludorff, A.: Die Bau- und Kunstdenkmäler des Kreises Paderborn. Münster 1899.

Ludorff, A.: Die Bau- und Kunstdenkmäler des Kreises Wiedenbrück. Münster 1901.

Ludorff, A.: Die Bau- und Kunstdenkmäler des Kreises Herford. Münster 1908.

Ludorff, A.: Die Bau- und Kunstdenkmäler des Kreises Höxter. Münster 1914.

Magnus, E.: Das Bauernhaus in der Grafschaft Ravensberg. In: Minden-Ravensberg unter der Herrschaft der Hohenzollern. Hrsg. von H. Tümpel (Bielefeld/Leipzig 1909), 325–348.

Maier, Konrad: Die Dekorationsformen der Renaissancearchitektur im Wesergebiet und ihre Entwicklung bis etwa 1575. Diss. Göttingen 1965 (Masch. Schr.)

Maier, Konrad: Die Wende der Baukunst des 16. Jahrhunderts im Weserraum. In: Kunst und Kultur im Weserraum 800–1600. 4. Aufl. (Münster 1966), 280–295.

Meier, Karl: Lemgos Baudenkmäler. In: Niedersachsen 17 (1911), Nr. 1, 38–46.

Meier, Karl: Das schöne alte Lemgo. Lemgo 1927.

Meier, P. J., und K. Steinacker: Die Bau- und Kunstdenkmäler der Stadt Braunschweig. 2. Aufl. Braunschweig 1926.

Meier-Böke, August: Türsäulenlandschaften an der oberen Weser. In: Germanenerbe 8 (1943), 85–94.

Michels, Paul: Paderborner Inschriften, Wappen und Hausmarken. Paderborn 1957.

Mithoff, H. Wilhelm H.: Kunstdenkmale und Alterthümer aus dem Hannoverschen. 7 Bde. Hannover 1871–1880.

Müller, L.: Das Bauernhaus im Kreise Hofgeismar. Münster 1940.

Müller, Peter: Die „Welschen Gewels", ein Stilelement der deutschen Renaissancearchitektur. In: Mindener Heimatblätter 33 (1961), 121–139.

Mund, H.: Das Riemenschneiderhaus [in Herford]. In: Der Minden-Ravensberger 34 (1962), 60–61.

Neukirch, A.: Hamelner Renaissance. Vom Schicksal einer niedersächsischen Stadtkultur. Hameln 1950.

Nordhoff, J. B.: Der Holz- und Steinbau Westfalens in seiner culturgeschichtlichen und systematischen Entwicklung. 2. Aufl. Münster 1873.

Ortwein, A.: Deutsche Renaissance. Leipzig 1871–1875.

Pape, Rainer: Das alte Herford. Herford 1971.

Phleps, Hermann: Deutsche Fachwerkbauten. Königstein 1951. (Neuausgabe von Walter Sage. Königstein 1976).

Plümer, E.: Das Eickesche Haus in Einbeck. In: Südhannoverscher Heimatkalender 1962, 67–70.

Plümer, E.: Das Rathaus in Einbeck. Hrsg. von der Stadt Einbeck. 1965.

Plümer, E.: Einbecker Bürgerhäuser (Kleine Kunstführer für Niedersachsen 16). Göttingen 1956.

Pölert, W.: Alt-Salzuflen. Detmold 1931.

Preuß, Otto: Die baulichen Alterthümer des Lippischen Landes. 2. Aufl. Detmold 1881.

Rädeker, W.: Lemgoer Häuser. Lemgo 1955.

Reuther, Hans: Das Fachwerkhaus in Hann. Münden. In: Deutsche Kunst und Denkmalpflege 22 (1964), 61–74.

Reuther, Hans: Bürgerliche Fachwerkbauten der Renaissance an der unteren Werra. In: Niederdeutsche Beiträge zur Kunstgeschichte 11 (1972), 63–90.

Richter, Helmut: Das „Böttcherhaus", ein niederdeutsches Zweiständerhaus in der Herforder Altstadt. In: Herforder Jahrbuch 12/14 (1971/73), 180–185.

Rodenkirchen, N.: Die Bau- und Kunstdenkmäler des Kreises Warburg. Münster 1939.

v. Rüdiger, C. D.: Gebäudetypen der ländlichen Fachwerkarchitektur im Landkreis Hameln-Pyrmont. In: Niedersächsische Denkmalpflege 7 (1970/71), 81–130.

Rüthing, H.: Das Adam-und-Eva-Haus in Paderborn. In: Die Warte 1937, 115.

Sage, Walter: Frühmittelalterlicher Holzbau. In: Karl der Große. 3. Karolingische Kunst (Düsseldorf 1965), 573–590.

Sage, Walter: Fachwerk – Fachwerkbau. In: Reallexikon zur deutschen Kunstgeschichte 6 (1972), 938–992.

Sauermilch, Curt: Das schöne alte Haus im Kreis Holzminden. Holzminden 1940.

Schäfer, Carl: Die Holzarchitektur Deutschlands vom 14. bis 18. Jahrhundert. Berlin 1883–1885.

Schäfer, Dietrich, H. Prejawa und August Savels: Das Bauernhaus im Deutschen Reiche und seinen Grenzgebieten. Dresden 1906.

Scheibner, Richard: Das städtische Bürgerhaus Niedersachsens. Duderstadt. Einbeck. Gandersheim. Dresden 1910.

Schepers, Josef: Das Bauernhaus in Nordwestdeutschland. Münster 1943.

Schepers, Josef: Westfalen in der Geschichte des nordwestdeutschen Bürger- und Bauernhauses. In: Beiträge zur Volkskunde und Baugeschichte (Der Raum Westfalen IV, 2), Münster 1965, 123–294.

Schepers, Josef: Führer durch das Bauernhofmuseum Bielefeld. Bielefeld 1967.

Schepers, Josef: Vier Jahrzehnte Hausforschung. Beiträge zur Baugeschichte in Nordwest-Europa. Sennestadt 1973.

Schepers, Josef: Ackerbürgerhäuser des 16.–19. Jahrhunderts in Barntrup. In: 600 Jahre Stadt Barntrup 1376–1976 (Barntrup 1976), 110–117.

Schepers, Josef: Haus und Hof westfälischer Bauern. 3. Aufl. Münster 1976.

Schepers, Josef: Rundweg durch das Westfälische Freilichtmuseum bäuerlicher Kulturdenkmale Detmold. Detmold 1978.

Schepers, Josef: Der lippische Meierhof im Westfälischen Freilichtmuseum bäuerlicher Kulturdenkmale in Detmold. Geschichte seiner Einzelbauten und dokumentarischer Wert der musealen Baugruppe. In: Museum und Kulturgeschichte. Festschrift für Wilhelm Hansen (Detmold 1978), 47–72.

Schmülling, Wilhelm: Hausinschriften in Westfalen und ihre Abhängigkeit vom Baugefüge. Münster 1951.

Schönermark, Gustav: Beschreibende Darstellung der älteren Bau- und Kunstdenkmäler des Fürstenthums Schaumburg-Lippe. Berlin 1897.

Siebern, Heinrich: Die Bau- und Kunstdenkmäler im Reg. Bez. Cassel. Bd. III. Kr. Grafschaft Schaumburg. Marburg 1907.

Siebern, Heinrich, Christian Wallmann und Georg Meyer: Die Kreise Verden, Rotenburg und Zeven (Die Kunstdenkmäler der Provinz Hannover V, 1). Hannover 1908.

Siebern, Heinrich: Stadt Celle (Die Kunstdenkmäler der Provinz Hannover III, 5). Hannover 1937.

Sommer, Kurt: Bauernhof-Bibliographie. Leipzig 1944.

Sonnen, Max: Die Weserrenaissance. Die Bauentwicklung um die Wende des 16. und 17. Jahrhunderts an der oberen und mittleren Weser und in den angrenzenden Landesteilen. 3. Aufl. Münster 1923.

Sonnen, Max: Holzbauten östlich der Weser. Die Entwicklung der Holzbauten um die Wende des 16. und 17. Jahrhunderts in den Landesteilen zwischen Weser und Elbe. Münster 1926.

Spanuth, H.: 400 Jahre Stiftsherrnhaus Hameln. Hameln 1958.

Spanuth, H.: Führer durch die Rattenfängerstadt Hameln. 3. Aufl. Hameln 1961.

Steinacker, K.: Die Bau- und Kunstdenkmäler des Kreises Holzminden. Wolfenbüttel 1907.

Süvern, Wilhelm: Torbögen und Inschriften lippischer Fachwerkhäuser. Heimatland Lippe. Zeitschrift des Lippischen Heimatbundes. 7. Sonderheft. Detmold 1971.

Sundergeld, Karl: Die Baumeister des Jagdschlosses Oesterholz. In: Lippische Mitteilungen aus Geschichte und Landeskunde 31 (1962), 197–229.

Thiede, Klaus: Deutsche Bauernhäuser. Königstein/Leipzig 1941.

Tönsmeyer, J.: Der Schultenhof in Scharmede. Sein Kornspeicher ein Schmuckstück bäuerlicher Architektur. In: Die Warte 25 (1964), 153–155.

Vincke, Johannes: Bibliographie der westfälischen Hausinschriften. In: Rheinisch-Westfälische Zeitschrift für Volkskunde 10 (1963), 99–118.

Vincke, Johannes: Die westfälischen Hausinschriften im Spiegel ihres Schrifttums. In: Westfälische Zeitschrift 117 (1967), 297–327.

Vollpracht, Karl: Das Pfarrhaus der ref. Kirchengemeinde Falkenhagen, das älteste Fachwerkhaus in Lippe. In: Jahresbericht des Lippischen Bundes für Heimatschutz 27 (1934), 19–21.

Walter, Fritz: Das westfälische Bauernhaus. Dortmund 1936.

Weber, Hermann: Die Kapelle des Stiftes Wangelist in Hameln. Hameln o. J.

Wehling, A.: „Alte Amtspforte" in Stadthagen. In: Schaumburg-Lippische Mitteilungen 16 (1964), 49.

Wehrhan, Karl: Der Bilderschmuck am Schwalenberger Rathaus. In: Vaterländische Blätter N.F. 3 (1924), Nr. 4–5. 7–8. 10.

Weinobst, Th.: Romantisches Göttingen. Bürgerhäuser aus dem 16. Jahrhundert. Göttingen 1975.

Weiskamp, H.: Höxters Fachwerkbauten. Baugeschichte und Stadtbaukunst. Diss. Braunschweig 1954. (Masch. Schr.)

Wellpott, W.: Das minden-ravensbergische Bauernhaus und die Bräuche bei seinem Bau. Bielefeld/Leipzig 1929.

Westfälische Museen. Führer durch die Museen in Westfalen und Lippe. Münster 1971.

Westfalen. Bauernhofaufmaße. Hrsg. vom Landesamt für Baupflege im Landschaftsverband Westfalen-Lippe. [1.] Münster 1972. [2. 3.] Münster 1974.

Westfalen. Bürgerhausaufmaße. Hrsg. vom Landesamt für Baupflege im Landschaftsverband Westfalen-Lippe. Münster 1966.

Wolf, G.: Stadt Goslar (Die Kunstdenkmäler der Provinz Hannover II, 1/2). Hannover 1901.

Wollens: Die biblischen Bilder am Junkernhaus [in Göttingen]. In: Monatsblatt für die Katholiken Göttingens 1931 Nr. 10.

Zeller, A.: Die Stadt Hildesheim. Bürgerliche Bauten (Die Kunstdenkmäler der Provinz Hannover II, 4). Hannover 1912.

Zimmermann, Hildegard: Graphische Vorlagen zu Holzschnitzereien an Braunschweiger Fachwerkbauten. In: Braunschweigisches Magazin 3 (1928), 37–42.

Zippelius, Adelhart: Das vormittelalterliche Hallenhaus in Mitteleuropa. In: Bonner Jahrbücher 153 (1953), 13–45.

Zippelius, Adelhart: Vormittelalterliche Zimmertechnik in Mitteleuropa. In: Rheinisches Jahrbuch für Volkskunde 5 (1964), 7–52.

Zippelius, Adelhart: Handbuch der europäischen Freilichtmuseen. Köln 1974.

REGISTER

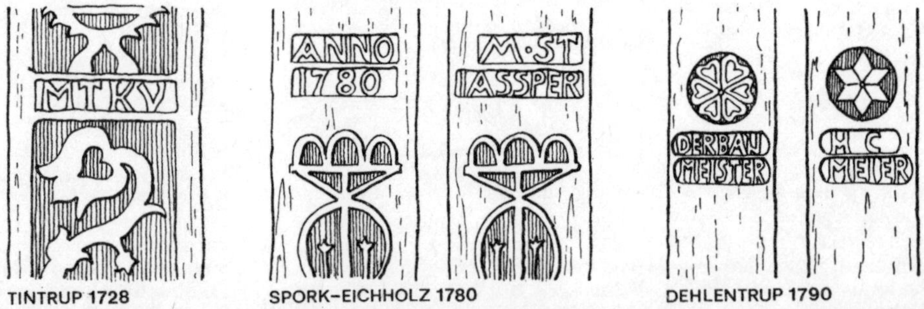

TINTRUP 1728 SPORK-EICHHOLZ 1780 DEHLENTRUP 1790

BAUINSCHRIFTEN LIPPISCHER ZIMMERMEISTER HANSEN